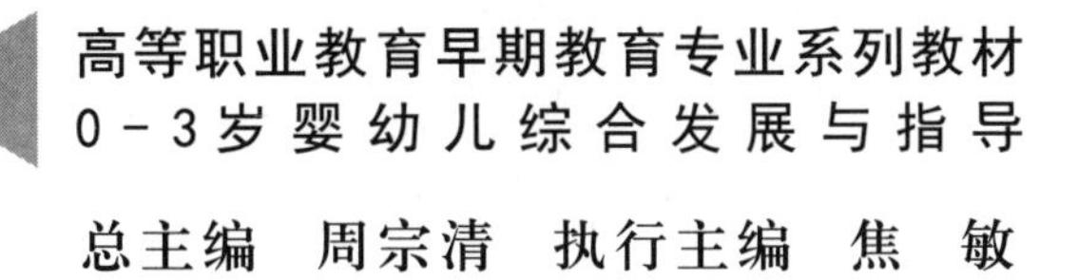

总主编 周宗清 执行主编 焦 敏

0-6个月婴儿综合发展与指导

编 著 孙雅婷 周 津
副主编 乔 蓉

南京大学出版社

图书在版编目(CIP)数据

0—6个月婴儿综合发展与指导 / 孙雅婷，周津编著.—南京：南京大学出版社，2021.6

ISBN 978-7-305-24089-8

Ⅰ.①0… Ⅱ.①孙… ②周… Ⅲ.①婴幼儿—哺育—基本知识 Ⅳ.①TS976.31

中国版本图书馆CIP数据核字(2020)第257456号

出版发行 南京大学出版社
社　　址 南京市汉口路22号　　　邮　　编 210093
出 版 人 金鑫荣

教学视频

书　　名 0—6个月婴儿综合发展与指导
编　　著 孙雅婷 周 津
责任编辑 丁 群　　　编辑热线 025-83597482

照　　排 南京开卷文化传媒有限公司
印　　刷 南京新洲印刷有限公司
开　　本 787×1092 1/16 印张14.5 字数316千
版　　次 2021年6月第1版 2021年6月第1次印刷
ISBN 978-7-305-24089-8
定　　价 42.80元

网　　址：http://www.njupco.com
官方微博：http://weibo.com/njupco
微信服务号：njuyuexue
销售咨询热线：(025)83594756

序 Preface

2019年5月9日，国务院办公厅发布《关于促进3岁以下婴幼儿照护服务发展的指导意见》，强调要“建立完善促进婴幼儿照护服务发展的政策法规体系、标准规范体系和服务供给体系”，标志着早期教育的发展开始进入快车道和规范期。因此，健全政策法规、建构规范标准和服务供给体系，将成为早期教育事业发展的核心。

湖北幼儿师范高等专科学校作为早期教育专业培养的先行学校之一，2014年开设早教专业，并结合湖北省幼儿教师培训中心归属学校的优势，开展了一系列与早教专业、育婴师培养和培训相关的工作。在早教学历教育和职后培训方面，积累了一定的经验。本套教材就是湖北幼儿师范高等专科学校牵头的高等师范院校和职业院校早期教育成果的积淀和呈现。

本套教材以儿童优先为原则，力求尊重幼儿的成长规律，研究婴幼儿发展的特点，形成婴幼儿发展阶段性指标，并在此基础上形成教育建议。教材突出了两个方面的基本理念：一是尊重婴幼儿的成长特点和规律，二是尊重婴幼儿的天性，这使本套教材具有了以下一些特点：

结合我国实际情况，借鉴美国各州及英国、加拿大所制定的早期学习标准，尝试在分析的基础上，形成符合我国国情的婴幼儿学习与发展指导。

对婴幼儿的发展进行了全面系统的研究，具有较强的专业理论价值。本套教材根据0—3岁婴幼儿发展的阶段性特点，按照婴幼儿发展的年龄特点分为五册，即0—6个月、7—12个月、13—18个月、19—24个月、25—36个月年龄段，每册分别从婴幼儿的身心发展特点、影响因素，以及婴幼儿生长发育与营养护理、动作发展与运动能力、情绪情感与社会适应、倾听理解与语言交流、认知探索与生活常识、艺术体验与创造表现等方面，深入研究和详细解读婴幼儿的发展，以形成系统全面的反映婴幼儿发展的指标与教育策略。

立足于职业院校早期教育专业培养目标和学生的实际需要，具有较强的针对性。本套教材以婴幼儿整体发展观作为理论基础，以早期教育人才培养方案为依据，以婴幼儿的发展横跨的5个相对独立的月龄段为划分标准，形成分阶段"手把手式"的教育指导策略。这样的安排既体现婴幼儿发展的整体性，又突出每个阶段的相对独立性，同时也符合学生学习思维的特点，可帮助学生关注婴幼儿成长的不同阶段的特点，从而对学生进行针对性的指导，既科学易懂又方便实操。

为家庭教育和托育机构提供了专业性、实践性的指导，具有较强的实践指导价值。本套教材将婴幼儿的发展指标进行了三级解读，对婴幼儿发展的标志性特点进行了深入浅出的描述，并且在每个标志性指标后面给出了切实可行的教养建议和环境支持意见。家长可以对照年龄段和领域获得专业化的指导，托育机构的教师可以根据教研建议和环境支持开展教养活动，高等院校的师生可以系统学习标准体系、实践并发展教养建议。

本套教材在编写过程中，渗透融媒体理念和技术，将图片、案例与活动视频有机联系，以帮助学习者在阅读过程中，通过扫描二维码将二维空间与活动空间联系，将理论学习与实际运用联系，将知识与技能融通。

不仅如此，教材中还渗透了这样一些教育理念，也值得我们推广学习。如：婴幼儿在安全、身体健康、情绪稳定愉悦时学习效果最好；每个婴幼儿以自己独特的速度发展，并有自己独特的学习方式；家庭是支持婴幼儿发展的最重要系统，家长和照护者的积极参与对婴幼儿的发展至关重要；抚育、亲密、尊重、回应性的关系对婴幼儿的健康成长和发展至关重要；游戏是早期学习的基础；了解情况，善于反思且有好奇心的成年人对婴幼儿快速变化的需求和发展能提供支持并做出反应等。

基于以上理念，本套教材可为早期教育专业学生、早期教育工作者、婴幼儿的家长、照护者以及其他所有热爱和关心婴幼儿成长的人士提供指导，为早教机构提供促进婴幼儿学习与发展的关键信息和资源。

对于早期教育专业学生、早期教育工作者来说，可以——

● 理解不同年龄段婴幼儿发展的核心能力和发展特点；

● 支持制定出适宜的早教课程方案；

● 支持早期教育工作者的专业发展；

对于家长、婴幼儿照护者来说，可以——

● 获得不同年龄段婴幼儿成长和学习的信息，以及支撑婴幼儿学习的提示；

● 提升科学育儿意识、知识和能力；

● 提供养育婴幼儿的资源和工具。

对于社会来说，可以——

● 促进并支持将本套教材用于综合有效的早期保育和教育发展项目；

● 促进并支持公众对婴幼儿发展的共同责任和任务的理解。

我希望这套教材只是对早期教育研究的一个开始，我希望有更多的有志者加入这个队伍，为推动早期教育和幼儿教育的发展，在健全教育政策法规体系、建构规范的标准体系和服务供给体系等方面做出贡献。

前言
Foreword

陈鹤琴先生是我国著名的儿童教育家、儿童心理学家，他创立了中国化的幼儿教育和幼儿师范教育的完整体系，被称为“中国现代儿童教育之父”。陈鹤琴先生从自己的儿子陈一鸣出生起，用文字和照片对他的生长发育过程做了长达808天的连续观察和详细记录，文字和照片积累了十余本。他将自己的观察、记录与研究心得编成讲义，出版了《家庭教育》和《儿童心理之研究》。陈鹤琴先生认为，儿童早期所接受的家庭教育关系着人一生的发展，具有积极的奠基作用，他对父母提出了以下要求：1. 父母要尊重儿童的人格；2. 父母步调要一致；3. 父母要给儿童以真正的爱。陈鹤琴认为，父母应该创设良好的家庭教养环境，诸如良好的精神环境、游戏环境、艺术环境和阅读环境等，支持儿童的发展，随时注意自己的言行和对儿童的态度等。

为了让婴幼儿的家长、教师及其他照护者能够树立正确的儿童观和教育观，在婴幼儿的养育及教育方面掌握系统科学的方法，我们在三年前就已经决定并着手编制一套兼具科学性、指导性、实践性、现代化的婴幼儿综合发展教材，在参考了美国、日本、德国、加拿大等国家和我国台湾地区的早期儿童发展与教育理论，结合我国的婴幼儿发展规律与教养国情，利用“互联网＋”的技术的基础上，完成了本套教材的撰写工作，探讨0—3岁婴幼儿综合发展与指导。

本套教材以传统出版方式为基础，充分考虑在“互联网＋”时代读者的阅读习惯，在内容生产、信息传播途径以及受众信息获取方式等方面采取了一系列新的措施。在写作过程中，加入了视频、音频、拓展阅读等资料，共同构成融媒体专业教育资源。本套教材有以下几个特点：

（一）实操性——强

融媒体时代，在保障纸质版本图书质量的基础上，超越纸媒时代，出版工作更加数字化和技术化，除了传统的文字、图片，音频、视频等元素都被纳入到出版中来；融媒体时代的图书，不能仅仅满足于过去由作者到编辑再到读者的单向性知识传播方式，还要能通过互联网平台实现作者和读者之间即时性互动。本套教材通过融媒体的方式，建构了作者和读者对于婴幼儿发展的各阶段的细致交流平台，读者可以从护理与喂养、语言表达与沟通、科学认知与探索、艺术与体验等方面观察评估婴幼儿的现有发展水平，了解未来的发展趋势，从而进行有针对性的操作指导。

（二）创意性——佳

融媒体时代，信息和知识迭代速度加快，传播途径也更加多元，独特的、有创意的选题更容易赢得读者的青睐、赢得市场。对于婴幼儿教育指导建议，本套教材力求创新与改革，对此阶段婴幼儿发展需要关注的问题进行了详细论述，并分别提供了家庭和托育机构案例，通过扫描二维码可以获取资源，为读者提供唾手可得的立体化、系统化指导。

（三）指导性——新

融媒体的出现，给纸质版图书带来了巨大的挑战，尽管如此，本套教材的文字内容特别注重指导性及其传播，通过视频、音频链接，让学习者更加直观地发现婴幼儿的学习状况。本套教材适用于大中专院校早期教育专业的学生、新手父母及托育机构专业教师。丛书首先主要是为了开拓视野，满足不同群体的不同阅读需求。图书出版承载着传播知识、传播文化的功能，过去，由于传统纸质图书出版受限于发行渠道、传播渠道狭窄等因素，现在的融媒体教材通过学习者扫描添加微信群、关注微信公众号、阅读推送等方式获得婴幼儿发展的视频、音频、游戏等资料，以动态学习的方式获取知识，提高能力。

基于以上特点，全书指导通俗易懂，操作简单易学，无论是作为职业院校的教材，还是专业托育机构或家庭教育的参考书籍，读者都可以轻松阅读和学习。

本套教材共5本，是华中地区0—3岁婴幼儿早期教育课题研究的成果。总主编周宗清，执行主编焦敏。具体分册内容和编写人员是：《0—6个月婴儿综合发展与指导》由孙雅婷、周津、乔蓉编著；《7—12个月婴儿综合发展与指导》由冯细平、潘瑞琼、蔡雨桐、于兴荣、汪钰洁编著；《13—18个月婴儿综合发展与指导》由邓文静、胡阳编著；《19—24个月婴

儿综合发展与指导》由李娜、郭珺、李芳雪编著;《25—36个月婴儿综合发展与指导》由张雪萍、高芳梅、程智、梁爽、陶亚哲编著。本书在写作过程中参阅了大量国内外文献,虽努力注明出处,但因资料零散庞杂,难免有所遗漏,在此向所有参阅文献的作者致以真挚的感谢。同时,感谢总编写组和各院校对教材编著提供的人力物力支持,感谢南京大学出版社对早期教育领域研究给予的大力支持。

周宗清

2020年7月20日

课程规划建议

《0—3 岁婴儿综合发展与指导》课程，是根据婴幼儿月龄发展的独特规律，以月龄作为划分标准，在综合婴幼儿动作、语言、情感与社会性、认知和艺术发展的前提下，形成的 0—6 个月、7—12 个月、13—18 个月、19—24 个月、25—36 个月的综合课程系列，是早期教育专业核心课程的重要组成部分。

为了确保课程安排的科学性与可行性，建议其课程规划设置，以《0—3 岁婴幼儿生理发育》《0—3 岁婴幼儿保健与护理》《0—3 岁婴幼儿营养与喂养》《早期教育概论》《0—3 岁婴幼儿心理与发展》《婴幼儿文学》作为本课程的先行内容，该系列课程从大学二年级起陆续开设。

具体课程设置建议如下：

<table>
<tr><td>开设学期</td><td>大学二年级
上学期</td><td>大学二年级
下学期</td><td>大学三年级
上学期</td></tr>
<tr><td rowspan="2">开设课程及
学时安排</td><td>**0—6 个月婴儿
综合发展与指导
（36 学时）**</td><td>7—12 个月婴儿
综合发展与指导
（18 学时）</td><td>19—24 个月婴儿
综合发展与指导
（18 学时）</td></tr>
<tr><td></td><td>13—18 个月婴儿
综合发展与指导
（36 学时）</td><td>25—36 个月婴幼儿
综合发展与指导
（36 学时）</td></tr>
</table>

本课程在实施过程中可以根据学生学习情况自主安排弹性学时，五个年龄段安排总学时 144 学时，理论和实践课程相结合，突出婴幼儿发展指导的实操性内容。在教学环境上可以利用婴儿养育实训室、亲子活动实训室等校内实训室以及校外托育机构、妇幼保健院的见习与实习，达到理实一体化的目的。

《0—6 个月婴儿综合发展与指导》鉴于 0—6 个月婴儿身心发展的独特规律和科学育儿的思想，以该阶段婴儿身心综合发展概述作为内容起点，主次分明地介绍了婴儿发展的六个领域。其中,婴儿的生长发育与营养护理、动作发展与运动能力作为人生发展的重点内容,详细介绍;情绪情感与社会适应、倾听理解与语言交流、认知探索与生活常识作为人生发展的初显阶段,整体介绍;艺术体验与创造表现作为人生发展的蓄势阶段,外显性较弱,简略介绍。每个领域又以发展阶段的形式将婴儿的身心发展进程细化,分阶段细致介绍了0—6个月婴儿发展的基本规律和预期达到的发展水平;梳理了各时期、各领域相应的教育指导要点。

通过该门课程的学习,学生将具备促进0—6个月婴儿各领域发展的保教实践基本能力和指导家长的关键技能,对教育教学实践能力的获得起着至关重要的作用,为将来的就业和工作打下良好的专业基础。

为了更好地发挥本书对读者的指导作用,建议学生或读者先阅读第一章0—6个月婴幼儿综合发展与指导概述,了解0—6个月婴幼儿整体发展的基本规律和特点,明确0—6个月婴儿教养的基本理念和婴幼儿发展的基本理论,了解0—6个月这一特殊阶段照护者干预和指导的要点。之后,分领域依次学习第二章至第七章的内容。关于每章的学习,读者可先阅读每一章节的学习目标,理解本章需要重点掌握的知识和能力点,然后通过思维导图建立本章内容的知识框架。每章的第一节均为"概述部分",需要读者理解与本章内容相关的重要概念和理论,为接下来章节的学习打好理论基础。"发展与指导"章节具体数量视每章内容而定,但均为各章的学习重点,需要读者先阅读发展规律表格,整体了解0—6个月的婴儿各领域发展的主要规律,然后对照着表格中的每一条来学习与之相对应的指导要点。并结合自身掌握情况,进行适当的操作练习。最后一节的案例分析,帮助读者将学习到的指导要点通过案例的形式运用到日常生活和教学过程之中。每一章节均有一个案例以教学视频的形式呈现,方便读者更形象、直观地了解活动的具体展开步骤和指导策略。另外,读者可以通过知识小结梳理本章的内容,并通过"思考与练习"检查本章的学习效果。与此同时,我们提供了"1+X"职业证书的实训试题,帮助需要考取相关职业资格证书的读者进行考证实训,实现课证融通,全面提升职业素养。

编　者

2021年6月

目录

Contents

第一章
0—6 个月婴儿综合发展概述

学习目标

1. 理解 0—6 个月婴儿生理发育和心理发展的规律。
2. 了解 0—6 个月婴儿心理发展的相关理论。
3. 掌握 0—6 个月婴儿身心发展的指导要点。

思维导图

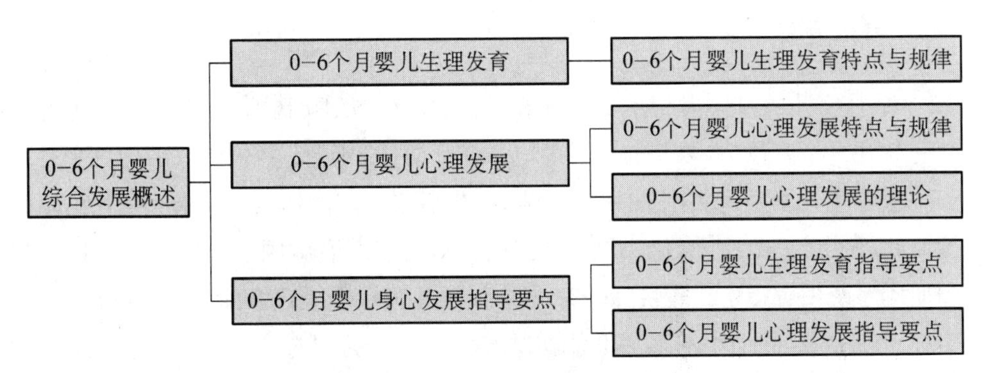

6 个月的乐乐已经开始出牙了，他的手眼协调能力也逐渐进步，现在可以轻易地伸出手抓东西了。翻身对乐乐来说已经是小菜一碟，他还能自己靠坐一会儿，并且双手扶住奶瓶吃奶。他对妈妈的依恋越来越强烈，当他意识到妈妈要离开时，会抱住妈妈哭闹。

这一时期的婴儿体格进一步发育，心理活动逐渐发展，对外面的世界充满了好奇。本章将整体概括 0—6 个月婴儿生理发育和心理发展的特点，并结合婴儿心理发展的相关理论，提出这一时期婴儿身心发展的指导要点。

第一节 0—6个月婴儿生理发育

一、0—6个月婴儿生理发育特点与规律

婴儿生理发育主要是指婴儿的大脑和身体在形态、结构及功能上的发育变化过程。0—6个月婴儿生理发育是个体一生中发育最迅速的时期之一。婴儿出生后的第一个月称为新生儿期，这个时期新生儿的身体每天都在快速发育成长，几乎一天一个样；1—3个月发育速度变缓，大约一周会有一个明显变化；4—6个月则是一个月一个样。

婴儿的生理发育是婴儿动作、感知觉、语言、社会情感等心理活动的基础，尤其是大脑、神经系统和感官的活动，影响和制约着婴儿心理发展的水平。因此，婴儿的生理发育不仅是婴幼儿发展、婴幼儿保健与护理、婴幼儿营养与喂养等学科的重点研究对象，也是发展心理学、生理心理学和神经心理学等学科的重要研究课题。

（一）身体发育

0—6个月婴儿的身体发育主要体现在身高、体重、头围、胸围、骨骼和肌肉等方面的积极变化。在6个月以前，婴儿的身高平均每个月增长3厘米左右，体重平均每个月增长约0.5千克。新生儿出生时头围33—34厘米，出生后头半年增加约9厘米。婴儿出生时胸廓呈圆筒状，胸围约32厘米，比头围小1—2厘米，1岁左右胸围与头围大致相同。婴儿的骨骼肌肉系统发育得也比较快，2—3个月时，婴儿第一个生理弯曲出现，促进了其头部的稳定；3个月后腰部肌肉增强，婴儿能够试着翻身；5个月时脊柱开始出现第二个生理弯曲，为身体的平衡创造了条件。随着婴儿脊柱、背部和腰部逐渐健壮，肌肉力量开始增强，为动作的发展做好了准备。

（二）大脑的发展

0—6个月婴儿大脑的发展主要体现在两个方面：一是脑结构的发展，二是脑机能的发展。婴儿大脑从胚胎时期开始发育，出生的第一年，是个体脑重增长最快的时期。婴儿出生时，脑重已达到350—400克，约为成人脑重的1/4。6个月时，脑重增长到700—800克，已经约占成人脑重的50%①。脑机能的发展主要是指神经系统机能的发展。婴儿大

① 庞丽娟，李辉.婴儿心理学[M].杭州：浙江教育出版社，1993.

脑皮质的兴奋机能增强，保持清醒的时间不断增加，睡眠时间逐渐减少。新生儿每天有20—22个小时处于睡眠状态，2—5个月的婴儿睡眠时间减少为15—18个小时，6—12个月的婴儿睡眠时间为14—16个小时①。

新生儿的神经心理功能的测量

新生儿的神经心理功能的测量关键是有关新生儿参与到环境和其他个体的交互作用的发展领域，正如对胎儿的测量一样，主要包括感觉、运动、状态和生理等领域。

使用一系列有良好效度的新生儿神经发育的测量工具，可以测量婴儿心理活动领域中越来越复杂的加工过程。对于正常出生的健康婴儿，最好等到出生第三天——新生儿达到稳定状态，且对外部环境适应较好时再进行测量。对于早产儿或者医学上认为的比较脆弱的新生儿，最好在他们达到生理的稳定状态前先对他们进行非操作性的观察，等到他们可以在室内或在其他照料工具的帮助下进行操作性测量的时候，再开展测量工作。

这一阶段对神经系统发育测量的主要内容有：

(1) 反射是对刺激的自主反应，它们在出生时就出现并随着随意运动(自我可以控制的运动)的发展逐渐消失。对反射的测量检验了脸部、嘴部、躯干和肢体产生的反应的力量、时间点、时长和对称性。

(2) 生理调节是所有功能的核心，为研究神经心理过程的中枢调节提供了窗口。不同生理调节的标志是不同的，例如心跳和呼吸的速率和节奏是否处于正常范围，皮肤颜色是粉红色，反映了毛细血管充血正常，在婴儿经过测量处置或其他气质反应性考察后看生理指标是否回到基线水平。抽搐和神经过敏容易在正常产儿和早产儿的产后早期阶段出现，对于不成熟的早产儿或那些容易受到多种刺激、颤抖、惊吓、打嗝或性情多变影响的婴儿来说，也会出现抽搐或神经过敏现象，但是这些现象应该随着神经系统疾病的康复和婴儿的成熟逐渐消失。

(3) 习惯化指的是新生儿对新异刺激表现出强烈的反应，并随着感觉刺激(如：光、铃声、脚踝抚摸)呈现多次后反应下降的现象。

(4) 注意力或指向反映了婴儿定位、固定和维持关注在视觉或听觉刺激上的能力，也反映了在水平、竖直或半圆里追踪活动的或固定的物体的能力。

(5) 状态和调节是通过观察婴儿一系列的状态和婴儿如何从一个状态向另一个状态迁移来测量的。调节可以通过从睡眠到清醒再到高唤醒状态的过渡是剧烈的还是平稳的来区分，也可以通过婴儿是否在需要专注时具有可以从高唤醒状态(如愤怒、厌烦和激动

---

① 莫秀峰，郭敏.学前儿童发展心理学[M].南京：东南大学出版社，2016.

等）自我安静下来来判定。

（6）运动协调和运动调节反映了对肌肉协调、姿势参照和安静时的运动或在剧烈活动中的运动的内部神经整合。

资料来源：王争艳，武萌，赵婧著．婴儿心理学[M]．杭州：浙江教育出版社，2015：144.

第二节 0—6个月婴儿心理发展

一、0—6个月婴儿心理发展特点和规律

婴儿自出生以后，大脑就处于不断发展的过程中。随着大脑重量的增加和大脑皮质的发展，脑的基本结构和机能已经具备，这为婴儿心理活动的发展提供了物质基础。人类的各种心理活动，如动作、感知觉、注意、记忆、语言、情感等，都在这个阶段开始发生。

（一）0—6个月婴儿动作的发展

0—6个月婴儿的动作主要分为两种，一种是人类种系进化过程中遗传下来的一系列无条件反射动作，如吸吮、觅食、抓握等，这些动作为婴儿最初的生存提供了条件；另一种是婴儿日常的身体反应动作，如蹬脚、挥臂、扭动躯干等自发的、无目的、无秩序的活动，它们为婴儿日后动作发展奠定了基础。

1．婴儿的条件反射

婴儿天生就具有很多应对外界刺激的本能——无条件反射，这是他们不学而会的。婴儿的无条件反射主要有吸吮反射、眨眼反射、怀抱反射、抓握反射、惊跳反射、迈步反射、游泳反射、巴宾斯基反射等①，这些反射对婴儿生命早期的生存和发展起到至关重要的作用。无条件反射多存在于婴儿初期，之后逐渐消失。婴儿在无条件反射的基础上通过后天学习而建立了一套应答外界环境刺激的机制，即所谓的条件反射。

婴儿出生后不久就开始与周围的人和环境互动，感知环境中的刺激，从获得的反馈中不断学习，并建立条件反射。这个阶段中婴儿掌握的所有知识和获得的一切能力基本都属于条件反射活动。0—6个月的婴儿，要学习如何利用自己的身体去翻身，要认识奶瓶和自己的关系，要了解如何更好地吸奶，要能配合成人洗脸、洗手、洗头、洗澡，要用表情和

---

① 陈雅芳，曹桂莲．0—3岁儿童亲子活动设计与指导[M]．上海：复旦大学出版社，2014.

动作表达自己的需求等。

2. 婴儿的身体动作发展

婴儿的身体动作发展主要包括粗大动作的发展和精细动作的发展。0—6个月婴儿粗大动作的发展主要表现为自上而下、由近及远的规律，即对头部的控制先于对手臂和躯干的控制，对头、躯干、手臂的粗大动作的控制先于对手和手指间的精细协调动作的控制。婴儿出生后，首先出现的是抬头动作，抬头动作是逐步发展的。4个月左右，婴儿处于坐位时已经可以自由转动头部，处于俯卧位时已经能很好地抬头。这一时期，婴儿躯干动作也开始发展，能由俯卧翻成侧卧，仰卧时四肢能够做摆动和挥踢的动作。5个月时，婴儿俯卧时能够抬起胸。6个月婴儿能够学习用手撑着坐。

0—6个月婴儿的精细动作主要包括抓握动作和手眼协调动作的发展。抓握动作是婴儿精细动作发展水平的直观体现。手眼协调动作是指眼睛能够协调手的动作，手的运动轨迹能够与视觉感知的位置相一致，二者协调配合完成某个动作。婴儿早期手眼协调动作开始发生，意味着婴儿能够有目的地用手来探索世界和摆弄物体，手成为婴儿认识器官和劳动器官的开始，对其心理活动的发生发展具有不可替代的意义。

婴儿刚出生时，动作是无意识的，在出生后3个月内表现为手的无目的、本能的抚触动作，通常是抓握反射的作用。3个月后，随着婴儿大动作的发展，能够尝试挥动手臂试图去抓住眼前的玩具，但由于手眼无法协调配合，通常无法准确抓到眼前的玩具。婴儿在五六个月左右开始具有双手协作的能力，通过一段时间的尝试和调整，能够抓到看到的玩具和物品，将一个物品从一只手传递到另一只手，并可将两只手中的玩具对敲出声音来。6个月以后，婴儿手指的力量、灵活性和精确控制的能力将逐步发展起来。

(二) 0—6个月婴儿认知的发展

所谓认知指的是个体与周围环境互动时的信息加工过程，即个体感知、理解事物或现象，利用保存在大脑中的知识经验，通过推理和判断，解决各种问题的过程，包括感觉、知觉、注意、记忆等一系列心理过程。①

1. 婴儿感觉的发展

在婴儿的认知能力中，最先发展且发展最好的是感觉。个体在胚胎期就已获得了某些感觉，而婴儿已具备超强的感知能力。随着感觉不断发展，知觉逐渐丰富，视觉和听觉成为他们感知和探索这个世界的主要器官。婴儿一出生就能看、能听、能尝味道、能闻气味；喜欢颜色鲜艳、黑白分明的东西，喜欢注视人脸；乐于听优美的歌谣，喜欢温柔的声音，对人的声音特别敏感，尤其是妈妈的声音。

---

① 张向葵，刘秀丽.发展心理学[M].长春：东北师范大学出版社，2002.

满月以后至半岁，婴儿的视、听能力进一步发展。视觉变得更加灵活，不仅能注视眼前的事物，视线追随物体的移动，还会积极寻觅视听的目标。他们会主动用眼睛观察身边的人，注意周围的物品，主动寻找身边的玩具，进入一个新的环境时会转头四处去看。婴儿出生 3 个月以后，对声音的反应会更加积极，听到感兴趣的声音会转动身体和头部到相应的方向，用眼睛搜寻声源，对于一些发声的物体会一直盯着看。

婴儿视觉和听觉快速发展期间，味觉、嗅觉和触觉能力等也在不断提高。味觉是婴儿出生时最敏锐的感觉，尤其对于甜的东西表现出明显的偏爱。人类的嗅觉是种系发展中一种很古老的功能，婴儿刚出生时，就能够对不同的气味做出区别性的反应，嗅觉习惯化和嗅觉适应的现象在婴儿身上能够被观察到。触觉是婴儿认识世界的主要方式，婴儿出生就具备的无条件反射很多都是触觉的本能反应。

婴儿的视觉偏好

视觉是婴儿的一种重要的感觉能力，婴儿在还不能开口说话、行动、通过手口认识物体之前，只能通过视觉注意、识别、定位物体来感受和学习新事物。即便是成人，大脑也主要接受视觉传递的信息，人类从外界获得的信息约有 75%是通过视觉得到的。科学家发现，婴儿从出生时就有明显的视觉偏好，婴儿会追视自己喜欢的事物。

发展心理学家罗伯特·范茨(1963)做了一个经典的测试，他建造了一个小的观察箱，在观察箱里躺着的婴儿可以看到上方成对的刺激，研究者可以通过观察婴儿眼睛里反射的物体来判断他正在看什么。婴儿躺在观察箱里，实验者给婴儿同时呈现一个面部图案、一个含有混杂的面部特征的似面部刺激图案，以及一个半亮半暗的类似面部的简单视觉刺激图案。实验者在观察箱上方进行观察，并记录婴儿注视每个视觉图案的时间。如果婴儿看某个图案的时间比其他图案长，就认为他更喜欢该图案。实验结果表明，婴儿对不同刺激的特定颜色、形状和结构有偏好，他们喜欢曲线胜过直线，喜欢三维图案胜过二维图案，喜欢人脸图案胜过非人脸图案。

资料来源：冯夏婷.透视 0—3 岁婴幼儿心理世界[M].北京：中国轻工业出版社，2016：22.

2. 婴儿知觉的发展

0—6 个月的婴儿已经具有了一定的图形知觉和空间知觉的能力。婴儿的图形知觉发展比较早，有研究指出，刚出生 2 天的新生儿就能区别人脸和其他图形，6 个月的婴儿注视人脸的时间是注视其他图形时间的 2 倍①。空间知觉是一种比较复杂的知觉，包括

① 赵艳阳.发展心理学[M].沈阳：辽宁大学出版社，2008.

深度知觉、方位知觉和距离知觉。有研究发现，2个月的婴儿已经具备了深度知觉，对不同深度的事物表现出好奇。刚出生的新生儿具备了基本的听觉定位能力，他们能够以自身为中心对听到的声音进行方位感知，例如，他们能对来自左边或右边的声音做出向左看和向右看的不同反应。另外，新生儿已能对逼近物体有某种初步的反应，表明婴儿具有距离知觉，2—3个月的婴儿已具备对逼近物体的保护性闭眼反应，但对物体明显的躲避反应则是从4—6个月开始的①。

3. 婴儿注意的发展

随着清醒的时间越来越长，觉醒状态越来越有规律，婴儿的注意力不断提高。1岁前婴儿注意的发展主要体现在注意选择性的发展上，尤其是视觉选择性的发展，即所谓的视觉偏好。有研究表明，婴儿注意的选择性有如下规律：第一，婴儿偏好复杂的刺激物；第二，婴儿偏好曲线多于直线；第三，婴儿偏好不规则的模式多于规则的模式；第四，婴儿偏好密度大的轮廓多于密度小的轮廓；第五，婴儿偏好集中的刺激物多于分散的刺激物；第六，婴儿偏好对称的刺激物多于不对称的刺激物②。

4. 婴儿记忆的发展

人类个体的记忆最早发生在胎儿期，有研究表明，在胎儿末期约妊娠8个月就已有了听觉记忆，新生儿末期已具备特定的长时记忆能力，3个月左右的婴儿对操作性条件反射的记忆能保持4周之久。有关研究发现，3—6个月婴儿的长时记忆已有了很大的发展。马丁(Matin，1975)的研究发现，5个月婴儿的记忆能保持24小时；康奈尔(Cornell，1979)的研究发现，5—6个月婴儿有48小时的记忆。由此可见，婴儿阶段是个体记忆发展的第一个关键期和高峰期。这一时期，婴儿的记忆主要是机械记忆，有研究表明婴儿阶段的机械记忆具有非常大的潜力。

(三) 0—6个月婴儿语言的发展

婴儿期是个体“最初掌握语言的时期”，也是个体掌握语言的关键期。婴儿时期发音器官在结构和功能上初步成熟，使婴儿语音的发生成为可能。在个体真正掌握语言以前，有一段语言发生的准备期，通常指从婴儿出生到说出第一个具有真正意义的词这一阶段(0—12个月)③。婴儿在4周左右的时候能够区分简单的音节；2个月的时候，他们能够把特定的声音和特定的唇部活动联系起来，他们会去感知周围环境中的声音刺激，特别是人们说话的声音，不断积累对声音感知的经验，偶尔发出一些单音节；4—8个月婴儿开始发出重复的、连续的音节。总体来说，0—6个月婴儿以听为主，逐步为之后的语言表达积累经验。

---

① 张向葵，刘秀丽.发展心理学[M].长春：东北师范大学出版社，2002.

② 陈帼眉.学前心理学[M].北京：人民教育出版社，1989.

③ 张向葵，刘秀丽.发展心理学[M].长春：东北师范大学出版社，2002.

(四) 0—6 个月婴儿社会性的发展

婴儿早期就表现出了人际交往的需求，他们对重要抚养人，尤其是母亲产生依恋，会用表情和动作表达自己的需求，主动招引大人用非言语方式交流。这个阶段的人际交往主要是亲子交往，也正是这种交往满足了婴儿生理和心理的发展需要，促进了婴儿的健康成长。

出生后第一个月，婴儿逐渐会用眼神与成人沟通，例如眼睛会时常盯着母亲，有时看着母亲会停止吮吸，身体一动不动。2—3 个月以后，婴儿会主动发起与成人的交往，当生理需求未被满足时或需要父母关注时会哭，需求满足了，他就不哭了。除了哭，他们也会用笑来吸引家长的注意。家长陪他玩，用不同的声调说话，对他做不同的表情，都会让婴儿很开心，发出“咯咯”的笑声。随着婴儿慢慢长大，他们还会用声音引起家长的注意，发出一些无意义的音节和成人像对话般交流。

5—6 个月婴儿出现认生现象，对熟悉和陌生的人有了不同的行为模式，与人交往开始出现选择性，喜欢熟悉亲近的人，对陌生人开始有了抗拒反应。陌生人抱他，他会有哭闹、转头不看等拒绝行为；熟悉的人抱他，他会显得放松、愉悦。认生的出现，表明婴儿认知和社会交往能力有了进一步发展，它不但体现了婴儿感知辨认能力和记忆能力的发展(能区分熟悉的人和陌生的人)，也体现了婴儿会将情绪与人际关系进行关联，慢慢开始形成对主要抚养人的依恋①。

二、0—6 个月婴儿心理发展的理论

(一) 成熟势力说

1. 主要观点

格赛尔是美国的一位著名的心理学家，他进行了关于儿童心理发展，尤其是动作发展的长期追踪研究。这项研究从 1916 年开始，经过数十年的研究工作，于 1940 年正式编制出了儿童发展量表，即“格赛尔发展顺序量表”，分别从婴儿的动作、适应、言语和社会应答这几个方面来对婴儿进行测查。

格赛尔的主要理论是“成熟势力说”，他认为儿童的心理发展受两个因素的制约，一个是成熟，另一个是学习，其中成熟是发展的前提和基础。格赛尔认为某机能的生理结构未达成熟之前，学习训练的效果是很有限的，只有在相应的生理结构发展成熟，达到足以使

---

① 陈雅芳，曹桂莲. 0—3 岁儿童亲子活动设计与指导[M]. 上海：复旦大学出版社，2014.

某一行为模式出现时，学习才能真正发挥作用。格赛尔还认为，儿童心理和动作的发展是在环境影响下，按一定顺序出现的过程，这个顺序主要是由机体成熟所决定的。

为了证明他的理论，格赛尔设计了一个有名的双生子爬梯实验。他选取了一对发展水平相当的同卵双生子T和C参加实验。从出生后的第48周开始，让T每天进行10分钟的爬梯训练，持续6周时间。而从第53周起C开始进行爬梯训练，每天10分钟。结果发现，C只接受了2周的训练，在爬梯的各种动作指标上就达到了T的水平。他由此得出结论：在儿童尚不成熟时，学习的效用很小，只有当儿童的生理条件准备好后，学习才能起作用。

2. 教育启示

格赛尔的成熟势力说提示我们，父母和教育工作者不应以急功近利、拔苗助长的心态教育孩子，而应当尊重儿童成长发展的规律，尊重儿童的实际水平。在孩子尚未成熟时，学会耐心等待并欣赏孩子成长的过程，与孩子一起体验每一个阶段的成长乐趣和烦恼。

（二）精神分析学说

1. 主要观点

（1）弗洛伊德的经典精神分析学说

弗洛伊德是奥地利著名的精神病学家，是精神分析学派的创始人。20世纪前期，弗洛伊德从自己的临床经验出发，对儿童人格的结构和心理发展阶段进行了系统的阐述，并逐步发展为精神分析理论。

弗洛伊德认为人格有三个层次，即本我、自我和超我。本我是人格结构中较原始的部分，有很强的生物进化性，是婴幼儿基本需要的源泉。本我按快乐原则行事，处在个体的潜意识层面。自我处于人格的意识层面，按现实原则行事，是个体可意识到的执行思考、感觉、判断或记忆的部分。超我则是意识层面中的道德成分，其机能主要在于监督、批判及管束自己的行为，遵循的是"道德原则"。

弗洛伊德根据不同阶段儿童的特点，把心理和行为发展划分为五个阶段：

① 口腔期（出生—1岁）：这一时期要引导婴幼儿吸吮乳房和奶瓶的行为，如果个体的口腔需要未能得到适当满足，将来可能形成诸如吸吮手指、咬指甲、暴食或成年以后抽烟的习惯。

② 肛门期（1—3岁）：这一时期的婴幼儿从憋住大小便后排便的举动中获得快感，上厕所成为父母训练婴幼儿的主要项目之一。弗洛伊德认为这一时期照护者对婴幼儿的大小便训练不宜过早或过严，否则，对婴幼儿日后人格的形成可能形成不利影响。

③ 性器期（3—6岁）：这一时期幼儿会产生俄狄浦斯情节，即男孩产生恋母情结，女孩

产生恋父情结。

④ 潜伏期(6—11岁):这一时期儿童开始放弃俄狄浦斯情结,进入一个相对平静的时期。

⑤ 生殖期(12岁以后):这一时期是青春期到成年期,亦是性成熟期,其特征是异性爱的倾向开始占优势。

(2) 埃里克森的新精神分析学说

埃里克森是美国的精神分析医生,他摒除了弗洛伊德泛性论的观点,通过探究当时美国社会的现实问题,拓展了精神分析学说,成为新精神分析学说的代表人物之一。他认为,个体的发展过程是自我与周围环境相互作用和不断整合的过程[①]。他将个体的发展划分为八个阶段,同时指出了每一个阶段的主要发展任务。

① 第一阶段:婴儿期,0—2岁。在这个阶段,婴儿处于无助状态,其生活完全依赖成人的照顾。婴儿的主要发展任务是满足生理上的需求,发展信任感,克服不信任感。婴儿会从生理需要的满足中感受到安全,于是会对周围的环境产生一种基本信任感,从与养育者的交往中,感受到养育者的爱,同时把自己的感情投射给成人。如果婴儿在饮食、安全、爱等方面都得到满足,他就对周围的环境产生信任;如果婴儿自身的生理需求总是得不到满足,他便会害怕周围的世界,对周围的环境产生不信任感,即怀疑感。

② 第二阶段:幼儿早期,1—3岁。这个阶段,个体需要适时学会"自主",获得如吃饭、穿衣、大小便等基本生活能力。如果在这个阶段,不能实现这种自主,幼儿可能会怀疑自己的能力,感到羞耻。当幼儿想做一些事情,如果成人承认并帮助和鼓励他们去做力所能及的事,他们将由此获得自主感;反之,如果成人过分限制幼儿的活动,或对他们的活动包办代替,或对他们的过错经常进行严惩,则会使幼儿对自己的能力感到怀疑,这种羞怯和疑虑将影响他们今后的发展。

③ 第三阶段:学前期,3—6岁。这个阶段儿童的心理危机是主动对内疚的冲突,此时的主要发展任务是获得主动性,避免内疚感,体验目的的实现。如果父母对其独创行为和游戏等进行支持与鼓励,那么个体就会发展更多的主动感;如果父母对个体的独创行为进行批评和嘲笑,那么个体就会产生内疚感。

④ 第四阶段:学龄期,6—12岁。这个阶段儿童的心理危机是勤奋对自卑的冲突,主要发展任务是获得勤奋感,避免自卑感,体验能力的实现。如果个体在学习过程中经常获得成就,在日常活动中也常受到成人的鼓励,那么他将在日后的活动中更加勤奋;反之,如果个体在学习中屡遭失败,在日常生活中也常受到成人的批评,那么他将形成自卑感。

⑤ 第五阶段:即青年期,12—18岁。这个阶段的心理危机是自我统合对角色混乱的

---

① 张向葵,刘秀丽.发展心理学[M].长春:东北师范大学出版社,2002.

冲突，主要发展任务是建立同一感，防止混乱感，体验忠诚的实现。

⑥ 第六阶：成人早期，18—25岁。这个阶段的心理危机是亲密对孤独的冲突，主要发展任务是获得亲密感，避免孤独感，体验爱情的实现。

⑦ 第七阶段：成人中期，25—50岁。这个阶段的心理危机是繁殖与停滞的冲突，主要发展任务是获得繁殖感，避免停滞感，体验关怀的实现。

⑧ 第八阶段：成年晚期，50岁以上。这个阶段的心理危机是自我完善对绝望的冲突，主要发展任务是获得自我完善感，避免失望和厌恶，体验智慧的实现。

2. 教育启示

根据弗洛伊德的理论，0—6个月的早期经验对于人的一生具有重要影响，照护者的哺乳方式、断奶时间与方法、大小便习惯的训练、亲子关系的处理等都是需要照护者特别关注的问题。

根据埃里克森的理论，0—6个月的婴儿是敏感、易受损害的，因此成人要耐心、细心地为婴儿提供科学的喂养、爱抚和照料，尽量避免因分离产生的焦虑感，帮助婴儿建立对世界的基本信任感。

（三）行为主义学说

1. 主要观点

（1）华生的行为主义理论

行为主义创始人华生受到生理学家巴甫洛夫的动物学习研究的影响，认为一切行为都是刺激(S)—反应(R)的学习过程。他认为环境是个体发展过程中影响最大的因素，成人能够通过仔细地控制刺激与反应的连结，来塑造儿童的行为。

华生对儿童心理发展的解释受到洛克"白板说"的影响，并在此基础上得到发展，认为发展是儿童行为模式和习惯逐渐建立并复杂化的一个量变的过程，因而不会体现出阶段性。华生将条件反射广泛运用于对儿童行为的研究上。

华生认为，环境和教育是儿童行为发展的唯一条件。他曾说过："给我一打健康的、发育良好的婴儿和符合我要求的抚育他们的环境，我保证能把他们训练成任何我想要的样子——医生、律师、巨商，甚至乞丐和小偷，不论他的才智、嗜好、倾向、能力、秉性以及他的宗族如何(1930)。"

（2）斯金纳的操作性条件反射理论

美国心理学家斯金纳通过斯金纳箱实验发现并提出了操作性条件反射理论。斯金纳从20世纪20年代末起便开始了动物学习的实验研究。典型的实验方法是当老鼠一按压杠杆，就会得到一粒食物(强化)，如此反复多次，老鼠就学会用按压杠杆的方式去获取食物。斯金纳认为，学习行为的发生和变化是强化作用的结果，因此可以通过控制强化物来控制行为。

同理，儿童的行为也可以通过强化作用来塑造。只要选择合适的强化物，通过合理的强化技术，就能控制儿童的行为反应，塑造出教育者所期望的行为。儿童偶然的行为如果得到了教育者的及时强化，这个行为以后出现的概率就会大于其他行为，强化的次数越多，有关行为出现的概率就越大。所以，行为是伴随着对他的强化而发展的，与练习与否并无决定性关系。斯金纳认为，练习本身并不会对行为出现的次数产生重要影响，而仅仅是为行为出现提供了重复性强化的机会，只练习但不进行强化无法巩固和发展某种行为。强化理论不仅可以用于行为的塑造，同样可以用于行为的消退。根据斯金纳的理论，一个已经通过条件化而增强的操作性活动发生之后，如果没有强化刺激物继续出现，其行为就可能会消退。例如，儿童的某些行为产生是为了吸引成人的注意，要使儿童的不良行为消退，则对他的行为不给予注意，这样儿童的行为可能就会自然消退。如婴幼儿在不理解脏话的前提下模仿说脏话，家长可以不予以理睬。

斯金纳认为强化包括积极强化和消极强化两类，这两种强化作用的效果都是改变行为反应概率①。积极强化是指由于一种刺激的加入而增加了一个操作性反应发生的概率；消极强化是指由于一个正刺激的取消而减少了某一个操作性反应发生的概率。斯金纳一向强调用取消积极强化来取代直接的消极强化，而且强调积极强化的作用。

（3）班杜拉的社会学习理论

班杜拉(Bandura)的发展心理学理论核心是儿童行为的社会学习理论，他认为斯金纳的理论可以解释动物的学习模式，但人类的学习并非只能通过直接经验获得。他经过大量研究后，提出了观察学习的概念。所谓观察学习是指学习者通过观察他人(榜样)所表现的行为及其后果而进行的学习。在他看来，儿童总是“张着眼睛和耳朵”观察和模仿周围人们的有意或无意的反应，这种观察和模仿带有一定的选择性。通过对他人行为及其强化结果的观察，儿童获得某些新的反应，或现存的某些问题得到矫正。班杜拉认为，强化可以是直接强化，即通过外界因素对学习者的行为直接进行干预，也可以是替代强化，即学习者不一定自己亲自产生行为或接受强化，仅通过观察他人的成功行为或受到褒奖的行为，其产生相同行为的概率就会增加；相反，如果观察到某种行为失败了或受到指责和惩罚，其产生同样行为的概率就会降低。强化还可以是自我强化，即学习者以自我评价的个人标准来强化自己的行为，凡符合个人标准的行为就会得到自我肯定，凡是不符合个人标准的行为就会受到自我批评。儿童就是在这种观察学习和自我学习中发展起那些符合社会准则的行为。

班杜拉认为社会学习在儿童社会化的过程中起到至关重要的作用，所谓社会学习，是指社会团体中领导者会通过社会规范去引导其成员的行为，使其符合社会发展的要求。

---

① 张向葵，刘秀丽.发展心理学[M].长春：东北师范大学出版社，2002.

班杜拉通过大量实验研究证明了社会学习在儿童的攻击性行为、亲社会行为及性别角色获得过程中的作用。

2. 教育启示

(1) 注意环境的影响。教育者应该创设适宜于婴幼儿发展的良好环境,尽可能避免来自外界环境中的不良刺激。同时,教育者应该根据对婴幼儿行为与进步的观察,来提供适宜的学习材料,促进婴幼儿的身心发展。

(2) 学习目标的制定要具体详尽。教育者在制定学习目标时,要把期望婴幼儿完成的任务或行为,尽可能分解为一系列细小的行为步骤,然后通过提供榜样、示范和练习的方式,按照小步子接近原则,一点一点帮助婴幼儿掌握学习内容,达成学习目标。

(3) 注意适时强化。强化作用是塑造和修正婴幼儿行为的重要利器,表扬、批评、惩罚、奖励是强化的基本手段。教育者应该谨慎使用批评和惩罚等手段,因为运用不当,很可能反而强化了不好的行为倾向。教育者要了解每个婴幼儿的喜好,根据婴幼儿的兴趣来选择适当的、能鼓励婴幼儿的强化物。

(四) 认知发展理论

1. 主要观点

皮亚杰是瑞士著名的儿童心理学家,他毕生研究儿童认知发展,创立了儿童认知发展理论——发生认识论。

(1) 心理发展机制论

皮亚杰认为,儿童心理发展过程是在环境教育的影响下,心理或行为图式经过不断同化、顺应而达到平衡的过程,从而使儿童心理不断由低级向高级发展。

图式是心理活动的框架或组织结构①。婴儿最初的图式是与生俱来的无条件反射动作,如抓握等通过遗传而来的具有生存适应性的本能动作。随着月龄的增长,在与环境互动的过程中,儿童的图式从低级、简单不断向高级、复杂发展,一步一步完成了图式更新建构的过程。例如,婴儿的认知图式主要体现在动作上,当婴儿无意识地伸出胳膊做出抓握的动作时,他可能突然触及了某个新鲜的事物,使其好奇心得到了巨大的满足。之后婴儿可能会重复这个抓握动作,并在此基础上能够慢慢尝试挥舞手臂、摆弄玩具、抓握移动等其他探索环境的活动。

同化是指儿童将环境刺激纳入自己已有的知识体系。顺应是指儿童调整原有的知识体系使之适应环境的变化。例如,有的孩子认为太阳是活的、有生命的,因为它每天早晨升起,晚上落下,这一观念是基于幼儿自己原有的图式建构的,即运动的事物都是活的,所

---

① 王丹,唐敏.婴幼儿心理学[M].重庆:西南师范大学出版社,2016.

以他们将太阳也同化为活着的事物。然而，随着儿童的发展，他们会遇到一些新的运动的但不是活着的事物，例如汽车等，这时儿童的理解就会和事实发生矛盾，他们要调整原有的图式，认识到并不是所有运动的事物都是有生命的。

同化和顺应是两个相辅相成的方面，如果只有同化，个体将处于永远与外界适应的状态，无从学习；相反，如果只有顺应，没有同化，个体就无法形成稳定的知识体系，当两个状态处于平衡时，个体的认识会逐步提高。

(2) 心理发展阶段论

皮亚杰将儿童的智力发展划分为四个阶段：感知运动阶段(0—2岁)、前运算阶段(2—7岁)、具体运算阶段(7—11岁)、形式运算阶段(11—15岁)①。

其中与婴儿阶段联系最紧密的是感知运动阶段。在感知运动阶段中，儿童的智力只限于感知觉活动，儿童通过感知运动图式与外界发生相互作用。智力的进步体现在婴儿开始从反射行为向自主行为过渡。皮亚杰将这一阶段又细分为六个亚阶段：

① 反射练习阶段(0—1个月)。新生儿已具有了很多先天的无条件反射能力，如吸吮反射、抓握反射等，新生儿依靠这些反射来适应环境，这些反射能力构成儿童智力系统的最基本的部分。

② 初级循环反应阶段(2—4个月)。从第二个月起，婴儿表现出初级循环反应。循环是某些动作或事件在经过一段时间之后再次出现的现象。在初级循环反应阶段中，婴儿不自觉地产生一些重复性动作，可以将过去那些分离的反射行为整合在一起。但婴儿这时的反应仍有三方面的局限：第一，行为整合水平不高，后面出现的行为与前面出现的行为完全一样；第二，带有非常多的尝试错误的成分；第三，所重复的行为结果只与自己的身体感觉相联系，对外界环境的变化不感兴趣。

③ 二级循环反应阶段(5—8个月)。在这一阶段里，婴儿对超出自己身体之外的行为结果发生兴趣。如他们把球扔开，看球滚动，他们对这个动作结果产生兴趣，为了再看到这个结果，他们还会重复这个扔球的动作。这时，婴儿对自身动作及动作结果之间的因果联系已经有了最初的了解。

④ 二级反应协调阶段(9—12个月)。在这一阶段中，婴儿可以协调两个或更多的二级循环反应，并在这些反应之间形成更为有效的联系，婴儿的动作具有明显的目的性。这时婴儿的另一个非常大的进步就是获得了“客体永久性”概念，即当物体从婴儿的视野中消失时，他知道这并非是客体不存在了，而是被藏在了某个地方，会继续寻找。

⑤ 三级循环反应阶段(13—18个月)。在这一阶段中，婴儿试图寻找一种与客观事物相互作用的新方法，以实现目标。这时婴儿不是简单地重复某个动作，而是根据问题的情境，对每次动作加以改变，试图发现解决问题的新途径。

---

① 张向葵，刘秀丽.展心理学[M].长春：东北师范大学出版社，2002.

⑥ 表象思维开始阶段(19—24个月)。在这一阶段中,婴儿具有了心理表征能力,可以对自己的行为和外在事物进行内部表征,开始了心理活动的内化。

2. 教育启示

皮亚杰的认知发展理论提示教育者,教育应该按照儿童的认知发展顺序进行,要以儿童为中心,大力发展儿童的主动性。皮亚杰认为知识的形成是活动的内化作用,儿童要具体地、自发地参与各种活动,才能获得真正的知识。

(六) 现代生物学理论

1. 主要观点

现代生物学家突出强调生物遗传因素对个体发展的作用,主要思想流派有习性学、社会生物学、进化心理学和行为遗传学等。与婴儿心理发展和教育联系最为密切的,是心理学家鲍比和艾斯沃斯的依恋理论。依恋是婴儿与主要抚养者之间社会性联结的最初表现,是婴儿情感社会化的重要标志①。由于婴儿的主要抚养者通常是母亲,婴儿的依恋对象通常也是母亲,所以婴儿的依恋又称为母婴依恋。

(1) 婴儿依恋的表现

从十月怀胎到生育后的抚育喂养,母亲在婴儿孕育成长过程中扮演着无法替代的角色,与婴儿无时无刻不在进行亲密的情感交流。久而久之,婴儿自然与母亲建立了一种有别于其他任何人际关系的特殊情感联结,即对母亲的依恋。依恋的具体表现为:婴儿最初的亲社会行为大多指向母亲,如微笑、牙牙学语、注视、依偎、追踪、拥抱等;最喜欢与母亲在一起,与母亲的接近会使婴儿感到非常舒适、愉快;在母亲身边能使婴儿感到很大的安慰,与母亲分离则会使他感到很大的痛苦;在遇到陌生人和陌生环境而产生恐惧或焦虑时,会首先寻找母亲,母亲的出现让婴儿体会到安全感;当婴儿生理需要未被满足时,如饥饿、寒冷、疲倦、疼痛时,婴儿会期待从母亲那里获得满足。

(2) 婴儿依恋的发展阶段

依恋对婴儿的心理健康发展具有至关重要的意义。婴儿与母亲能否形成依恋以及依恋的性质如何,都将直接影响婴儿将来情绪情感、社会性行为、个性特征和人际交往等的发展②。婴儿的依恋并不是突然发生的,也不是天生就有的,它是在后天与抚养者(通常是母亲)的长期而亲密的交往中逐渐形成的。随着抚养者抚育方式的不同,所形成的依恋的性质也各不一样。鲍比和艾斯沃斯将婴儿的依恋发展分为三个阶段:

① 无差别的社会反应阶段(0—3个月)。这个阶段的婴儿对人的反应是不加区分、无

---

① 张向葵,刘秀丽.发展心理学[M].长春:东北师范大学出版社,2002.

② 张向葵,刘秀丽.发展心理学[M].长春:东北师范大学出版社,2002.

差别的反应。他们对所有人的反应几乎是一样的，喜欢所有的人，愿意注视所有人的脸，看到人的脸或听到人的声音会微笑或手舞足蹈。同时，所有的人对婴儿的影响也是一样的，他们与婴儿各种形式的接触，如抱抱他或和他说话，都能引起婴儿的愉快和满足。这个阶段的婴儿还没有对任何人产生明显偏爱，包括对母亲。

② 有差别的社会反应阶段(3—6 个月)。这个阶段的婴儿对人的反应有了区别，对母亲很偏爱，对他所熟悉的人和陌生的人的反应是不同的。这时的婴儿在母亲面前表现出更多的微笑、牙牙学语、依偎、接近；而在其他照护人面前这些亲社会反应相对较少。由于这个阶段的婴儿还不怯生，在完全不了解的陌生人面前仍然能见到婴儿微笑、牙牙学语等行为，但频率大大降低。

③ 特殊情感联结阶段(6 个月—3 岁)。从六七个月起，婴儿对母亲的存在更加关切，特别喜欢与母亲在一起；当母亲在场时，婴儿表现出愉悦、轻松的心情；当母亲离开时会表现出强烈的抗拒，不让母亲离开，并焦虑地哭喊，即使有其他抚养人在场也很难代替母亲而使婴儿高兴；当母亲回来时，婴儿会马上变得很高兴；只要母亲在身边，婴儿就能安心地玩，探索周围的环境，好像母亲是其安全的基地。这一时期，婴儿对母亲表现出了明显的依恋情感，与母亲之间产生了专属的情感联结。与此同时，婴儿对陌生人的态度发生了明显的转变，开始出现认生现象，在不熟悉的人面前不再微笑、牙牙学语，紧张、恐惧和哭泣等行为明显增加。

(3) 婴儿依恋的类型

婴儿在 6—7 个月时，往往已经与主要抚养者建立了相对稳定的依恋关系，但由于抚养方式不同，加上婴儿个体差异较大，婴儿依恋的表现各不相同。艾斯沃斯等通过“陌生情境”研究法，将儿童的依恋表现分为三种基本类型①：

① 安全型依恋。这类婴儿与母亲在一起时，情绪相对比较稳定，能专注于自己的玩具，不需要时时刻刻依偎在母亲身边，他们会在玩耍的过程中偶尔回头确认一下母亲的存在，对母亲微笑或与母亲近距离的交谈。母亲在场让婴儿有足够的安全感去陌生的世界进行探索和操作，也让他们对陌生人的反应更加积极；母亲离开时，婴儿的情绪有明显的波动，表现出苦恼和不安，正在进行的操作探索活动通常会受到一些影响；母亲回来时，婴儿会立即寻求母亲的安慰，主动与母亲接触，并能较快恢复到正常的游戏和探索活动中去。这类婴儿的占比为 65%—70%。

② 回避型依恋。这类婴儿对母亲是否在场不太在意，往往表现出无所谓的态度。当母亲离开时，他们不会有明显的反抗，也没有特别大的情绪波动，很少表现出不安和焦虑；当母亲回来时，他们也没有明显的积极反应，不会表现出特别高兴，往往不予理睬或者完全忽略，有时会短暂地表现出对母亲的欢迎，但亲近一下就会离开，继续自己的游戏。这

---

① 赵艳阳.发展心理学[M].沈阳：辽宁大学出版社，2008.

类婴儿实际上并未与母亲产生强烈的情感依恋，在婴儿中占比约20%。

③ 反抗型依恋。这类婴儿对母亲的依恋情感常常比较矛盾。当母亲将要离开时，会显得很警惕，密切关注母亲的行为；当母亲离开时，会产生非常大的情绪波动，表现出强烈的苦恼和不安，反抗激烈，即使是短时间的分离也会大声哭闹；但当母亲回来后，也无法把母亲作为安全探究的基地，既寻求与母亲的接触，又会对母亲的亲近表示拒绝，会生气地推开母亲，与此同时，也无法安心回到游戏和探索状态中，总会时不时朝母亲看。这种类型又被称为矛盾型依恋，在婴儿中占比10%—15%。

在这三种依恋中，安全型依恋为良好、积极的依恋；回避和反抗型依恋又称为不安全性依恋，是消极、不良的依恋。

2. 教育启示

依恋是在婴儿与主要抚养者(通常是母亲)的相互交往和感情交流中逐渐形成的。在这一社会性交往过程中，母亲对婴儿发出信号的敏感性以及对婴儿是否关心均会影响婴儿依恋情感的形成。如果母亲非常关心婴儿所处的状态，注意婴儿发出的信号，并能正确地理解，及时给予必要的回应，婴儿就会自然而然地信任和亲近母亲，形成安全型依恋；反之，则不能。

第三节　0—6个月婴儿身心发展指导要点

一、0—6个月婴儿生理发育指导要点

(一) 倡导母乳喂养，有序添加辅食

母乳喂养的诸多优势，使得母乳在整个婴儿期都是最理想的食物。

但是随着婴儿的成长，所需营养素的种类和分量不断增加，仅仅依靠母乳喂养无法满足婴儿日益增长的营养需求。如果采用的是人工喂养，配方奶更是难以满足婴儿的全部需求。鉴于此，从婴儿4个月起，应该在医生的指导下，有序地添加米糊、果汁、菜汤等辅食，以满足婴儿快速发育的需要。

新生儿母乳喂养的益处

母乳是新妈妈专门为宝宝精心“生产制作”的天然食品，母乳喂养具有如下益处：

1. 母乳是婴幼儿的天然最佳食物

母乳中含有大量的“生长因子”。已发现的“生长因子”有50余种，如表皮生长因子可促使宝宝表皮组织增生和分化，促进未成熟的胃肠上皮细胞生长，并有利于肝和其他组织的发育；神经生长因子能促进宝宝神经系统发育，是交感神经细胞生存和功能维持必需的因子。健康母亲的乳汁，完全具备宝宝正常发育的所有必需物质。

2. 母乳能提高婴幼儿免疫功能

母乳中免疫物质丰富，含有吞噬病菌的吞噬细胞和中性粒细胞，有一定的免疫作用。母乳中也含有大量的溶菌酶，能溶解细菌，使其死亡。母乳中含有丰富的乳铁蛋白，而乳铁蛋白能阻止细菌代谢，剥夺细菌体内必需的铁，让细菌死亡。特别是在初乳里面，免疫物质更多，所以，宝宝吃后不容易生病。

3. 母乳有利于宝宝智力发展

研究发现，母乳中含有一种与人的大脑、视力发育关系密切的牛磺酸。母乳中牛磺酸比牛乳高近百倍，对保护视网膜、促进中枢神经系统发育、抗氧化作用以及促进免疫功能均有益处。母乳是宝宝饮食中牛磺酸的重要来源，鉴于牛磺酸有如此好的作用，因此在一些奶粉中也加有少量的牛磺酸。婴儿期是大脑发育的关键时期，父母要想自己的宝宝聪明，应尽量进行母乳喂养。

4. 增进母子感情

母乳喂养还可促进母子的感情，激发母子一系列的天赋行为。

5. 促使产妇早日恢复身体健康

用母乳喂养新生儿对母亲也十分有利。通过宝宝的吸吮可反射性刺激母亲子宫收缩，促使母亲的生殖器官得到较快的恢复。

由此可见，对新生儿进行母乳喂养，不仅可以使宝宝健康地成长和发育，也有利于母亲产后身体的康复。只要条件允许，都应母乳喂养。

资料来源：王晓梅.0—3岁婴幼儿养育全书[M].北京：中国妇女出版社，2018：12.

（二）精心护理，确保婴儿的健康

新生儿非常娇嫩，需要成人细心照护，以确保婴儿的健康。一要遵守医嘱护理脐部，保持身体清洁。二是要正确抱、放，适当进行轻柔抚触，有利于他们获得充分的触觉练习，促进其生长发育，增强免疫力和消化吸收能力，减少哭闹，增加睡眠。三是要学会

辨别婴儿的哭声,努力尝试理解婴儿不同哭声表达的含义,及时给予帮助。

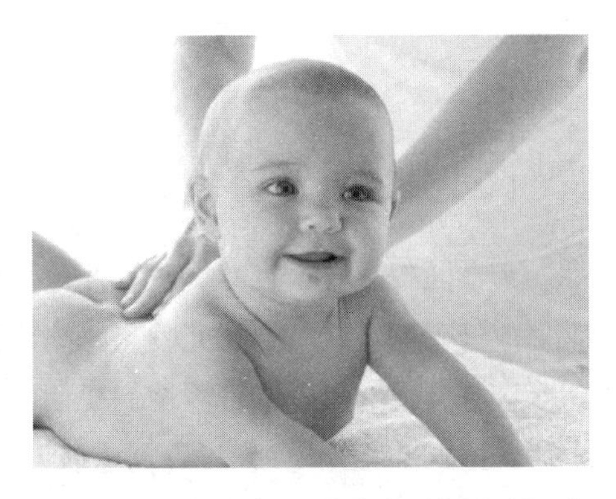

(三) 作息科学合理,培养良好的习惯

满月以后,要根据婴儿生长发育的需要,合理规划作息时间,既要保证婴儿充分的睡眠,又要保证有适当的活动,养成良好的饮食、作息习惯。

在室内活动中,要多给婴儿提供趴和爬的机会,不要过早训练坐和走。觉醒时间多趴,有利于扩大婴儿的肺活量。在五六个月以后,就要创造一切机会,用有吸引力的玩具在前面逗引,鼓励婴儿做出爬行的动作。

二、0—6个月婴儿心理发展指导要点

(一) 解放婴儿手脚,家长给予拥抱抚摸

0—6个月的婴儿用手来帮助思考,用触觉来感知周围的事物,手是婴儿认识世界的重要器官。因此,家长要给婴儿足够的自由空间去伸展,活动手、胳膊、小腿,解放婴儿手脚,让婴儿自由活动。

家长要经常搂抱、抚摸孩子,给他做抚触。尽可能每天播放轻柔的音乐,带领婴儿做主被动操。经常接受家长爱抚的婴儿,成长速度明显快于缺少爱抚的婴儿,这种肌肤相亲会使婴儿大脑的兴奋与抑制变得协调,消除婴儿对陌生世界的恐惧感,培养婴儿健康开朗、适应性强的心理素质。家长的拥抱、亲吻和欢笑都是婴儿最好的智力催化剂。

(二) 提供操作玩具,满足动手探索的欲望

让婴儿的小手活动起来,触觉才能更敏感,孩子才会更聪明、更有创造性。在生活中,家长可以用智力玩具来训练婴儿手的精细运动;提供便于抓握、带声响、颜色鲜艳、无毒、卫生、安全的玩具,让婴儿练习抓拿小物件;鼓励孩子自由捏拿、摆弄、敲打玩具;提供各种安全的玩具,鼓励婴儿动手探索,训练手眼协调能力,满足其

探索欲望。但是家长要注意应随时陪伴在婴儿身边，以免婴儿把小物品塞进嘴巴发生意外。

（三）提供各种感官刺激，创造机会让婴儿练习听音与发声

为婴儿提供一个自然、丰富的有声环境，让婴儿有机会经常听各种现实中的声音，学习适应外界的环境。当婴儿发出一些没有意义的声音时，家长应及时和婴儿说话，从而刺激和训练婴儿的发音并培养他们说话的兴趣。家长可以让婴儿看着自己的口型，用轻柔、舒缓的语调和婴儿说话，告诉他家长在做什么，孩子在做什么，刺激婴儿发音的主动性。

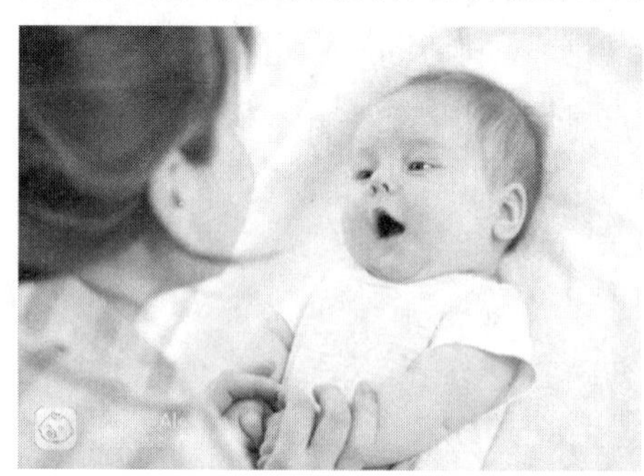

如果婴儿发出近似音，家长要有意识地将这些音与人物建立联系，并用手指向具体的事物或人，让婴儿的大脑在具体事物和具体声音之间建立条件反射。家长还应该选择婴儿吃饱、睡足、精神好的时候，对孩子进行逗引和语言刺激，可以借助构图简单、色彩鲜艳、情节简单的图书或画册进行语音学习。

（四）培养婴儿对母亲的安全型依恋，建立良好的亲子关系

在母婴依恋的时期，母亲一方面要满足孩子的心理需求，不要人为地、有意地躲避孩子；另一方面要充分利用孩子依恋妈妈的心理，多和孩子一起玩，一起交流，将语音的感知

和亲子交往融入生活的每一个环节中，以良好的母婴依恋关系影响和感染婴儿，让婴儿时刻感受到家人的关爱，能够积极主动地与环境互动，与家人密切交流，从而形成温馨和谐、幸福快乐的良好家庭环境，帮助婴儿形成快乐、积极的情绪情感，也有助于婴儿更好地感知理解语言，促进其语言和交往的发展。

本章回顾

本章主要介绍了0—6个月婴儿生理发育和心理发展规律、0—6个月婴儿心理发展相关理论和0—6个月婴儿身心发展指导要点。

0—6个月婴儿生理发育主要指的是其大脑和身体在形态、结构及功能上的生长发育过程。身体发育主要体现在身高、体重、骨骼和肌肉方面的积极变化。婴儿身体发育很快。随

着婴儿脊柱、背部和腰部逐渐健壮，肌肉力量开始增强，为动作的发展做好准备。婴儿大脑的发展主要体现在脑结构和脑机能两个方面的发展。出生后第一年，是个体脑重和头围增长最快的时期。脑机能的发展主要是指神经系统的机能，婴儿大脑皮质的兴奋机能增强。

0—6个月婴儿心理发展主要体现在其动作、认知、语言和社会性等领域。0—6个月婴儿的动作主要分为无条件反射动作和身体动作。婴儿的身体动作发展主要分为粗大动作的发展和精细动作的发展。婴儿认知的发展主要体现在其感觉、知觉、注意力和记忆力等认知能力的提高。此阶段婴幼儿语言的发展主要以感知语音(即倾听)为主，为下一阶段的语言表达(即说话)奠定基础。

0—6个月婴儿心理发展理论包括格赛尔的成熟势力说、斯金纳的操作性条件反射理论、班杜拉的社会学习理论、埃里克森的心理发展理论、皮亚杰的认知发展理论、依恋理论，不同的理论对婴儿心理发展的过程进行了不同角度的阐述，帮助我们更好地理解婴儿心理发展的过程。

0—6个月婴儿生理发展指导要点是要倡导母乳喂养，有序添加辅食；精心护理，确保婴儿的健康；作息科学合理，培养良好的习惯。

0—6个月婴儿心理发展指导要点是要解放婴儿手脚，家长给予拥抱抚摸；提供操作玩具，满足动手探索的欲望；提供各种感官刺激，创造机会让婴儿练习听音与发声。

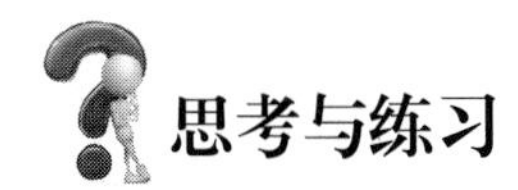

思考与练习

参考答案

1.(　　)是婴儿大动作发育的顺序。

A. 抬头、坐、立、行、跳、跑等　　B. 抬头、立、坐、行、跑、跳等

C. 抬头、行、立、坐、跳、跑等　　D. 抬头、坐、立、行、跑、跳等

2. 婴儿在视觉的调节下，手在视野范围内完成操纵、摆弄物品的活动，这是利用(　　)综合认识物品的特性。

A. 感觉能力　　B. 知觉能力

C. 动手能力　　D. 视觉能力

3. 使用头围的测量工具应注意：(　　)。

A. 所用软尺应有伸缩性，并有0.1 cm的刻度

B. 所用软尺应无伸缩性，并有0.1 cm的刻度

C. 所用软尺应有伸缩性，并有0.5 cm的刻度

D. 所用软尺应无伸缩性，并有0.5 cm的刻度

4. 1—6岁婴幼儿用磅秤或杆秤称重，最大载重50 kg，准确读数至(　　)。

A. 10 g　　B. 50 g　　C. 100 g　　D. 150 g

职业证书实训

评分标准

育婴员初级考试模拟题:请为6个月婴儿进行头围胸围测量。

(1) 本题分值:10分

(2) 考核时间:10 min

(3) 考核形式:操作

(4) 具体考核要求:掌握6个月婴儿头围胸围测量方法。

推荐阅读

1. 孟昭兰.婴儿心理学[M].北京:北京大学出版社,2003.

2. 王穗芬,马梅,陈莺.婴幼儿教养活动指导(0—6个月)[M].上海:复旦大学出版社,2010.

3. 冯夏婷.透视0—3岁婴幼儿心理世界[M].北京:中国轻工业出版社,2016.

第二章

0—6 个月婴儿身体发育与营养护理

学习目标

1. 萌发对 0—6 个月婴儿的喜爱，对婴儿的身体护理和营养喂养感兴趣。

2. 理解 0—6 个月婴儿身体发育特点和营养护理要求。

3. 掌握 0—6 个月婴儿身体发育和营养护理的指导要点，能设计科学合理的家庭亲子活动和托幼机构教育活动。

思维导图

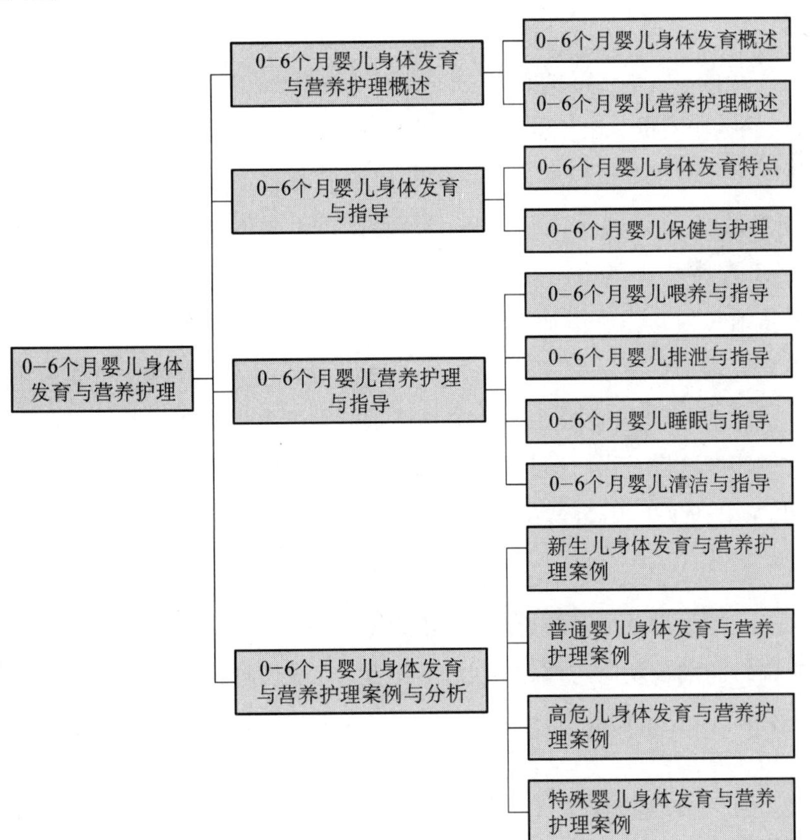

3个月大的乐乐，安然地躺在妈妈怀里，满足地吮吸着乳汁，眼神专注，脸蛋微红，小胳膊时不时轻轻挥动一下，妈妈温柔地注视着乐乐，沉浸于这一刻的育儿幸福。

这一幕美好的画面，绝大多数妈妈都会经历，但是在养育0—6个月婴儿的过程中，如何监测他们的身体发育状况？如何解决喂养问题以及应对常见疾病？本章将在0—6个月婴儿身体发育和营养吸收特点的基础上，提出科学有效的指导建议，促进0—6个婴儿身体健康发展。

第一节 0—6个月婴儿身体发育与营养护理概述

一、0—6个月婴儿身体发育概述

(一) 发育指标①

1. 体重

体重为各器官、系统、体液的总和，是反映营养状况最常用的指标。儿科临床中用体重计算药量、静脉输液量。出生体重与新生儿的胎次、胎龄、性别以及宫内营养有关。体重增长是体格生长的重要指标之一。新生儿出生后可有生理性体重下降，大都在出生后3—4日降至最低点，而后回升，至7—10日回复到出生时体重，下降的体重不超过出生时体重的7%—8%，早产儿体重恢复较迟。

儿童体重增长为非等速增加，随着年龄的增加，体重增长速度逐渐减慢。我国2005年儿童体格发育调查资料显示，正常足月婴儿在出生后头3个月体重增加最迅速，平均每月增加的体重为800—1200克，生后3个月体重约等于出生时体重的2倍，第二个3个月每月体重的加速度减慢一半，每月平均增加体重500—600克，出生后第一年是体重增长最快的时期，系第一个生长高峰。

2. 身长(高)

身长(高)是指头顶至足底的长度。3岁以下儿童立位测量不准确，应仰卧位测量，称身长。身长(高)的增长规律与体重相似，年龄越小，增长越快。出生时婴儿身长平均50厘米，生后第一年身长增长最快，出生后头3个月，平均每月身长增加4厘米，婴儿3个月

① 范仲彤.基层婴幼儿健康指南[M].兰州：甘肃科学技术出版社，2017.

时身长可以达到约62厘米，第二个3个月，平均每月增长2厘米，后半年每月平均长1厘米，第二年身长增长速度减慢。身长(高)受种族、遗传和环境的影响较为明显，受营养的短期影响不明显，但与长期营养状况有关。

身长为身体的全长，包括头部、脊柱和下肢的长度。这三部分的发育进度并不相同，一般头部发育较早，下肢发育较晚。因此，临床上有时需分别测量上下部量，以检查其比例关系。自头顶至耻骨联合的上缘为上部量，自耻骨联合的上缘至脚底为下部量。上部量主要反映脊柱的增长，下部量主要反映下肢的增长。新生儿下部量比上部量短，前者占40%，后者占60%，中点在脐以上，1岁时中点在脐下。

3. 头围

头围反映脑和颅骨的发育程度。头部的发育最快为出生后头半年，新生儿头围平均为34厘米，在0—6月增加6—10厘米，6—12月增加约3厘米，第二年头围增长减慢。

4. 胸围

胸围反映胸廓、胸背肌肉、皮下脂肪及肺的发育程度。出生时胸廓呈圆筒状，胸围比头围小1—2厘米，随着年龄增长，胸廓的横径增加快，至1岁左右胸围约等于头围，1岁以后胸围逐渐超过头围，1岁至青春前期胸围应大于头围，其差数(厘米)约等于儿童的岁数。婴儿时期营养良好时，胸廓发育好，胸部皮下脂肪较为丰满，也可有几个月胸围大于头围。婴儿呼吸以腹式呼吸为主，如果裤带束缚胸部，长久不解除，易发生束胸症及肋缘外翻。重症佝偻病可出现肋骨串珠、鸡胸、漏斗胸等胸廓发育异常。先天性心脏病合并心脏增大也可出现鸡胸，漏斗胸也可为单纯胸廓发育异常。

5. 腹围

婴儿期胸围与腹围相近，以后腹围小于胸围。腹部易受腹壁肌张力及腹内脏器的影响。肠麻痹时出现腹壁膨隆，有腹水时腹大似蛙腹，如果出现腹水要定时测量腹围。测量腹围时应使婴儿取仰卧位，以脐部为中心，绕腹1周。

6. 上臂围

臂围是骨骼、肌肉、皮肤和皮下组织的综合测量。上臂围的增长反映了婴儿的营养状况。在无条件测量婴儿体重和身高的情况下，上臂围可以用来评估婴儿的营养状况：大于13.5厘米为营养良好，12.5—13.5厘米为营养中等，小于12.5厘米为营养不良。

(二) 生长监测[①]

1. 意义

生长监测是定期连续测量个体婴儿的体格发育指标，并记录在生长发育图中，根据

---

① 欧萍，刘光华.婴幼儿保健[M].上海：上海科技教育出版社，2017.

其相应指标在生长发育图中的走向，结合婴儿生活史分析其营养状况及生长发育状况的过程。生长监测是联合国儿童基金会推荐的一套较完整的儿童系统保健方案，实践证明对婴儿进行生长监测成本低，效益高。通过生长监测，可以指导家长正确认识婴儿生长发育状况和发育规律，进行科学喂养，且有利于早期发现生长偏离，采取相应的干预措施。同时，父母学会了正确使用生长监测图，也可以亲自监测婴儿营养状况，更能及时发现婴儿的发育异常和营养问题，提高家庭自我保健能力，促使婴儿健康发展。

婴儿生长发育呈现出持续、不均衡发展的规律，而且受到遗传和环境的双重影响，生长发育过程中受营养、疾病、家庭社会环境等因素影响可能出现偏离婴儿自身的生长发育轨迹的现象，表现为体重、身高等体格发育指标的波动，监测体重、身高等指标有助于及时发现生长偏离的情况。体重是全身重量的总和，受近期营养、疾病等因素的影响，是敏感地反映婴儿近期营养状况的指标，即使轻微的变化也能准确地测量出来。身高则相对稳定，随着生长发育而逐步累积，短期内的疾病、营养问题对身高的影响不明显，反映的是婴儿长期营养状况和生长速度。由于婴儿正常体重存在一定的差异，一次测量结果只能反映当时的营养水平，不能很好地反映其生长状况，需要结合其他体格测量指标并通过定期连续测量，分析婴儿体重增长速度和趋势，早期发现生长偏离的现象。

2. 实施

婴儿生长监测通常采用测量、标记、画线、评估和指导几个步骤。定期、连续地测量婴儿的体重、身长(高)、头围、胸围等体格发育指标，将测量的结果及时描记到生长发育坐标轴上，然后评估生长曲线的走向，最后根据评估结果分析原因，指导家长调整养护措施。以体重为例，家庭监测时间相对机动，随时可以进行，由于体重受短期的饮食、疾病影响较明显，一般可一个月监测一次；保健机构一般开展定期监测，新生儿期于出生时、生后 14 日及 28 日分别测量，6 个月以内婴儿每月测量一次；早产儿、双胎儿、重度窒息儿、低出生体重儿，以及先天性心脏病、中重度贫血、反复感染(反复呼吸道感染，每月 1—2 次)、体质虚弱的婴儿应列入体弱儿范畴，应加强生长监测，给予个体化的干预处理，严重者转上级医疗保健机构随访。

另外，定期进行健康检查也是进行发育监测的重要内容和有效手段，是对婴儿按一定时间间隔进行的体格检查和神经心理发育的监测。定期健康检查能及早发现婴儿发育偏离和异常的情况，针对家庭护理、喂养、教养和环境中存在的不良因素，采取相应措施进行预防和治疗，以促进婴儿健康成长。

二、0—6个月婴儿营养护理概述

(一) 哺喂基础

1. 婴儿消化系统的生理特点

(1) 口腔

婴儿口腔容积较小,舌宽厚,唇肌和两侧颊肌及脂肪垫发达,有助于吸吮乳汁。口腔黏膜细嫩,血管丰富,易受损伤。出生时唾液腺发育差,唾液少,淀粉酶含量也不足,至3—4个月时唾液分泌增多,婴儿来不及咽下会发生生理性流涎。

(2) 食管

新生儿食管长10—11厘米,1岁时增至12厘米,婴儿食管壁肌肉及弹性纤维发育较差,缺乏腺体,易发生反流引起溢乳。

(3) 胃

婴儿期胃呈水平位,容量相对较小,足月新生儿为30—35毫升,3个月时增至100毫升,1岁时达300毫升左右。故哺喂婴儿时,食物容量不宜过多,过多会引起呕吐。婴儿贲门括约肌发育也不够完善,关闭不严,乳汁易从胃向食管反流而溢乳。出生时胃壁肌层及胃腺发育不够完善,易发生胃扩张。新生儿分泌胃酸较少,胃蛋白酶活力差,胃液消化功能随年龄增大而逐渐加强。

新生儿胃体积大小
(假设出生体重3千克)

第1天

第3天

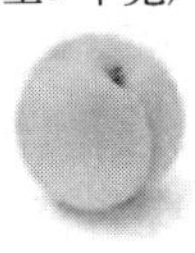
第5天

30天

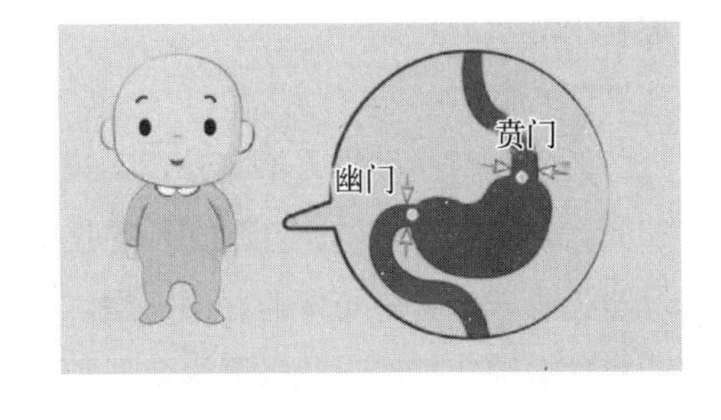

(4) 肠

婴儿肠管肌层发育尚差,固定较差,易发生肠套叠、肠扭转。肠黏膜发育良好,血管及淋巴管丰富,绒毛发达,肠壁薄,通透性高,屏障功能不完善,故肠腔中的微生物、毒素及过敏原易透过肠壁,进入血液而致病,如发生全身感染和过敏反应等。

(5) 肝脏、胰腺

婴儿肝脏相对较大,新生儿肝重为体重的4%(成人仅2%),10个月增加1倍,故1岁前肝脏常可在肋缘下 1—2 cm 处叩及。婴儿肝脏血管丰富，血量多，肝细胞及肝小叶分化不全，易发生瘀血肿大，但其肝细胞再生能力强，纤维组织较少。婴儿胰腺发育不够成熟，分泌的消化酶活力也较低。

（6）肠道菌群

胎儿肠腔内基本无菌，出生后数小时细菌即可通过口、鼻和肛门侵入肠腔。肠道细菌群的建立对维持新生儿肠腔微生态平衡起着很大作用。婴儿肠道菌群组成随所摄入食物不同而异：人乳中乳糖多，蛋白质少，故母乳喂养可促进乳酸杆菌、双歧杆菌等益生菌的生长，而抑制大肠埃希菌繁殖；牛乳中则乳糖少、蛋白质多，促进大肠埃希菌增多。肠道细菌参与一部分食物的分解，以及合成维生素 K 及 B 族维生素。一般胃与十二指肠内几乎无菌，而结肠和直肠内细菌最多，小肠次之。婴儿粪便性状与肠道菌群有密切关系，大多新生儿于出生后 10 小时左右排出胎粪，呈墨绿色，质黏稠，无臭味，系由肠道分泌物、脱落肠黏膜细胞、胆汁、肠液和咽下的羊水组成。出生后 2—3 小时逐渐变为婴儿粪便，其性状随食物不同而不同。纯母乳喂养时粪便为金黄色，质柔软均匀，含水分较多，呈细糊状，有小颗粒奶块，发酸臭味，婴儿排便次数可达每日 3—6 次或更多，满月后略减少。牛乳喂养的婴儿粪便较干，呈淡黄色，量较多，含皂块颗粒较多、较大，臭味重，每日 1—2 次，易发生便秘。

2. 婴儿消化吸收营养的特点

（1）碳水化合物

胎儿第 6 孕周到出生时肠黏膜表面积增加近 10 万倍，乳糖酶的活力较蔗糖酶发育迟，直到 34—38 孕周时达高峰，故某些早产儿可发生乳糖吸收不良，淀粉酶的发育较迟，6 个月以下的婴儿尚无或只有少量胰淀粉酶，因而在消化淀粉时需要借助于唾液和母乳中的其他淀粉酶。唾液及人乳中的 α 淀粉酶能抗酸，在新生儿胃内较稳定，故在新生儿消化淀粉中起重要作用。

（2）脂类

新生儿对脂类吸收不完善，32—34 孕周的早产儿只能吸收 65%—75%，足月儿可达 90%，46 个月婴儿方能达到成人吸收率（>95%）。新生儿只能利用舌脂酶、人乳脂肪酶及胰脂酶来水解脂肪中的甘油三酯。自 25 孕周起舌腺分泌的舌脂酶已很活跃，在胃内即能将食物中的甘油三酯水解为游离脂肪酸及部分脂类。人乳中三酰甘油结构及不饱和脂肪酸有利于婴儿的吸收。

（3）蛋白质

胃蛋白酶分泌在出生后最初几日达最高峰，然后在 10—30 小时内很快下降至最低水平，以后慢慢上升，与体重增长平行，其 pH 值在初生几日内已达要求水平。婴儿对蛋白质的分解力低，有利于初乳中完整的抗体吸收。摄入的蛋白质质量也可影响新生儿胃肠道的发育，例如乳清蛋白。在新生儿尤其是早产儿中，肠黏膜的阻筛作用较差，故可使某

些肠腔内有害物质通过而吸收，如异体蛋白、牛血清蛋白等。

(4) 维生素

根据需要，各种维生素可被动或主动吸收，例如婴儿需要持续地摄入维生素 B_{12} 以满足生长发育之需，若摄入不足可致维生素 B_{12} 缺乏，婴儿在4—6月以后可以适当补充容易缺乏的维生素C。

(5) 矿物质

由于矿物质储存主要发生在妊娠最后3个月，因此早产儿易发生储存缺乏，某些矿物质如钙、铁和锌，在出生后早期依赖被动吸收，钙的被动吸收受其他营养素过多的影响，人乳中尚有促进铁、锌吸收的因子。

(二) 护理内容

1. 生活照料

0—6个月的婴儿养护，从饮食喂养、盥洗卫生、皮肤清洁护理、睡眠护理、大小便护理、着装和穿脱、包裹抱放、运动抚触等方面均需要做到科学合理、安全妥帖、健康舒适，如此才能促进婴儿更好地成长与发展。

2. 疾病预防

对0—6个月婴儿来说，疾病以及意外伤害的发生概率很高，为确保婴儿早期能够平稳、安全、健康地度过人生脆弱的时期，有一系列的综合措施服务于这个阶段的婴儿。这些措施包括新生儿疾病筛查，婴儿早期发育筛查，口腔、听力及眼保健，预防接种，特殊儿童和高危儿童管理等，这些措施以促进婴儿身心健康、预防疾病、提高健康水平、减少疾病发生、降低婴儿死亡率为目的。

第二节　0—6个月婴儿身体发育与指导

一、0—6个月婴儿身体发育特点

(一) 身长(高)

1. 婴儿身长(高)逐月增加

足月婴儿身长平均是50厘米，0—3月平均每月增长4厘米，4—6月平均每月增长2

厘米。此阶段，婴儿身长增加较快，父母要注意记得按时到医院给婴儿进行体检。另外，家长无需天天为婴儿测量身高，两三周测量一次即可。测量婴儿身高，可用两本厚书，在婴儿熟睡时，把一本书轻轻抵住头，然后将其身体放平直，用一只手轻轻按直婴儿，同时，将另一本书抵在婴儿的脚掌后，这时两本书的距离就是婴儿的身高。婴儿身长超过标准的10%或是不足10%，父母应该引起重视，及时给婴儿调整饮食。

2. 身高发展的促进因素诸多

促进婴儿身高发育，除了保证母乳或者配方奶的质和量之外，注意适当带婴儿到户外晒太阳，促进皮肤合成维生素D，确保钙的吸收；或者遵医嘱，科学适量补充维生素AD合剂，保证婴儿生长发育所需。同时家长可以引导婴儿做一些下肢、脊柱等身体部位的婴儿被动操，适当的运动可以刺激身体的发育。另外，保证婴儿足够的睡眠，特别是夜间高质量的深度睡眠。家长还应该关注婴儿的身体健康状况，预防疾病发生。保持婴儿轻松、平静、愉悦的情绪状态，也有助于食欲和睡眠，进而促进生长激素的分泌。

值得注意的是，每一个婴儿都会有自己的生长规律和特点，其生长发育值一般都处于推荐的参考数值的范围内，参考值上线是少数群体可以达到的水平，因此家长不要盲目追求身高、体重等指标的上线，婴儿发育处于正常范围即可，同时还要综合婴儿身心发展的其他方面，全面地判断婴儿的健康状态。

(二) 体重

1. 新生儿体重会出现正常变化和波动

(1) 出生后两到三天内出现生理性体重下降。胎儿在母体羊水中生长，出生后离开了羊水，身体内的水分随着外界环境蒸发，每天还要进行排便，所以体重一定程度的下降是没有关系的，家长不用担心。新生儿生理性体重下降程度不应该超过新生儿体重的10%，并且在十天之内恢复原来的体重。如果婴儿的体重指标没有及时恢复，家长最好及时带婴儿去医院进行检查。

如果婴儿的体重一直保持下降状态，可以排查以下原因：首先，母乳不足或者喂养延迟，导致婴儿体内各种激素分泌的紊乱，肠道内消化酶分泌减少，引起肠胃消化能力下降，造成食欲不振、消化不良。其次，外界环境过冷、过热等，都容易加重婴儿的体重下降。最后，查看婴儿是否患有黄疸，伴随有便秘、呕吐、腹泻、恶心、食欲不振、肚子胀等症状。

(2) 生理性体重下降恢复正常后，新生儿体重变化规律为每周增长量保持在150克左右。家长可以定期测量婴儿体重，体重过高或过低，都要引起家长注意。如果婴儿身体健康，那大多数婴儿体重的异常变化都是因为喂养不当造成的，家长需要采取一定的措施。婴儿出生后，母亲要及时进行母乳喂养，让婴儿在喝奶的过程中锻炼吮吸能力和肠胃

的消化功能，即便刚开始奶水不足，也不要轻易放弃。

2. 婴儿体重逐月增加，变化较为明显

婴儿体重（千克）为出生体重（或3千克）＋月龄×0.6（千克）。新生儿正常体重为2.5—4千克，0—3月体重每月增加800—100克，头6个月平均每月增加500—600克左右。健康婴儿的体重无论增加或减少均不应超过正常体重的10％，超过20％就是肥胖症，低于平均指标15％以上，应考虑营养不良或其他原因，家长须尽早带婴儿去医院检查（家长可在家定期测量婴儿体重，最好在大便后空腹时测量）。

不论是母乳喂养、人工喂养，还是混合喂养，都要按需喂养，确保婴儿吃饱，但注意不要过度喂养，导致肥胖。母亲孕期应该注意控制食量和糖分的摄入，不要过度进补、暴饮暴食。适当步行，进行轻微运动，确保胎儿体重在正常范围内，以免成为巨大儿，影响生产和婴儿健康。

（三）头围

1. 0—6个月头围增加6—10厘米

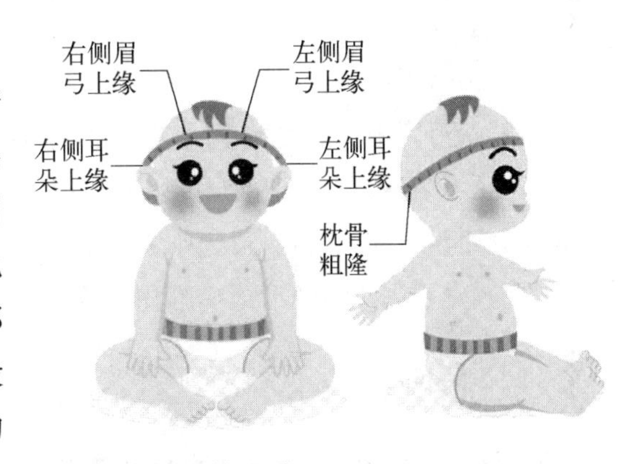

婴儿头围是头部一圈的最大长度，所以我们应该使用一个软尺来测量婴儿头围。用软尺围绕婴儿的头部，前面经过眉毛正中，后面经过后脑勺最突出的一点，也就是枕骨粗隆最高处，这样绕过婴儿头部一周所得到的数据就是婴儿的头围。一般婴儿的头发比较少，所以可以忽略头发的厚度。如果是头发较多的大婴儿，应该把头发拨开测量，比较准确。

家长可以根据婴幼儿发展标准范围来衡量婴儿头围大小，如果实际头围比正常平均值大或小两个标准差，则可诊断为大头或小头畸形。婴儿头围偏小，其智力发育可能受到限制，体力上也会落后，有些还会出现抽风，这些婴儿一般头小而尖，前额窄小。如果测量后确定婴儿头围偏小，应该及时去医院就诊，排除一些疾病，医院的全面检查可以帮助到婴儿。婴儿头围偏大的情况一般是某种疾病造成的，在临床实际中发现引起头围增大的主要原因是脑积水，所以一旦发现婴儿的头围有不正常的偏大，明显头大身小，那么就应该及时就医治疗，看是否患有脑积水、脑肿瘤等疾病，及早治疗。如果在养育婴儿的过程中出现疑惑或担忧，可以拨打社区儿童体检科电话，请儿童保健医生做专业的分析和判断，这样不仅对婴儿生长发育有及时的指导，还能及早发现病症，予以治疗。

2. 前囟门比后囟门更大、更明显，且更晚闭合

婴儿前囟门外观看上去平坦或稍稍有些凹陷，有时可见搏动，在1—1.5岁完全闭合，最迟不超过2岁。头的后部正中的后囟门呈三角形，一般在生后2—3个月内闭合。新生儿以及婴幼儿的前囟门大小是有个体差异的，不同婴儿之间大小也是不一样的。这里提供前囟门大小平均值：新生儿囟门大小为1.5—2厘米，呈菱形，约至6个月时最大达到2.5—3厘米，到6—7个月后逐渐骨化缩小。

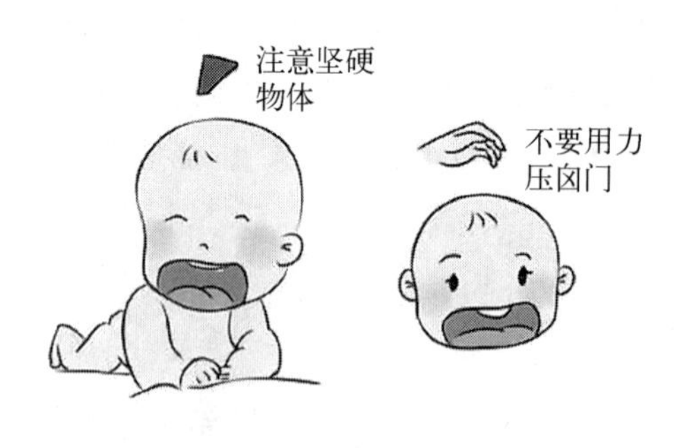

婴儿囟门的日常护理：(1) 不要给婴儿使用材质太硬的枕头，如绿豆枕、砂枕，否则很容易引起头部变形。(2) 不要让婴儿一直固定一个睡姿，要经常为他翻翻身，改变一下睡姿。(3) 注意家中家具，避免尖锐硬角弄伤婴儿的头部，也不要随意触摸刺激囟门部位。(4) 如果婴儿不慎擦破头皮，应立即用酒精棉球消毒以防止感染。(5) 冬天外出应戴较厚的帽子，保护囟门的同时又减少了热量的散失。(6) 清洁囟门不要太用力或者抓挠，轻轻揉搓，如果婴儿头上有痂，可先泡软，再轻轻洗去。

家长最好每隔2个月测量一次头围，作为婴儿发育检查，看婴儿头围是否按照正常速度增长，全身发育水平是否与月龄相符。如果头围大小正常，而囟门稍微早闭或迟闭，则对婴儿健康没有太大影响，反之则需要就医检查。囟门闭合过缓或过早均需要积极查找原因，排查是否因小头畸形或者脑积水等疾病所致，以便及时发现并治疗。

(四) 胸围

1. 胸围逐渐增大，增长速率比头围快

婴儿出生时的胸围比头围小1—2厘米，随着年龄的增长，胸围的增长速率缓慢地超过头围的增长，约1岁时头围和胸围相等，其后，胸围逐渐比头围大；新生儿的胸形多成圆桶状，其前后径与横径相差无几，年龄渐长，横径增加较快，逐渐像成人的胸部。

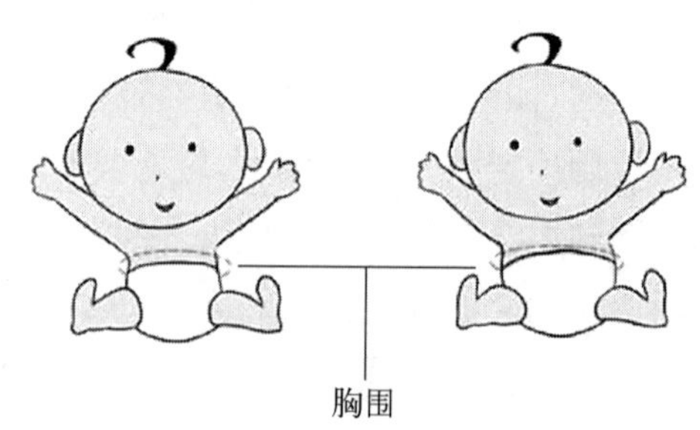

家长如果发现婴儿总是用嘴巴呼吸，要及时查明原因并进行纠正，让婴儿用鼻子呼吸，长期用嘴巴呼吸危害很大，会影响胸廓骨骼和胸腹肌肉的发育。另外，注意婴儿营养的补充，确保钙的摄入，满足婴儿生长发育所需，避免胸部骨骼发育出现畸形。

2. 出现乳房肿大和泌乳等新生儿期正常生理现象

新生儿不论男女在生后的几天内可能会出现乳房肿大，甚至分泌少许乳汁样液体，其原因是，新生儿体内含有从母体中得到孕激素、泌乳素等，这些激素刺激了乳房肿大和泌乳，这是正常的生理现象，不用处理，出生2—3周后就会自然消退。有些老人习惯于挤压新生儿的乳头，特别是女孩，认为不挤压乳头，以后就不能给后代喂奶，这是没有科学根据的。挤压乳头易造成感染，侵入的细菌也会引发感染，重者还可引起败血症。

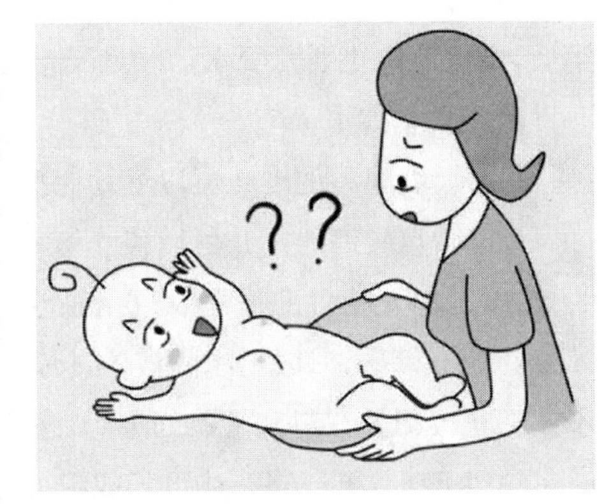

家长可以为婴儿进行胸部按摩：用指尖在宝宝的胸部划圈，不要碰到乳头。在手滑动时，要注意肋骨部位的按摩手法。要用小指的指尖轻轻沿每根肋骨滑动，然后沿两条肋骨之间的部位滑回来，轻轻伸展这个部位的肌肉。把手移到婴儿的脖颈后面，手指聚拢，胸部按摩就结束了。按摩时要注意室内温度适宜，力度适中，以使婴儿情绪放松、平稳。

二、0—6个月婴儿保健与护理

(一) 常见疾病的预防与护理

1. 腹泻

婴儿腹泻发病率较高，主要表现为腹泻、恶心、呕吐、食少、发热、烦躁、尿少等症，并可伴有不同程度的脱水表现，日久则出现营养不良、贫血和生长发育迟缓。婴儿肠道中细菌防御能力较差，免疫功能弱，容易受感染，消化功能容易紊乱，从而发生腹泻。

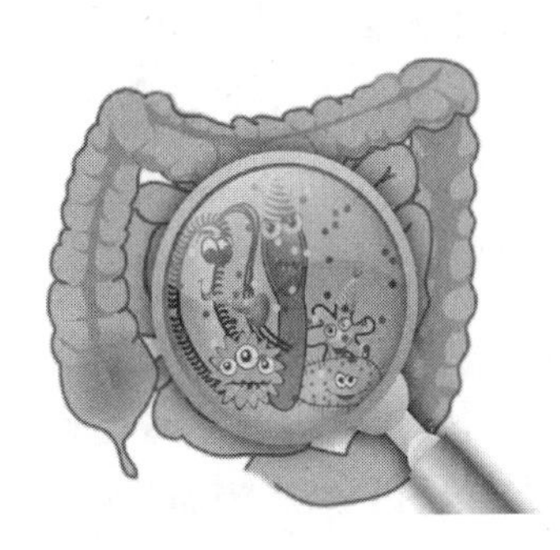

婴儿刚患上腹泻时，外表并无异样，只是出现大便变稀，次数增多，容易烦躁、哭闹。腹泻较严重的婴儿会逐渐出现精神萎靡、烦躁不安，腹痛、食欲下降，皮肤苍白、干燥，眼窝、前囟下凹，哭时泪少，四肢发凉，尿量减少等症状。腹泻虽然不是太严重的疾病，但是长期腹泻，影响婴儿生长发育，家长切不可掉以轻心。

当婴儿腹泻出现以下症状之一时，应尽快去医院就诊：一两个小时就大便一次的情况持续超过12个小时；已经高烧至39 ℃以上超过1天；排出的大便带血；呈现脱水的症状；轻度腹泻超过两周。

护理:如果婴儿出现腹泻,首先应考虑除饮食外引起腹泻的其他原因,以便对症下药。如果是由于饮食原因所致,则要调整对婴儿的喂养方式,合理哺育。当发现婴儿出现严重腹泻后,要注意防止婴儿脱水,并尽快带到医院检查。

喂养调整如下:

(1) 轻度腹泻的婴儿可以继续保持原有的正常饮食。

(2) 微重腹泻的婴儿可以停止喂食配方奶,以24小时内为佳,但是停止喂食的过程中,要不断地给婴儿补充少量的母乳或其他电解质,口服干净的液体,以减轻肠胃饥饿的感觉,并防止婴儿脱水。但要注意,不要补充很甜的饮料和煮熟的牛奶,也不要强迫婴儿喝水,禁食的时间最好不超过24小时。24小时后,可以喂一些母乳或配方奶。3天后,可在医生的指导下恢复正常的饮食。

预防:加强婴儿的体质,平时应注意气候变化,加强对婴儿的护理,热天适当给婴儿喂水。在婴儿出生6个月之内尽量用母乳喂养,人工喂养则要选择适合婴儿个体的奶粉,不要过早添加辅食。

2. 肺炎

肺炎是婴儿期的一种常见疾病,以发热、咳嗽、喘憋、呼吸急促、缺氧等呼吸道症状为主,伴有反应差、不哭、吃奶减少、拒乳、呻吟、呕吐、呛奶、吐沫等症状。婴儿在春、冬季易患肺炎,年龄越小,症状越重。婴儿肺炎如果诊治不及时,会出现并发症,如肺不张、肺气肿、支气管扩张症等,其后果严重,早治疗才会恢复快。

护理:(1) 高热时及时予以退热处理,保持呼吸道通畅。(2) 让婴儿卧床休息,经常协助他变换姿势,可轻轻拍打背部,以利于痰液排出。(3) 密切观察婴儿体温、呼吸、脉搏等生命体征,当出现高热不退、咳嗽、拒奶等现象时,应及时就诊。(4) 保持室内空气质量,可适当给婴儿喂水,暂时减少奶量。

预防:(1) 孕妇在孕期和产前一定要定期检查,若孕妇患过感染性疾病或胎儿发生过宫内窘迫,要警惕新生儿患肺炎的可能。(2) 婴儿居住的房间应清洁、干净、通风、日照良好,注意保持婴儿的清洁卫生。(3) 妈妈患感冒或服药时应慎重哺乳,以免病毒或药物代谢产物通过乳汁进入婴儿体内。(4) 不要让婴儿与患呼吸道感染的人频繁接触,防止呼吸道感染。

3. 湿疹

湿疹是婴儿常见的一种过敏性皮肤病,多见于2岁以下的肥胖儿,且容易复发,持

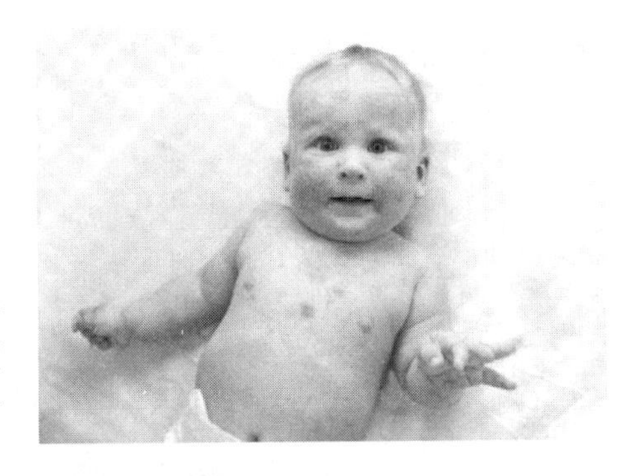

续时间长，皮疹多见于头面部，以后逐渐蔓延到颈、肩、背、臀和四肢，甚至可以波及全身。婴儿湿疹大多在出生后1—3个月起病，多数婴儿5个月左右时，湿疹症状都会减轻甚至完全自愈，但仍然有些婴儿的湿疹还较为顽固，到2岁左右才自愈，其间可能反复发作。湿疹的病因较复杂，有时病因很难明确，生活中多种因素均可诱发湿疹：饮食方面如奶粉等动物蛋白食物；气候变化如日光、紫外线、寒冷、湿热等物理因素刺激；日常接触如不当使用碱性肥皂或药物，接触丝毛织物，唾液和溢奶经常刺激皮肤等；喂养方面如奶粉选择不当、转奶频繁，添加辅食种类偏多致使胃肠道功能紊乱等。

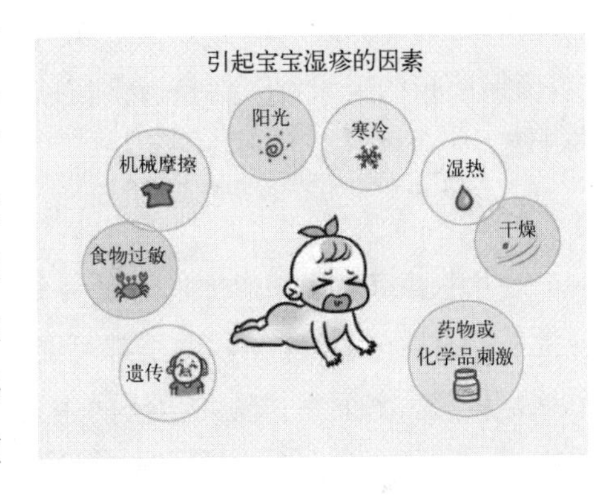

护理：(1) 给婴儿穿宽松、吸湿、柔软的布料衣服，最好不要穿化纤和丝毛织物。(2) 婴儿患有湿疹后，局部会有红肿、糜烂、渗出等症状，可用1%—4%的硼酸溶液湿敷，外涂雷锌膏，每天2次。(3) 妈妈应该给患有湿疹的婴儿勤换衣服、尿布，保持患处干燥，利于康复。(4) 湿疹在温度高时会发痒，确保室内温度和穿着适宜，妈妈可以把婴儿指甲剪短，避免抓伤皮肤，加重病情。

预防：在生活中尽可能找出发病原因，可以做过敏原试验，并加以预防。避免冷热潮湿、机械摩擦、不良接触等刺激，避免食用易过敏和刺激性食物，注意科学合理喂养，在医生指导下合理用药，不要自行随意用药。对于有湿疹的婴儿，如果是母乳喂养，妈妈就要尽量少吃容易过敏的食物和辛辣刺激的食物，多吃水果蔬菜，如果是人工喂养，尽量给予配方奶，1岁内尽量不吃鲜牛奶，同时注意补充足量的维生素。

4. 尿布疹

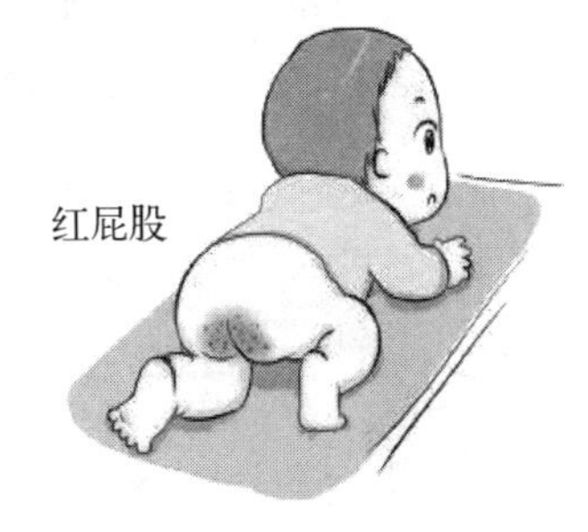

尿布疹也称作尿布皮炎，是尿布区域的皮肤由于长时间受尿、粪便等排泄物刺激而发生的一种皮肤炎症，多发生于0—4个月婴儿，主要表现为会阴部、肛门周围、臀部及大腿外侧皮肤发红粗糙，随后出现斑丘疹、糜烂小脓疱和溃疡，并伴有疼痛，局部皮肤发亮发紫，伴随有很强烈的刺鼻氨味，病变通常不累及腹股沟、臀缝等皮肤褶皱处。

※ 如何识别尿布疹

症状
发红
剥落
磨损皮炎
过敏

原因
封闭的环境
摩擦
尿和便便
细菌

预防方法：
勤洗
勤换
透气

护理：(1) 去除尿布，用温水清洗婴儿的臀部，充分擦干后，在患部涂抹凡士林或尿布疹药膏或隔离软膏等，以保护皮肤。注意擦洗时不要过度用力，以免造成皮肤破损。(2) 平时保持臀部干燥，夏季可使患处暴露于空气中，适当接受日晒，以利于恢复。(3) 尿布、纸尿裤一定要及时更换。

预防：妈妈应该选择干爽型纸尿裤或合适的尿布，质地柔软、大小适宜，并且及时更换，确保尿布的吸水性。保持臀部皮肤清洁干燥，便后及时清洗臀部和外阴部，用软毛巾擦干。

5. 幼儿急疹

幼儿急疹又称婴儿玫瑰疹，是婴幼儿时期一种常见的急性出疹性疾病，四季都可能发病，0—6个月婴儿发病率很高。幼儿急疹的主要特点是发热3—5天，退热后全身出现皮疹，并在1—2天内很快消退，没有色素沉淀，也不会脱皮，一般不需要特殊治疗，并且愈后良好。幼儿急疹的典型症状是婴儿突然间发高烧，甚至高达39—41 ℃，持续不退，偶尔有轻度感冒症状、上呼吸道感染症状，出现轻微流涕、咳嗽等，其他一切正常。婴儿虽然高烧不退，但是精神活力通常不受影响。高烧通常持续3—5天，在发烧退去后或在即将退去前，有时身体会出现小颗粒状的红疹，很快扩散到脸部、四肢，疹子不太痒，简言之，热退疹出，这时病情已经稳定，再过1—2天疹子自然会消退。

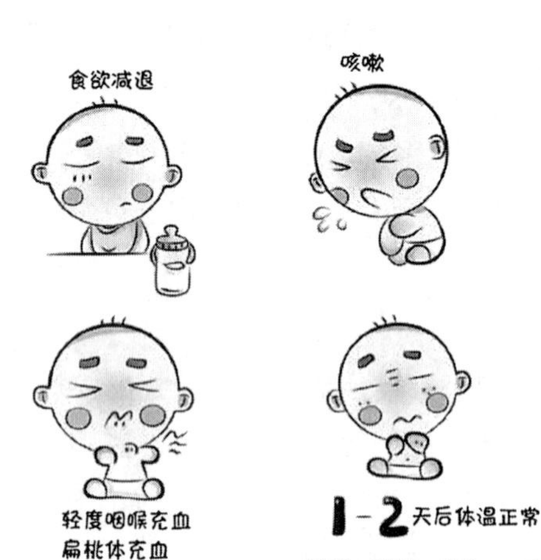

护理：(1) 患病期间，要让婴儿多卧床休息，注意隔离，防止交叉感染。(2) 出疹期间不要用肥皂水擦洗疹子。(3) 幼儿急疹主要采用对症治疗，高烧时要按医生要求给婴儿服退烧药，以免出现高热惊厥。(4) 持续高烧期间婴儿体内水分流失较多，可以给婴儿多喝些水等。

预防：预防幼儿急疹的关键在于避免与这种患儿接触。由于其传染方式可能为飞沫传播，所以在发病高峰期，应减少婴儿外出次数，并避免到人多的地方，以防感染。

6. 鹅口疮①

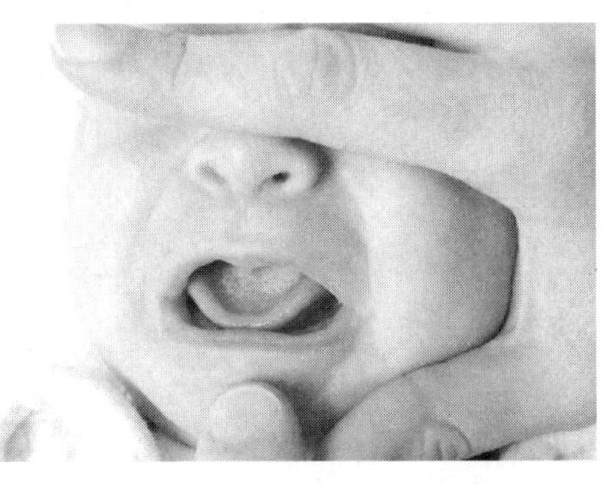

鹅口疮也称为“雪口病”，是一种口腔黏膜霉菌病，主要由白色念珠菌感染造成，多发于新生儿和 6 个月以内的婴儿，新生儿多由产道感染，或者因哺乳时乳头不洁及喂养器具受污染而感染，营养不良、长期使用广谱抗生素或激素的婴儿也易发生。其临床表现为唇、舌、颊、软硬腭等黏膜受损，充血、水肿，出现散在凝乳状斑点，渐进融合成色白微凸的片状假膜，假膜与黏膜粘连不易擦去，全身反应多不明显，表现出拒食、啼哭不安等。鹅口疮发展严重后，婴儿会因拒绝吃奶导致食量减少、体重增长缓慢，如果鹅口疮扩散到口腔的后部，还可能殃及食管，一旦受到牵连，婴儿吞咽奶水时就会感到不舒服，甚至会因为怕疼而拒绝吃奶，进而出现脱水。

护理：(1) 需给婴儿准备单独的洗漱用具和餐具，用完以后要煮沸消毒 15 分钟。(2) 在给婴儿涂药前要先清洗其口腔。涂药后不要让婴儿马上漱口、饮水或进食，以免影响治疗效果。(3) 时刻观察病情变化，如果婴儿出现发烧、烦躁不安等情况，并且口腔黏膜上的乳凝块样物向咽部以下蔓延，就应立即就医。

预防：(1) 喂奶前奶瓶要消毒，奶头应洗净，手也要用肥皂清洗。(2) 婴儿的毛巾、手绢要消毒，用 4%苏打溶液浸泡半小时，然后清洗、煮沸、消毒。(3) 平时注意婴儿口腔卫生，纠正营养不良，调整膳食或治疗相关疾病。(4) 妈妈在哺乳期间对抗生素等药物需要慎用，以免药物通过乳汁传递给婴儿，使婴儿患上鹅口疮。

(二) 意外伤害的预防与护理

1. 呼吸心跳骤停

呼吸心跳骤停是婴儿的危重急症，表现为呼吸、心跳停止，意识丧失，突发面色青紫或苍白，抽搐，脉搏消失，血压测不出。呼吸心跳骤停说明婴儿面临死亡，及时发现，争分夺秒地积极抢救非常关键。引起婴儿呼吸心跳骤停的原因甚多，如新生儿窒息、婴儿猝死综合征、喉痉挛、气管异物、胃食管反流、严重肺炎及呼吸衰竭、中毒以及触电、溺水等各种意外伤害等。

---

① 周忠蜀.婴幼儿疾病照顾[M].北京：中国人口出版社，2015.

呼吸心跳骤停难以预料，但触发的高危因素应引起足够的重视，如果婴儿失去知觉，应立即采用以下急救措施：触摸颈动脉检查婴儿是否还有呼吸和脉搏，如果心脏停止跳动、呼吸停止，要立即实施胸外心脏按压和口对口吹气的方式进行急救，同时马上联系急救中心。

急救方法：

(1) 实施口对口吹气。先将婴儿的头部略向后倾15°左右，以使其呼吸道畅通，检查喉内有无异物。操作者先深吸一口气，将嘴覆盖婴儿的鼻和嘴，保持其头后倾，将气吹入，可见患儿的胸廓抬起。停止吹气后，使患儿自然呼气，排出肺内气体。重复上述操作。

(2) 实施胸外心脏按压。用一只手垫着婴儿背部，支撑起婴儿的头颈，用另一只手的两个手指按压胸骨下部的位置，每分钟至少100次，压下的深度约为4厘米。单人操作为2次口对口呼吸配合30次压迫，双人操作为2次呼吸配合15次压迫。

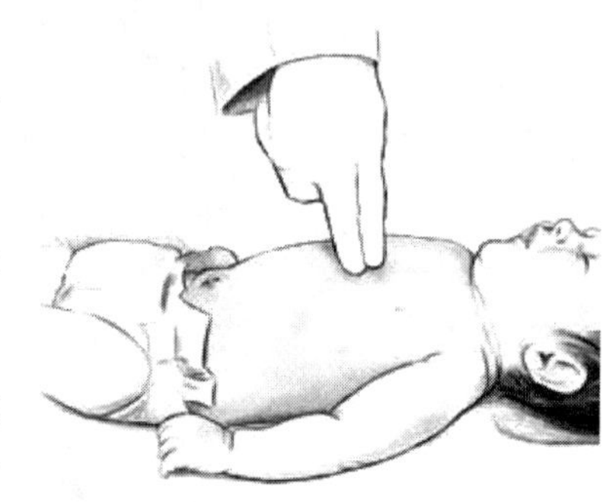

(3) 复苏抢救在血液循环系统工作之前，即可以摸到脉搏之前不能停止，如果婴儿的颈动脉不好摸到，可以摸上臂内侧的臂动脉。

2. 惊厥

惊厥是因为婴儿大脑发育不够成熟，神经组织发育不健全，遇到刺激，脑组织广泛发生反应导致，多见于高烧的婴儿。惊厥的临床表现为发作突然，全身或局部肌肉发硬，全身挺直，有时头向后仰，严重的全身可向后弯成一条弓状，身体痉挛或阵发性抽搐。发作时意识丧失，双眼向上翻，口吐白沫，呼之不应，大小便失禁，有时可将舌头咬伤，一般持续时间不长，少则几秒钟，多则数分钟。预防惊厥，家长要注意锻炼婴儿的身体，提高身体素质，预防上呼吸道感染等疾病，尽量减少或避免在婴儿期患急性发热性疾病，这对降低热性惊厥的复发率有重要意义。

急救方法：

(1) 家长应该保持冷静，保持婴儿呼吸道通畅，及时清除口鼻腔的分泌物，解开婴儿

衣服，尤其是领口。抽搐的时候，应该将婴儿平卧，头偏向一侧，或者处于侧卧位，防止误吸，减少对婴儿的不良刺激，保持安静，不要强行打开口腔，不要强行去掐人中、撬开口腔，也不要在抽搐的时候喂药或水，同时做好安全防护。

(2) 记录惊厥发作的次数和时间，注意面色、体温、呼吸的变化。在采取紧急措施的同时，要争取时间尽快把患儿送往医院，就医途中确保呼吸道通畅，将口鼻腔暴露在外，密切观察孩子的面色有没有发青、苍白，呼吸有没有急促、费力，甚至是暂停，不要严密包裹婴儿，这样不利于观察病情，还有可能发生窒息。

(3) 没有惊厥史的婴儿体温如果大于38.5 ℃，要用物理方法或药物降温，可用冷水湿毛巾较大面积地敷额头，5—10分钟更换毛巾。

(4) 有高热惊厥史的宝宝，体温高于38 ℃时，即可考虑使用退热药，用药后要多喝温开水。

第三节　0—6个月婴儿营养护理与指导

一、0—6个月婴儿喂养与指导

0—6个月婴儿主要的营养获得方式包括母乳喂养、人工喂养和混合喂养。其中母乳喂养是婴儿获得营养的最佳方式，但是有些人对母乳喂养的理解仅仅停留在给孩子输送更好的物质营养这一浅表层面。鲁道夫・史坦纳说，母乳是灵性物质，是大自然的杰作，是人类婴儿接受到的初始教育。但是，由于各种客观原因的存在，比如母乳不足、身体虚弱、乳头凹陷、乳头皲裂、上班、出差各种原因都有可能需要进行人工喂养或者混合喂养。本节根据三种喂养方式将婴儿的哺喂指标做出细致划分，并进行科学的分类指导。

(一) 母乳喂养

母乳喂养，顾名思义是妈妈亲自用双乳来喂养宝宝。母乳喂养是对母婴双方都很重要的一个健康选择，所以相关的卫生健康部门都支持母乳喂养。2001年，世界卫生组织建议：6个月内纯母乳喂养是最佳的婴儿喂养方式。婴儿添加辅食后，建议母亲们将母乳喂养持续到两岁或更长时间。1997年，美国儿科学会发表声明，母乳应是所有新生儿的首选食品。美国儿科学会也建议婴儿在出生后的头六个月里应纯母乳喂养，不需添加任何辅食；另外母乳喂养应至少持续12个月或根据母婴双方的共同意愿来决定。

母乳喂养对0—6个月婴儿益处良多。

首先，纯母乳喂养提高宝宝自身免疫力。当婴儿是纯母乳喂养时，母乳喂养为婴儿免患疾病提供了最大的保护。这种保护随婴儿接受辅食量的增加而逐渐减少（辅食包括配方奶、牛奶或其他食物）。母乳喂养的时间越长，婴儿也将得到越多保护。

其次，促进婴儿免疫系统发育。母乳中含有免疫球蛋白、白血球和抗炎因子，可以持续保护婴儿，帮助婴儿的免疫系统在出生后逐渐发育成熟。

再次，母乳可杀死癌细胞及其他病菌。在实验室条件下发现：母乳中的物质可杀死肺、咽喉、肾、直肠和膀胱中的癌细胞，以及淋巴瘤细胞、白血病细胞和肺炎球菌。其他研究人员在实验室条件下也观察到了相似的结果：母乳杀死或中和了衣原体孢子、HIV（人类免疫缺陷病毒）和某些种类的细菌。母乳作用的研究成果为研究人员开发新的疾病治疗方法提供了帮助。

最后，母乳喂养相对比较经济实惠。母乳是天赐的营养，经济实惠，既利于母子健康，也帮妈妈节省了一些育儿费用。

根据0—6个月婴儿的吮吸特点以及营养需求，现将该阶段婴儿母乳喂养的发展特点进行如下总结（见表2-1）。

表2-1　0—6个月婴儿母乳喂养发展特点

吮吸方式	1. 用嘴唇含住乳晕并自然吮吸
婴儿发展阶段	1.1　用嘴唇含住乳头，但不表现出用力吮吸 1.2　用嘴唇含住乳头，并用力吮吸 1.3　用嘴唇含住乳晕并用力吮吸，嘴角旁漏出乳汁 1.4　用嘴唇含住乳晕并自然吮吸，发出“咕咕”的吞咽声
吮吸时长	2. 吮吸乳汁时间长度适当，并表露出满足感
婴儿发展阶段	2.1　吮吸乳汁时间过短，单侧乳房吮吸均低于5分钟，并表现出无力吮吸状态 2.2　吮吸乳汁时间过长，单侧乳房吮吸均长于20分钟，当抽出乳头时，表现出不愿脱离的情绪 2.3　吮吸时间适当，单侧在10分钟左右，双侧不超过半小时，当抽出乳头时，表现出不愿脱离的情绪 2.4　吮吸时间适当，单侧在10分钟左右，当抽出乳头时，表露出满足感
哺乳次数	3. 哺乳次数规律，有相对固定的时间
婴儿发展阶段	3.1　每天哺乳次数不规律，时间随意性强 3.2　近一周哺乳次数相对规律，但每天之间存在个别次数和时间的差异 3.3　近十天哺乳次数相对规律，每天哺乳次数稳定，哺乳时间相对固定
溢奶情况	4. 偶发溢奶，随着月龄增加溢奶现象明显减少
婴儿发展阶段	4.1　每次哺乳完毕几分钟内，发生溢奶现象 4.2　哺乳完毕几分钟内，偶发溢奶 4.3　哺乳完毕十几分钟后，偶发溢奶 4.4　随月龄增加，每周哺乳几分后溢奶次数在减少，偶发十几分钟后溢奶

（二）母乳喂养指导

【吮吸方式】

1. 用嘴唇含住乳晕并自然吮吸

1.1　用嘴唇含住乳头，但不表现出用力吮吸

指导建议：

手指逗引婴儿下巴，让其自然张嘴，将乳头轻轻拔出，妈妈用手以字母C字型托住乳房，用4指和拇指握住乳晕，将乳晕再轻柔送进婴儿嘴里，直至婴儿含住一部分乳晕，并不时触摸婴儿耳垂和脚掌，促进持续吮吸。

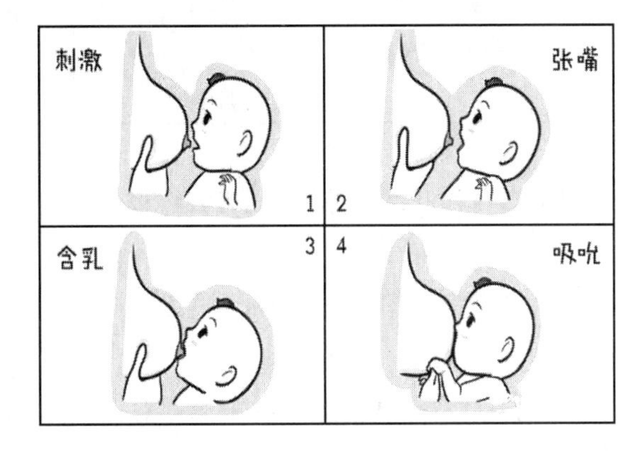

环境支持：

创设安静舒适的环境，婴儿衣着宽松，毯子柔软，光线柔和，妈妈可以与婴儿语言目光互动交流，叫唤婴儿的乳名，或念唱“妈妈的好宝宝，大口大口吃奶奶”，或哼唱歌曲等。建议每次哺乳时哼唱同一曲调的歌曲。

1.2　用嘴唇含住乳头，并用力吮吸

指导建议：

手指逗引婴儿下巴，让其自然张嘴，将乳头轻轻拔出，当婴儿不愿意张嘴时，可反复使用此方法，直至拔出。注意不要强制拔出，以免伤害妈妈乳头。妈妈用手以字母C字型托住乳房，用4指和拇指握住乳晕，将乳晕再轻柔送进婴儿嘴里，直至婴儿含住一部分乳晕，再开始哺乳。

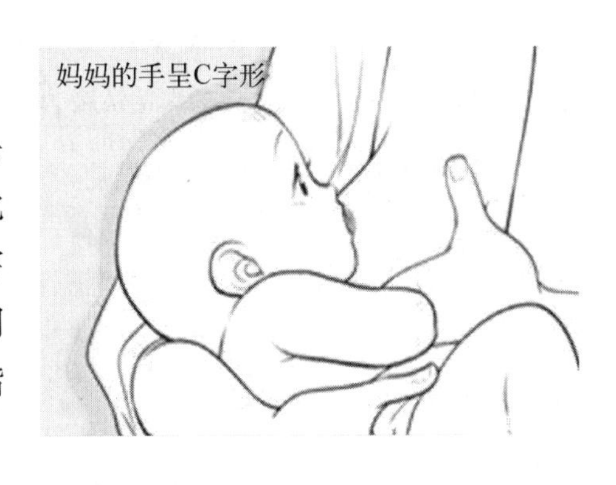

环境支持：

创设安静舒适的环境，婴儿衣着宽松，毯子柔软，光线柔和，语言和目光交流，“宝宝不着急，慢慢吃奶奶”，或轻声哼唱节奏舒缓的歌曲，建议每次哺乳时哼唱同一曲调的歌曲。也可用手抚摸婴儿的头部或者拉拉小手。

1.3 用嘴唇含住乳晕并用力吮吸,嘴角旁漏出乳汁

母乳喂养的四种姿势

指导建议:

可更换哺乳方式。妈妈可背靠沙发或者床头半躺,将婴儿放在肚子上,头在双乳中。鼓励婴儿自主移动觅食,轻轻帮他抬高头部,将嘴巴靠近乳头,让婴儿自己主动含住乳晕,帮助鼻子朝外便于呼吸,这样可使妈妈乳汁流速减慢。

环境支持:

妈妈半躺在柔软的沙发或床上时,身下和腰下可多垫几个枕头或靠垫,光线柔和,目光语言交流,叫唤婴儿的乳名,“宝宝不着急,慢慢吃奶奶”,或哼唱节奏舒缓的歌曲。建议每次哺乳时哼唱同一曲调的歌曲。

1.4 用嘴唇含住乳晕并自然吮吸,发出“咕咕”的吞咽声

指导建议:

保持此状态,如妈妈感觉到久坐不适,可以适当变换哺乳姿势,直至婴儿停止吮吸入睡或自然松开乳头。

环境支持:

创设安静舒适的环境,婴儿衣着宽松,毯子柔软,光线柔和,妈妈可以与宝宝语言互动交流,或哼唱歌曲等。建议每次哺乳时哼唱同一曲调的歌曲。轻抚婴儿的头部、背部或拉着小手。

【吮吸时长】

2. 吮吸乳汁时间长度适当,并表露出满足感

2.1 吮吸乳汁时间过短,单侧乳房吮吸均低于 5 分钟,并表现出无力吮吸状态

指导建议:

观察婴儿此时生理状态,确认哺喂间隔时间是否过短,或是否处于熟睡状态,或精神

状态是否不振。前两种状态可以延时哺喂，后一种状态可以挠挠婴儿的脚板心和手心，如果反应持续不振需及时就医。

环境支持：

建议家长保持平和心态，不必过度焦虑，过度焦虑会影响妈妈产奶量。但建议持续关注婴儿情况，如有所改善可继续哺乳，如持续无力吮吸，需及时就医。

2.2 吮吸乳汁时间过长，单侧乳房吮吸均长于20分钟，当抽出乳头时，表现出不愿脱离的情绪

指导建议：

出现此状况一般可能是单侧乳房奶量不足，需及时更换另一侧乳房，鼓励婴儿打起精神，继续吮吸。没有吃饱时，婴儿会出现情绪激动，爸爸妈妈应及时语言安抚，“××，是不是还没有吃饱呢，我们再换一边再来吸一吸，一会奶奶就来了，××大口大口吃哦!”同时轻拍婴儿，或起身摇抱。

环境支持：

妈妈不必因为奶量不足而焦虑，心情轻松自然，多补充汤水，左右乳房交换反复多次吸吮，刺激乳汁分泌，便可满足宝宝需求。

2.3 吮吸时间适当，单侧在10分钟左右，双侧不超过半小时，当抽出乳头时，表现出不愿脱离的情绪

指导建议：

没有吃饱时，婴儿会情绪激动，家长应及时语言安抚，轻拍宝宝，或起身摇动。出现此状况一般可能是双侧乳房奶量不足，左右乳房交换反复多次吸吮，充分刺激乳房分泌乳汁，便可满足宝宝需求。也可能是婴儿喜欢含乳，满足自我安抚心理需求，妈妈可适当延长含乳时间，但不能一直让婴儿含住不放。当婴儿脱离乳头时，爸爸应及时怀抱安抚，或逗引婴儿转移注意力。

环境支持：

当出现奶水不足现象时，家人和妈妈都不必焦虑和担心，妈妈要改善睡眠，多多休息，多喝汤水，增加水分摄入，家人积极支持配合妈妈产奶。不应养成婴儿含乳入睡的习惯，以避免影响婴儿牙齿的发育。

2.4 吮吸时间适当，单侧在10分钟左右，当抽出乳头时，表露出满足感

指导建议：

此状态表示婴儿已满足奶量需求，吃得非常开心和满意。保持此状态，按需哺喂。

环境支持：

妈妈注意多种营养物质的摄取，保持膳食平衡，适当运动，心态平和，多喝汤水，保持产奶量。爸爸多肯定妈妈的辛劳付出，家人共同支持，鼓励妈妈继续哺喂，增强信心。

【哺乳次数】

3. 哺乳次数规律，有相对固定的时间

3.1 每天哺乳次数不规律，时间随意性强

指导建议：

妈妈注意记录婴儿哺喂时间，找出相对规律的时间，不必强制哺喂，在时间范围内，如宝宝有需求都可以哺喂。在保证每次奶量满足宝宝需求的基础上，通过 10—15 天慢慢调试时间和次数，时间和地点相对固定。

环境支持：

保持相对固定的哺乳场所，最好是婴儿熟悉和长期居住的地方，环境安全，光线柔和，妈妈情绪平和。熟悉婴儿哺喂时的习惯和方式，保持相对固定。

3.2 近一周哺乳次数相对规律，但每天之间存在个别次数和时间的差异

指导建议：

出现这种情况，表明婴儿这段时间哺喂满意度高，逐渐形成自己的哺乳规律。记录每天哺乳时间，保持已有状态，时间相对规律即可，不必强制完全固定的哺喂时间。

环境支持：

尽可能回忆这段时间的哺乳方式和妈妈生活方式，总结出宝宝喜欢的哺喂方式和时间，以及妈妈的生活方式，爸爸和家人共同支持，继续保持。

3.3 近十天哺乳次数相对规律，每天哺乳次数稳定，哺乳时间相对固定

指导建议：

出现这种情况，表明婴儿哺喂满意度高，已经形成自己的哺乳规律。请继续保持，并持续记录。

环境支持：

全家人总结出宝宝喜欢的哺喂方式和时间，以及妈妈的生活方式，继续保持和大力支持。家长可参考表 2-2 中建议的母乳喂养量和次数进行哺喂。

表 2-2 纯母乳喂养次数及估计的哺乳量

产后时间	每次哺乳量(毫升)	建议哺乳次数(次)	每天平均哺乳量(毫升)
第一周	8—45	10	250
第二周	30—90	8—12	400
第四周	45—140	8—12	550
第六周	60—150	6—8	700

续　表

产后时间	每次哺乳量(毫升)	建议哺乳次数(次)	每天平均哺乳量(毫升)
第三个月	75—60	5—6	750
第四个月	90—180	4—5	800
第六个月	120—220	4	1000

【溢奶情况】

4. 偶发溢奶，随着月龄增加溢奶现象明显减少

婴儿吃奶后，如果立即平卧床上，奶汁会从口角流出，甚至把刚吃下去的奶液全部吐出。但是，喂奶后把宝宝竖着抱一段时间再放到床上，吐奶就会明显减少。医学上把这种吐奶现象称为溢奶。

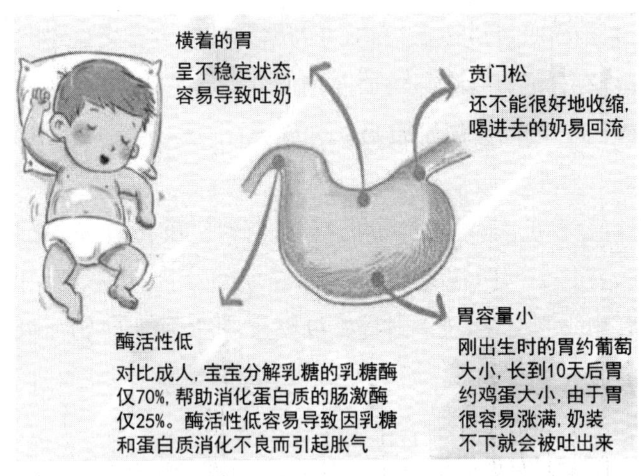

婴儿溢奶的原因主要包括以下几点：首先，0—6个月婴儿的胃呈水平位，胃底平直，内容物容易溢出。其次，婴儿胃容量较小，胃壁肌肉和神经发育尚未成熟，肌张力较低，这些均易造成溢奶。再次，婴儿胃的贲门(近食管处)括约肌发育不如幽门(近十二指肠处)完善，使胃的出口紧而入口松，平卧时胃的内容物容易返流入食管而溢出。最后，喂养方法不当，婴儿吃奶过多，母亲乳头内陷，或吸空奶瓶、奶头内没有充满乳汁等，均会使宝宝吞入大量空气而发生溢奶。另外，喂奶后体位频繁改变也容易引起溢奶。

斜坡式　　端坐式　　侧卧式

4.1　每次哺乳完毕几分钟内，发生溢奶现象

指导建议：

特别是新生儿，每次喂奶后，将婴儿竖起，使其头部趴在家长肩上，口鼻朝外，用空心掌轻轻

由下向上拍打婴儿背部，听到打嗝声后才放下婴儿，放下时请侧卧婴儿，避免回奶时乳汁吸入气管，导致吸入性肺炎。

环境支持：

每次哺乳后拍嗝可由其他家人代做，多给妈妈留有休息的时间，体恤妈妈哺乳的辛劳，妈妈多多休息，以便下次哺乳。对于溢奶现象不必焦虑，随着月龄增加会有明显改善。

4.2　哺乳完毕几分钟内，偶发溢奶

指导建议：

说明婴儿的溢奶现象逐渐好转，但仍会出现溢奶现象，还是在每次喂奶后，将婴儿竖起，使其头部趴在家长肩上，口鼻朝外，用空心掌轻轻由下向上拍打婴儿背部，听到打嗝声后才放下婴儿，放下时请侧卧婴儿，避免回奶时奶汁吸入气管，导致吸入性肺炎。

环境支持：

家长将婴儿竖起拍嗝时可以边走边拍，并与婴儿进行语言交流，如"宝宝吃饱了，现在开心了，我们来逛逛，看看都有什么"，给婴儿创设舒心满足的心理环境。

4.3　哺乳完毕十几分钟后，偶发溢奶

指导建议：

说明婴儿的胃容量在扩大，但胃容量仍有限，有时吸吮量过多，注意婴儿一次吸入的奶量。将婴儿竖起，使其头部趴在家长肩上，口鼻朝外，用空心掌轻轻由下向上拍打婴儿背部，听到打嗝声后才放下婴儿，放下时请侧卧婴儿，避免回奶时奶汁吸入气管，导致吸入性肺炎。

环境支持：

偶发一次，不必焦虑，放松心情，将婴儿竖起拍嗝时可以边走边拍，并与婴儿进行语言交流，如"宝宝吃饱了，现在开心了，我们来逛逛，看看都有什么"，给婴儿创设舒心满足的心理环境。

4.4　随月龄增加，每周哺乳几分后溢奶次数在减少，偶发十几分钟后溢奶

指导建议：

说明婴儿的胃容量在扩大，贲门逐渐发育完善，婴儿胃部逐渐成熟。但仍需要竖起拍嗝，可以适当减少拍嗝的时间长度。

环境支持：

婴儿竖起拍嗝时可以边走边拍，并与婴儿进行语言交流，如"宝宝吃饱了，现在开心了，我们来逛逛，看看都有什么"，给婴儿创设舒心满足的心理环境。

母乳喂养的过程中可能会因为妈妈乳头的问题而出现一些哺乳障碍，例如乳头巨大、乳头凹陷、乳头皲裂等，面对这些问题，妈妈切勿轻易放弃或中断母乳喂养，可以参考以下哺乳技巧和护理方法，以便顺利完成哺喂。

表 2-3　不同乳头类型的哺乳技巧

乳头类型	类型自测定义	哺乳技巧	改善方式
小乳头	乳头直径与长度都在 0.5 厘米以下。	含乳晕与多吸吮：婴儿不易含住吸吮，在婴儿刚开始张开嘴时，将乳晕托住轻放婴儿嘴中，帮助婴儿含住乳晕。	保持母乳喂养，乳头形状将会变得更加容易吸吮。
巨大乳头	乳头直径在 2.5 厘米以上。	多吸吮，让婴儿适应：刚开始吸奶时会感到困难，不知道该如何吸吮，不要轻易放弃，鼓励婴儿张大嘴，帮助婴儿含住乳晕，在经历一段时间后，婴儿就会逐渐习惯妈妈的巨大乳头。	每天轻柔反复牵拉乳头数次，让乳头变得柔软易吸吮。
凹陷乳头	乳头凹陷在乳晕中无法突出于外部。	及早护理：以手指头刺激或乳头吸引器等方式使乳头突出后，再帮助婴儿含住乳晕进行吸吮。	在怀孕后期，两手拇指置于一侧乳头左右两边，慢慢由乳头处向两侧外方向拉开，反复多次后再将两手拇指放在一侧乳头的上下侧，采取同样的方法上下反复牵拉乳头。一旦哺乳步上轨道，乳头只要接收到宝宝吸吮的刺激，就会自动突出，不再需要刻意拉引。
扁平乳头	乳头直径虽然在标准范围内，但却不够突出，乳头长度较短，约在 0.5 厘米以下。	多吸吮：扁平乳头比较不容易吸到口腔深处，让婴儿多吸吮乳晕，可逐渐转变成正常乳头。	每天轻柔反复上下左右牵拉乳头数次，逐渐改善乳头扁平情况。

乳头皲裂：

婴儿在吸吮乳头时，由于乳头皮肤组织娇嫩，容易破损，轻者乳头表面出现裂口，重者局部渗液渗血，是哺乳期常见病之一。乳头皲裂时，妈妈哺乳往往疼痛难忍，感觉撕心裂肺，坐卧不安，极为痛苦。乳头皲裂家庭处理方法如下：

(1) 哺乳时应先从疼痛较轻的一侧乳房开始，以减轻对另一侧乳房的吸吮力，以防乳头皮肤皲裂加剧。

(2) 让婴儿含吮乳晕，以便吸吮力分散在乳头和乳晕四周。

(3) 勤哺乳，以利于乳汁排空，乳晕变软，利于婴儿轻轻吸吮。

(4) 在哺乳后挤出少量乳汁涂在乳头和乳晕上，短暂暴露和干燥乳头。由于乳汁具有抑菌作用，且含有丰富蛋白质，有利于乳头皮肤的愈合。哺乳后，也可在乳头上涂薄一层水状的羊毛脂护理霜，对婴儿无害，哺乳前不必擦掉。

(5) 哺乳后穿戴宽松内衣和胸罩，并放正乳头罩，有利于空气流通和皮损的愈合。

(6) 如果乳头疼痛剧烈或乳房肿胀，暂时停止哺乳，但应将乳汁挤出，并及时就医。

(三) 人工喂养

人工喂养婴儿的奶制品主要包括普通婴儿配方奶、早产儿奶粉、防胀气防吐易消化奶粉、医用防腹泻奶粉、豆基配方奶粉等。

普通婴儿配方奶是除了母乳以外婴儿首选的奶制品。婴儿配方奶多以牛乳作为基本原料(也有羊乳),再以母乳作为标准,尽量改变动物奶中不适合人类婴儿的成分,使之接近母乳。一般普通婴儿奶粉从以下几个方面进行了改造:用乳清蛋白替换牛奶中大部分的酪蛋白;去除牛奶中的动物脂肪,加入植物油,提供必须的脂肪酸;增加乳糖,以提高能量和促进钙的吸收;强化了许多维生素与矿物质,如维生素 A、维生素 D、维生素 B 族、维生素 C、维生素 E 和钙、磷、镁、铁、锌等;添加选择性成分,如核苷酸、乳铁蛋白、益生菌、DHA、ARA、CPP、OPO、叶黄素等。

早产儿奶粉是为适应早产儿胃肠的消化吸收能力不成熟,需要较多能量及特殊的营养素来完成个人的生长所调配的奶粉,其特点为容易消化吸收以及卡路里比婴儿奶粉更多,但此类奶粉并不只限于早产儿服用,只要符合婴儿需要及儿科医生许可皆可。

防胀气防吐易消化奶粉是用麦芽糊精来取代普通奶粉中的乳糖等其他碳水化合物系,可使奶水在胃中的浓稠度增加,不易逆流至食道而呕吐出来。

医用防腹泻奶粉适用于胃肠腹泻的婴儿,腹泻时原有的消化吸收能力大大减弱,将配方奶粉中的原有成分经过特殊处理,包括长链脂肪解离成中链脂肪酸,将蛋白质解离成小分子的氨基酸,将碳水化合物(多糖类和双糖类)分解成单糖(葡萄糖),让肠胃可以不需要做特别的消化工作,即可吸收营养素,减轻生病胃肠的负担。值得注意的是,由于防腹泻奶粉的配方成分可以完全吸收,含渣量少或无渣,因此婴儿的粪便量也会减少。该奶粉需要在儿科医生指导下使用。

豆基配方奶粉以大豆作为基本原料,主要去除了奶粉中容易引起肠胃过敏反应的物质,也不含乳糖,专为天生缺乏乳糖酶及慢性腹泻的婴儿所设计。婴儿腹泻时也可以换为此种奶粉,待腹泻改善后再逐渐转为普通奶粉。

根据 0—6 个月婴儿的吮吸特点以及营养需求,现将该阶段婴儿人工喂养的发展特点进行如下总结(见表 2-4)。

表 2-4　0—6 个月婴儿人工喂养发展特点

吮吸方式	1. 用嘴唇含住奶嘴并自然吮吸
婴儿发展阶段	1.1　不愿用嘴唇含住奶嘴,并向外吐奶嘴 1.2　用嘴唇含住奶嘴前端,但不表现出用力吮吸 1.3　用嘴唇含住奶嘴中部并用力吮吸,嘴角旁漏出奶水 1.4　用嘴唇含住奶嘴中部并自然吮吸,发出“咕咕”的吞咽声
吮吸速度	2. 吮吸速度适当,并表露出满足感

续　表

婴儿发展阶段	2.1　吮吸速度缓慢,奶液无排气泡冒出,10分钟后仍不见奶液有所下降 2.2　吮吸速度较慢,时停时歇,不能在20分钟内完成一次哺喂量的奶液 2.3　在20分钟内,快速完成一次哺喂量的奶液,但依旧表现出不愿脱离奶嘴的情绪 2.4　从奶瓶排气阀冒泡可以发现,吮吸奶嘴前快后慢,哺喂时间在20分钟内,奶液喂完时,表现出满足感
喂奶次数	3. 哺喂配方奶液次数规律,有相对固定的时间
婴儿发展阶段	3.1　每天哺喂次数不规律,时间随意性强 3.2　清醒时哺喂次数不规律,睡眠时哺喂次数较规律 3.3　近一周清醒与睡眠时哺喂次数相对规律,每天之间存在个别次数和时间的差异 3.4　近10天哺喂次数相对规律,每天哺喂次数稳定,哺喂时间相对固定
哺喂饮用水	4. 哺喂饮用水次数规律,有相对固定的时间
婴儿发展阶段	4.1　哺喂饮用水时表现出抵触情绪,将奶嘴向外吐 4.2　哺喂饮用水虽表现出抵触情绪,但依然能吮吸适量,每天哺喂次数相对固定 4.3　哺喂饮用水时表现出自然接受的情绪,能匀速自然吮吸适量,每天哺喂次数较固定
溢奶情况	5. 偶发溢奶,随着月龄增加溢奶现象明显减少
婴儿发展阶段	5.1　每次哺喂完毕几分钟内,发生溢奶并伴有呕吐现象 5.2　哺喂完毕几分钟内,偶发溢奶 5.3　哺喂完毕十几分钟,偶发溢奶 5.4　随月龄增加,每周哺喂几分钟后溢奶次数明显减少

(三) 人工喂养指导

【吮吸方式】

1. 用嘴唇含住奶嘴并自然吮吸

1.1　不愿用嘴唇含住奶嘴,并向外吐奶嘴

指导建议:

对于奶嘴,不像妈妈乳头那么容易让婴儿接受,所以可以尝试多种奶嘴,找到软硬、形状和速度适合婴儿喜好的。在哺喂时,可以轻轻敲击奶瓶底部,来回抽动奶嘴,刺激婴儿吮吸。

环境支持:

由于哺喂人不一定是妈妈,请多多怀抱婴儿,眼神与宝宝交流,语言温和,呼喊婴儿的乳名,也可哼唱歌曲。哺喂地点相对固定,环境安全舒适。

1.2　用嘴唇含住奶嘴前端，但不表现出用力吮吸

指导建议：

用手指逗引婴儿下巴，让其自然张嘴，将奶嘴向里推进，直到婴儿含住奶嘴中部，并轻轻敲击奶瓶底部，来回抽动奶嘴，也可以同时轻挠婴儿的脚板心或者手心，刺激婴儿吮吸。

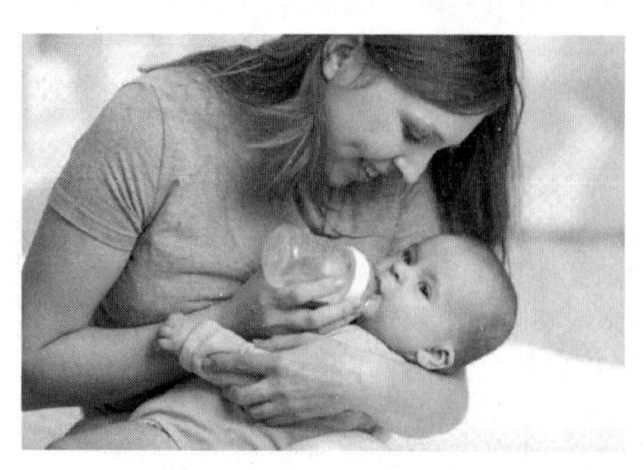

环境支持：

耐心哺喂，请多多怀抱婴儿，眼神与宝宝交流，语言温和，呼喊婴儿乳名，也可哼唱歌曲。哺喂地点相对固定，环境安全舒适。让婴儿感受到喂奶时的轻松愉快氛围，注意不要逗笑婴儿，以防呛奶。

1.3　用嘴唇含住奶嘴中部并用力吮吸，嘴角旁漏出奶水

指导建议：

这种情况有可能是奶嘴过大，婴儿嘴小，来不及吸吮漏出奶液，这时可以更换小一点的奶嘴。也有可能是婴儿吮吸速度比奶瓶流速慢，来不及咽下，这时可更换慢速奶嘴。

环境支持：

注意选择多种不同种类的奶嘴，以及注意选择奶嘴的流速，耐心哺喂，可以和婴儿语言交流："宝宝不着急，慢慢喝。"另外，不要让婴儿饿急时再哺喂，这时婴儿的吮吸速度会过快，容易呛奶。

1.4　用嘴唇含住奶嘴中部并自然吮吸，发出"咕咕"的吞咽声

指导建议：

说明选择的奶嘴大小和流速适合婴儿，婴儿也适应了用奶嘴吮吸，可以继续使用。

环境支持：

爸爸妈妈可总结出婴儿对奶嘴和哺喂怀抱方式的喜好，保持此状态，同时保持相对固定的喂奶环境。

【吮吸速度】

2. 吮吸速度适当，并表露出满足感

2.1　吮吸速度缓慢，奶液无排气泡冒出，10 分钟后仍不见奶液有所下降

指导建议：

观察婴儿此时生理状态，确认是否是哺喂时间间隔过短，或是处于熟睡状态，或是精神状态不振。前两种状态可以延时哺喂，后一种状态请轻轻逗引，如果反应持续不振，请及时就医。另外也可能是奶嘴阀通气情况不好，造成吮吸困难，请及时检查奶嘴排气阀，必要时更换。

环境支持：

建议家长保持平和心态，不必过度焦虑。但注意持续关注婴儿情况，如有所改善可继

续哺喂,如持续无力吮吸,请及时就医。

2.2 吮吸速度较慢,时停时歇,不能在20分钟内完成一次哺喂量的奶液

指导建议:

出现此状况一般有三种原因:

(1) 奶嘴速度过慢,吮吸费劲,需要婴儿停停歇歇。如此种情况,请及时更换大一号奶嘴。

(2) 婴儿不是很饿,对食物的积极性减弱,或者是较困,无力吮吸,可延时哺喂。

(3) 奶液味道变换,婴儿拒绝或不太接受。如此种情况,请及时更换奶粉。

环境支持:

密切关注婴儿喝奶时的状态,做好记录,分析和判断原因,心情放松,不必过于焦虑,请持续保持与婴儿温柔交流状态。

2.3 在20分钟内,快速完成一次哺喂量的奶液,但依旧表现出不愿脱离奶嘴的情绪

指导建议:

这种情况一般是奶液冲泡量不够,请立即泡奶,继续哺喂。另外,婴儿没有吃饱,还会伴随烦躁不安或哭泣等激动情绪,爸爸妈妈要耐心接纳这种不安情绪,并且及时语言安抚:"是爸爸泡少了奶奶,让宝宝等急了吧,下一次爸爸一定记得,我家宝宝可是大胃王哦!"轻拍婴儿,或起身摇哄。

环境支持:

做好婴儿每日奶量的记录,总结出婴儿一次哺喂的奶量,不要分次泡奶,一次泡够奶量,多余的奶液弃之。

2.4 从奶瓶排气阀冒泡可以发现,吮吸奶嘴前快后慢,哺喂时间在20分钟内,奶液喂完时,表现出满足感

指导建议:

这种情况表明冲泡奶液量合适,哺喂间隔时间得当,奶液味道接受,可保持此状态继续哺喂。

环境支持:

做好婴儿每日奶量的记录,总结婴儿奶量和哺喂时间规律,每天都依照相同规律进行哺喂。不要轻易改变哺喂人和奶嘴及奶粉。

【喂奶次数】

3. 哺喂配方奶液次数规律,有相对固定的时间

3.1 每天哺喂次数不规律,时间随意性强

指导建议:

尽可能地保持相对规律的哺喂时间和次数,可做好记录,找出相对的时间规律,每天按照相对固定的时间进行哺喂,用10天左右的时间慢慢调整,形成婴儿自己的规律。

环境支持:

哺喂地点相对固定,创设安静舒适的环境,哺喂者可以坐在相同的沙发或椅子上,用婴儿喜欢的怀抱方式,让其感觉安全、安心。

3.2 清醒时哺喂次数不规律,睡眠时哺喂次数较规律

指导建议:

这种情况大多数人工喂养的婴儿都会遇到,因为配方奶中不具备母乳中平抚婴儿情绪的因子,不必过多担心,注意相对规律,哺喂后尽可能多多哄抱,语言交流,“宝宝喝饱了,是要和妈妈玩一下吧!我们来拉拉小手,唱歌谣,好吗?”注意耐心安抚。

环境支持:

让婴儿有熟悉的哺喂时间和环境,尽可能相对固定,哺喂者不宜随时变换。做好记录,调整好时间和次数。

3.3 近一周清醒与睡眠时哺喂次数相对规律,每天之间存在个别次数和时间的差异

指导建议:

这种情况说明喂奶规律逐渐建立,一般会在3个月左右逐渐稳定。家长做好记录,找出婴儿自己的个性化规律,继续按规律喂养。

环境支持:

家庭成员共同合作,创设相对规律的哺喂时间和人员,以及较固定的地点。

3.4 近10天哺喂次数相对规律,每天哺喂次数稳定,哺喂时间相对固定

指导建议:

这种情况说明喂奶规律逐渐建立并稳定,不要随意打破此规律,保持每天相对固定的哺喂次数和时间。

环境支持:

鼓励和表扬家庭成员的工作和成绩,再接再厉,继续按照规律哺喂。

婴儿照护者要注意奶量的掌握,一般情况下需要按照配方奶粉说明书标注的量来进行调配。由于配方奶需要更长的消化时间,所以配方奶喂养的婴儿喂养次数较母乳喂养宝宝有所减少。人工喂养的婴儿在出生头两三天后,通常采用3小时制,因此每天需喂6次左右,随着月龄增加,胃容量增加,就可以减少哺喂次数,增加每次哺喂的奶液量。家长可参考表2-5中建议的配方奶喂养量和次数进行哺喂。

表2-5 配方奶哺喂奶量

产后时间	每次哺乳量(毫升)	建议哺乳次数(次)	每天平均哺乳量(毫升)
第一周	30—80	7	200—300
第二周	60—90	6—7	350—500

续　表

产后时间	每次哺乳量(毫升)	建议哺乳次数(次)	每天平均哺乳量(毫升)
第三周	90—110	6	550
第四周	110—120	6	700
第三个月	120—140	6	750
第四个月	140—160	6	800
第六个月	150—180	5—6	1000

【哺喂饮用水】

4. 哺喂饮用水次数规律,有相对固定的时间

4.1　哺喂饮用水时表现出抵触情绪,将奶嘴向外吐

指导建议:

对于没有品尝过饮用水的婴儿来说,一般都会出现这种状态,可以改用勺子喂水,给婴儿适应味道的时间,由少到多,慢慢增加。也可用玩具吸引婴儿,配合语言"白白的水水,甜甜的味道,宝宝快来舔一舔,甜不甜?尝一尝,好极了!"

环境支持:

保持饮用水的卫生安全,温度在 37—42 ℃,做好水杯、勺子和奶瓶的消毒工作。

4.2　哺喂饮用水虽表现出抵触情绪,但依然能吮吸适量,每天哺喂次数相对固定

指导建议:

在喝水之前给婴儿营造积极的情绪氛围,呼喊乳名,"甜甜的水水又来了,我们做好准备,开始喝甜甜水咯!"婴儿在喝水时,配合语言目光交流,"宝宝尝一尝,味道甜不甜,啊,真的好喝极了。"喝完拥抱婴儿表示鼓励,让婴儿爱上喝水。

环境支持:

可以用婴儿喜欢的水杯或者勺子增加婴儿喝水的兴趣。

4.3　哺喂饮用水时表现出自然接受的情绪,能匀速自然吮吸适量,每天哺喂次数较固定

指导建议:

总结出婴儿喝水时的时间和水量,形成自己的喝水规律,持续保持。

环境支持:

持续保持饮用水、杯具、奶瓶的卫生安全。母乳中水分充足,纯母乳喂养婴儿在 6 个月内一般不必喂水,而人工喂养的婴儿则必须在两顿配方奶之间适当补充饮用水,一方面有利于婴儿对高脂肪的消化吸收,另一方面有利于婴儿大便通畅,防止消化功能紊乱。有时婴儿啼哭不是因为饿了,而是由于口渴,尤其在炎热的夏天。家长可参考如表 2-6、表

2-7中建议的饮水时间和喂水量为婴儿喂水。

表2-6 人工喂养婴儿哺乳与喂水时间

时间	6:00	8:00	10:00	12:00	14:00
内容	配方奶	水	配方奶	水	配方奶
时间	16:00	18:00	20:00	22:00	2:00
内容	水	配方奶	水	配方奶	水

表2-7 年龄与每次喂水量

月龄	第一周	第二周	1个月	3个月	4个月	6个月
每次喂水量(毫升)	30	45	50	60	75	90

【溢奶情况】

5. 偶发溢奶,随着月龄增加溢奶现象明显减少

5.1 每次哺喂完毕几分钟内,发生溢奶并伴有呕吐现象

指导建议:

特别是新生儿,每次喂奶后,将婴儿竖抱,支撑其头部趴在家长肩上,口鼻朝外,用空心掌轻轻由下向上拍打婴儿背部,听到打嗝声后才能放下婴儿。拍的时间较母乳喂养长一些。放下时请让婴儿侧卧,避免回奶时奶液吸入气管,导致吸入性肺炎。

环境支持:

观察婴儿溢奶和呕吐物的性状,如经常发生建议更换奶粉或及时就医。

5.2 哺喂完毕几分钟内,偶发溢奶

指导建议:

说明婴儿的溢奶现象逐渐好转,对奶粉也相对适应,但仍会出现溢奶现象。在每次喂奶后,将婴儿竖抱,支撑其头部趴在家长肩上,口鼻朝外,用空心掌轻轻由下向上拍打婴儿背部,听到打嗝声后才能放下婴儿,放下时请让婴儿侧卧,避免回奶时奶汁吸入气管,导致吸入性肺炎。

环境支持:

继续使用目前的奶瓶和奶粉,将婴儿竖起拍嗝时可以边走边拍,并与婴儿进行语言交流,呼喊乳名,如"宝宝吃饱了,现在开心了,我们来逛逛,看看都有什么",给婴儿创设舒心满足的心理环境。

5.3 哺喂完毕十几分钟,偶发溢奶

指导建议:

注意婴儿之前是否发生过其他家人用力摇抱,或有其他撞击现象。也有可能是婴儿

吃奶过量，造成过饱溢奶。将婴儿立即竖起，使其头部趴向家长肩上，口鼻朝外，用空心掌轻轻由下向上拍打婴儿背部。

环境支持：

偶发一次，家长不必焦虑，放松心情，将婴儿竖起拍嗝时可以边走边拍，并与婴儿进行语言交流，如“没事没事，我们是吃了太多了吗？爸爸来拍拍，现在舒服多了吧。”

5.4　随月龄增加，每周哺喂几分钟后溢奶次数明显减少

指导建议：

此状态说明婴儿的胃容量在扩大，贲门逐渐发育完善，这是婴儿胃部逐渐成熟的标志。但仍需要竖起拍嗝，可以适当减少拍嗝的时间长度。另外，给婴儿竖起拍嗝时可以边走边拍，并与婴儿进行语言交流，如“我的××长大了，肚肚能装好多奶，摸摸肚肚鼓不鼓，肚里装个大西瓜。”

环境支持：

照护者要注意，溢奶时吐出来的奶通常还是原状少量液体，有时也会有一部分凝结。吐完后婴儿没有非常痛苦表情，甚至更轻松。但如果吐奶时呈喷射状，一直把胃里的奶吐光，甚至伴有胃液吐出，且表情痛苦，请及时就医。

（三）混合喂养

有一部分妈妈，由于乳汁分泌量不能满足婴儿的需要，在哺喂母乳的同时还需要给宝宝增添配方乳或其他乳制品，这种喂养方式称为混合喂养。混合喂养一般采用两种方法——补授法和代授法。

1. 补授法

适用于母乳不足的喂养。每次喂奶时，先给婴儿喂母乳，将两侧乳房吸吮充分后，再补充配方乳。每日母乳哺喂次数一般保持不变。值得注意的是，这种方法需要先让婴儿吸吮母乳，尽可能让双侧乳房排空，再进行补授，这样有利于刺激母乳分泌，不至于母乳量日益减少。

2. 代授法

适用于妈妈奶量充足，但妈妈不能亲自哺乳，不得不用配方乳或其他乳制品代替一次或数词母乳喂养。值得注意的是，采取代授法时，妈妈全日哺乳次数最好不要低于3次，不能哺乳时，应按时将乳汁人工挤出排空乳房，以保持母乳分泌通畅，避免母乳分泌能力减退。

存放母乳时，妈妈洗净双手，将吸奶器消毒，挤出母乳装入母乳袋，切忌重复使用母乳存储袋。若不打算冰冻，则可放置冷藏室中保存，初乳 12—48 小时，成熟奶 10—24 小时。若需冷冻，则将母乳袋内空气排出后密封装好，填写上冷冻的日期与奶量，置于独立冷冻存储盒中，可保存 3—4 个月。解冻母乳时，将母乳储存袋放入冷藏室解冻，待解冻后倒入干净的奶瓶中，置于温奶器或温水中水浴加热奶液，可多次更换热水。切记不可使用微波炉或火上直接加热，当温度超过 54 ℃会破坏母乳中的活性成分。

二、0—6 个月婴儿排泄与指导

（一）0—6 个月婴儿排泄特点

由于神经系统未发育完善和成熟，0—6 个月的婴儿在大小便时，尚无明显规律，且缺乏较好的自主控制能力。另外，家长可以从婴儿大小便的性状、次数等方面，判断婴儿的身体状况，因此，有必要了解婴儿的排泄特点（见表 2－8）。

表 2－8　0—6 个月婴儿排泄特点

大便	1. 排泄从不规律到逐渐规律
婴儿发展阶段	1.1　不规律自主排泄 1.2　较规律自主排泄 1.3　规律自主排泄

（二）0—6 个月婴儿排泄指导

【大便】

1. 排泄从不规律到逐渐规律

1.1　不规律自主排泄

指导建议：

（1）母乳喂养：新生儿由于肠道发育不成熟，不规律自主排泄属于普遍现象。纯母乳喂养 1 天 10 次大便或者 10 天 1 次大便都是正常现象。

（2）人工喂养：人工喂养的婴儿排便次数较少，需保持饮用水的补充，选择适合婴儿的奶粉，每天也可以双手呈太极式顺时针按摩婴儿腹部 10 次。

（3）做好排泄时间和次数的记录。每次排便后一定要注意清洁肛门，涂抹护臀霜，更换干净尿不湿。

环境支持：

不规律排泄在新生儿中属于普遍现象，请家长不必过多焦虑，不要用家长的排便标准来衡量婴儿。注意配方奶液的冲泡是否严格按照说明进行，过浓奶液容易造成婴儿便秘。

1.2　较规律自主排泄

指导建议：

(1) 母乳喂养：因母乳中营养物质容易被吸收，所以残渣少，致有些婴儿排便间隔长，会呈现出偶尔几天不排便的情况，但大便大多是金黄色、软软的、不干结。

(2) 人工喂养：由于配方奶中很多营养成分不易消化和吸收，容易出现排便干结、便秘等状况，注意选择含有益生菌等减少肠道分担成分的配方奶粉，每天也可以双手呈太极式顺时针按摩婴儿腹部10次。

(3) 观察大便的性状，做好次数记录。

环境支持：

母乳喂养时，妈妈不宜食用过于辛辣和刺激的食物，以及脂肪含量高的食物，会影响乳母成分，造成婴儿肠胃负担。

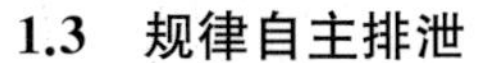

1.3　规律自主排泄

指导建议：

注意婴儿间的个体差异，总结出属于自己孩子的特有规律，保持婴儿喝奶的基本规律和习惯，做好排泄后臀部的清洁与干燥工作。

环境支持：

在婴儿3个月之后，会逐渐形成自己特有的排便规律。照护者积极配合，保持规律排泄。

婴儿排出的大便异常时，照护者可参考如下大便性状分析表进行初步分析和判断。

表2-9　大便性状分析表

大便性状	形成原因	备注说明
绿便	前奶摄入过度，肠道发育不完善，新生儿肠道短，受凉导致肠道蠕动过快。	母乳前奶乳糖含量高，当婴儿肠道中的乳糖酶应付不过来，就会有大量乳糖不完全分解发酵，形成绿色泡沫便。 当乳汁进到身体后，有种成分先转变为胆绿素，然后再转化为胆红素，由于婴儿肠道不完善，有时会消化不完全，就会有胆绿素排出，出现绿便。
带有泡沫大便	宝宝前奶吃得过多，后奶摄入不足导致。	母乳前奶乳糖含量高，泡沫是糖不完全代谢的产物。
带有奶瓣大便	宝宝吸收了充足的母乳后，多余没有消化的残余后乳。	
血便	请及时就医。	

三、0—6 个月婴儿睡眠与指导

(一) 0—6 个月婴儿睡眠特点

睡眠是大脑皮层以及皮下中枢广泛处于抑制过程的一种生理状态。睡眠有助于婴儿的脑发育,有助于记忆力的增强。每个婴儿自身气质不同,家庭环境不同,睡眠规律也不一样,只要没有疾病,婴儿的睡眠时间可以由自己决定。随着月龄的增长,婴幼儿的大脑皮层逐步发育,睡眠的时间可逐步缩短。总体来说,新生儿每日睡眠时间可达 16—20 小时,2—6 个月婴儿每日睡眠时间为 14—18 小时。

婴儿睡眠是否充足可参考如下标准:清晨自动醒来,精神状态良好;精力充沛,活泼好动,食欲正常;体重、身高按正常生长速率增长。

(二) 0—6 个月婴儿睡眠指导

1. 指导建议

(1) 创造适宜的睡眠环境。为婴儿布置一个温馨、舒适、安静的睡眠环境是保证婴儿高质量睡眠的前提。尽量让婴儿在自己熟悉的环境中睡觉,保持室内空气新鲜,应经常开门、开窗通风,新鲜的空气会使婴儿入睡快、睡得香;室温以 18—25 ℃为宜,过冷或过热都会影响睡眠。室内的灯光最好暗一些,窗帘的颜色不宜过深,减少噪音;选择一个适宜的婴儿床,软硬度适中,以保证婴儿脊柱的正常发育。被褥要干净、舒适,与季节相符。为婴儿换上宽松、柔软的睡衣。婴儿可能会吸吮安抚奶嘴,这对稳定婴儿自身情绪也起到了一定的作用。

(2) 培养婴儿良好的睡眠习惯。养成良好的作息习惯,每天 20:00—21:00 开始入睡,睡前不宜吃得过饱,保持安静平稳的情绪状态,避免引起婴儿过度兴奋。睡前将婴儿的脸、手、脚和臀部洗净,为婴儿更换干净尿布。3 个月内的婴儿以浅睡眠为主,睡眠中会出现一些吸吮、翻动等无意识动作,这是正常现象,不必干扰婴儿。

2. 环境支持

(1) 被子不要盖得太厚,不要把婴儿双臂紧贴躯干、双腿拉直,不可用布、毯子或棉布进行包裹并在外面用带子捆绑起来,打成“蜡烛包”。

(2) 每个婴儿的睡眠时间有差异,不仅要关注睡眠时长,更要关注睡眠质量。

(3) 避免影响睡眠的因素,例如睡前过度兴奋或白天受到惊吓,尿布湿了没有及时更换,卧具不合适或卧室环境不好,婴儿患病或者日常生活常态发生了变化等。

四、0—6个月婴儿清洁与指导

(一) 脐部护理

1. 护理目的

新生儿脐部护理目的是保持脐部清洁干燥,可以有效预防新生儿脐炎的发生。

2. 护理要点

(1) 在新生儿脐带未脱落前,不要浸湿脐部,洗澡时要用防水脐贴保护脐部,免受污染。

(2) 洗澡后擦干脐部水分,用棉签蘸75%酒精或安尔碘从脐带根部环形消毒,范围5厘米×5厘米,自然晾干。

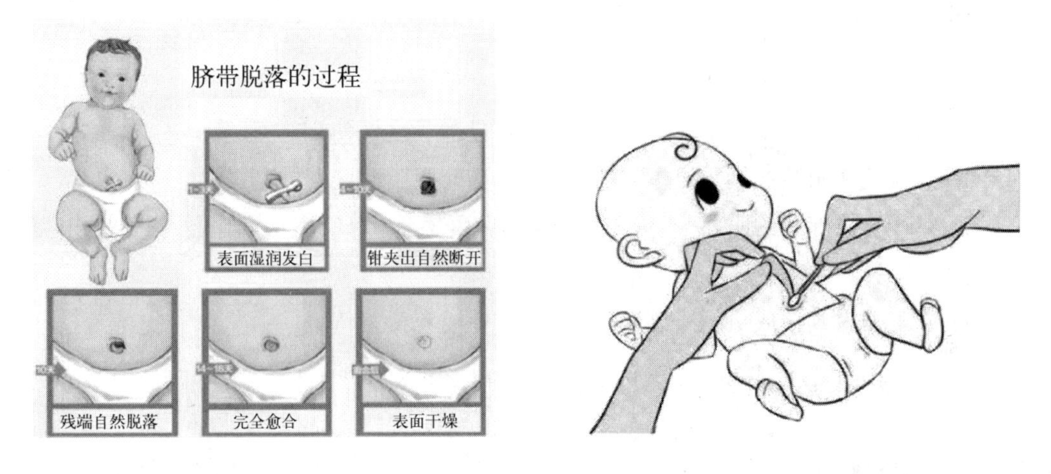

(3) 脐部若潮湿、有分泌物,应用2%碘酊、75%酒精进行脐部消毒处理,必要时去医院处理。

(4) 脐带不要包扎,可促进脐带干燥并及时脱落,预防感染,一般脐带在出生后7天左右自然脱落,脱落后仍需脐部护理2天。

(5) 尽可能避免脐部受到摩擦,穿纸尿裤时不可遮挡脐部。

(6) 及时更换尿布或纸尿裤,避免大小便污染脐部。

(7) 脐部出现红肿、渗血、异味等情况时,应及时就医。

(二) 眼部护理

对刚出生的婴儿而言,造成眼屎的原因主要包括:(1) 婴儿的鼻泪管发育不全,使眼泪无法顺利排出,导致眼屎累积,此种原因引起的眼屎多为白色黏液状。(2) 婴儿的眼部

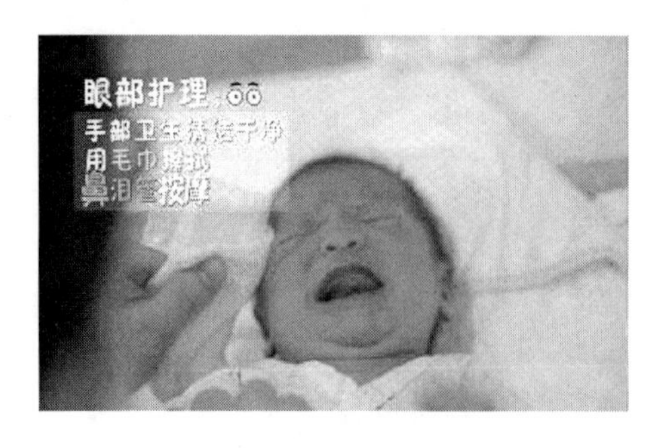

受感染，常见的有化学性及细菌性结膜炎，这种结膜炎引起的眼屎多半呈黄色黏稠状。如果为鼻泪管发育不全引起，家长在照顾时，可每天用手在婴儿鼻梁处稍加按摩，帮助鼻泪管畅通；如果因感染引起，必须由医师检查，配合抗生素眼药水治疗，同时遵医嘱居家护理。

1. 清洁步骤

（1）照护者用流动水洗净双手。

（2）消毒棉球在温开水或淡盐水中浸湿，并将多余水分挤掉。

（3）如果睫毛上粘黏的分泌物较多，可用消毒棉球先湿敷一会儿，再换湿棉球从眼内侧向眼外侧轻轻擦拭。

2. 注意事项

（1）在给婴儿清理眼屎时，力气不宜过大，只要轻轻擦拭即可，以免伤害婴儿眼周肌肤。

（2）清洁工具应选用消毒过的纱布或棉棒，且为一次性使用。

（3）应避免在眼睛四周重复擦拭，以免增加婴儿眼睛细菌感染的风险。

（4）对于感染导致的眼屎，应该先擦洗健侧，再擦洗患侧，擦洗两眼的一次性棉球要分开使用，以免交叉感染。

（5）家中如果其他成员感染结膜炎，注意避免婴儿接触传染。

（三）口腔清洁

1. 清洁步骤

（1）准备几块纱布，大小约 4 厘米×4 厘米，准备一杯温开水。

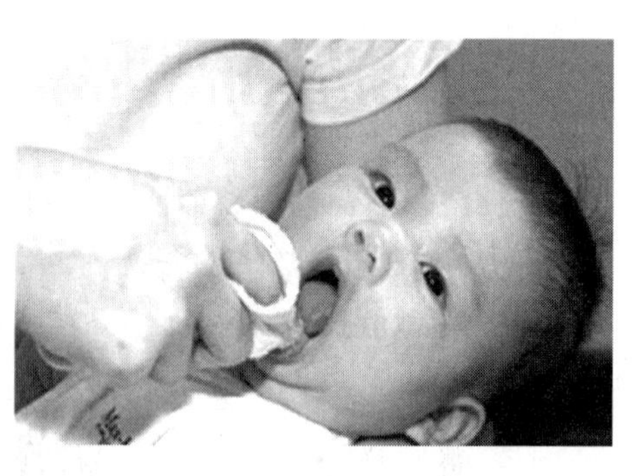

（2）用一只手抱住婴儿，另一只手准备给婴儿清洁口腔及牙齿。

（3）把纱布裹在食指上，用温开水把纱布沾湿。

（4）将裹覆纱布的食指伸入婴儿口腔内，轻轻擦拭婴儿的舌头、牙龈和口腔黏膜。对长牙的婴儿以食指裹住湿纱布，水平横向擦拭乳牙。

2. 注意事项

（1）每次喂奶后可给婴儿喂温水，以便冲洗口腔，一般不主张做口腔擦拭，除非舌苔

特别厚。

(2) 选择光线充足的环境，以便清楚观察口腔的每一部位，给已经萌牙的婴儿清洁乳牙时，可对其唱歌、讲话，让其感觉到清洁口腔是一件令人愉快的事情。

(3) 为预防奶瓶龋，要避免婴儿含着奶瓶睡觉。

(4) 婴儿快要长牙时，可以先找口腔专科医师给婴儿检查口腔，了解婴儿长牙和口腔清洁的相关问题。

(四) 臀部清洁

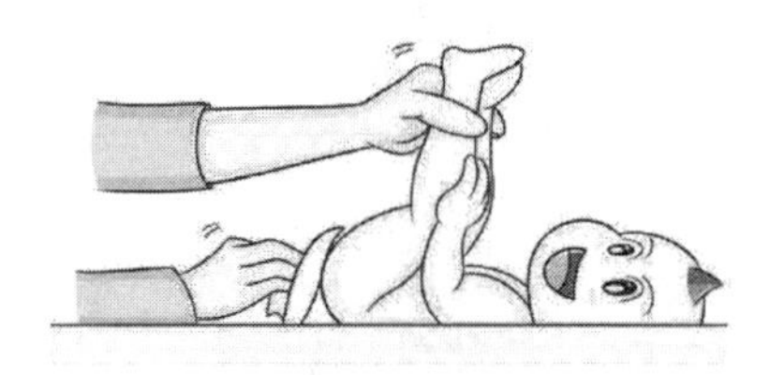

1. 准备工作

(1) 家长认真清洗双手。

(2) 准备好婴儿专用的洗臀部的小盆和纯棉纱布巾。先加冷水再加热水，将水温调控到适宜温度。

(3) 夏天可适当开窗通风，冬天将室温调节到25 ℃。

(4) 准备好新的尿不湿(纸尿裤)和换洗用的衣物。

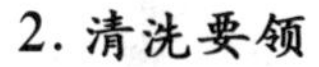

给女婴清洗臀部的要领：

(1) 先用纸巾擦去臀部上残留的粪便渍。

(2) 举起婴儿的双腿，用一块纱布清洗大腿褶皱处。

(3) 清洗尿道口和外阴，注意一定要由前往后擦洗。

(4) 清洗大腿根部，往里清洗至肛门处。

(5) 用另一块干净的干纱布以按压的方式由前往后拭干臀部。

(6) 让臀部暴露在空气中1—2分钟，再换上干净的尿不湿或者纸尿裤。

给男婴清洗臀部的要领：

(1) 先用纸巾擦去臀部上残留的粪便渍。

(2) 将阴茎包皮轻轻翻开，用纱布沾水清洗龟头，注意动作要轻柔。

(3) 由上往下清洗阴茎，清洗反面时，照护者可用手指轻轻提起阴茎，但不可用力拉扯。

(4) 用手轻轻将睾丸托起再清洗。

(5) 举起双腿，清洗屁股及肛门处。

(6) 用另一块干净的干纱布以按压的方式轻轻拭干阴茎和睾丸处的水渍，再拭干大腿褶皱处、肛门处和臀部表面的水渍。

(7) 让臀部暴露在空气中1—2分钟，再换上干净的尿不湿或者纸尿裤。

第四节　0—6个月婴儿身体发育与营养护理案例与分析

一、新生儿身体发育与营养护理案例

身体养护

新生儿居室的温度与湿度应随气候温度变化调节，有条件的家庭在冬季使室内温度保持在20—24 ℃，湿度以55%—60%为宜，夏季应避免室内温度过高，要随着气温的高低随时调节环境温度和衣被包裹。衣服选用柔软的棉布质地，宽松舒适，易穿易脱，包裹不宜过紧，更不宜用带子捆绑，最好使两腿自由伸屈。注意每日脐部和身体皮肤的护理，保持臀部和腋下等皮肤皱褶处清洁干燥。新生儿痤疮、马牙、乳房肿大、假月经等属于特殊生理性现象，切不可擦拭、针挑或挤压，以免感染。新生儿期要接种卡介苗、乙肝疫苗。

营养哺喂

新生足月儿生后半小时即可哺母乳，可让婴儿尽早开始吸吮乳头，以促进乳汁分泌，初乳含有丰富的免疫活性物质。妈妈使用正确的哺乳方法以维持良好的乳汁分泌，确实母乳不足或无法进行母乳喂养的，则选用合适的配方奶。

【案例分析】

新生儿刚脱离母体，需要适应外界环境的各种刺激，因此照护者应该尽可能为新生儿提供一个温度适宜、光线柔和的环境，科学合理哺喂，另外也应该了解新生儿常见的生理性现象，遇到异常问题能够从容应对。

二、普通婴儿身体发育与营养护理案例

沐　浴

沐浴时间与温度：宜在喂奶前或喂奶后1—1.5小时，哺乳后30分钟内不宜洗澡。沐浴时的室温宜保持在24—26 ℃，水温宜保持在38—40 ℃，可用肘关节试水温。洗澡过程中注意保暖，洗澡时间不宜过长，10分钟以内。

沐浴准备：沐浴前先把婴儿专用的浴盆、小毛巾、浴巾、婴儿沐浴露、洗发水、护臀霜、更换的衣服、纸尿裤等所需要的物品都准备好。

沐浴步骤：

脱下衣服包裹臀腹部，左前臂托住婴儿身体，左手掌托住头颈部，婴儿下肢夹在左腋

下，用小毛巾擦洗双眼、面部、耳后、耳廓。

洗头时用拇指、中指分别将两耳廓向内盖住耳孔，防止水流入耳道，用指腹在婴儿的头上轻轻揉洗，注意洗发水不能直接倒在婴儿头上，若头皮上有污垢，可在沐浴前将婴儿油涂抹在头皮上软化头垢。

解开尿布，擦洗全身。抱着婴儿将其轻轻放在温水中，左手托住，右手拿小毛巾沾温水依次擦洗颈部、胸腹部、背部、四肢、臀部，特别注意擦洗皮肤皱褶处，注意查看全身皮肤有无异常。

洗澡结束后将婴儿放在铺好的浴巾上，迅速包裹起来并仔细擦干身上的水分，必要时涂护臀霜。

抚触完成后穿上衣服和尿布。

奶瓶清洗消毒

清洗：先用肥皂清洗双手，喂完奶就马上将奶瓶、奶嘴及其配件拆分，彻底清洗干净，确保没有食物残余，不要等到消毒前再全部一起清洗，以免奶垢沉积。清洗时可先适当滴入几滴奶瓶清洗液或用热水冲掉残余油脂，再用大奶瓶刷洗净奶瓶内部，并仔细刷洗瓶口螺纹处，奶嘴和奶嘴座用小奶瓶刷清洗。

煮沸消毒：用干净的消毒锅加入八成水，将玻璃奶瓶于冷水时放入锅内煮沸，再将奶嘴、奶盖、奶圈、钳子放入再煮5—10分钟。

【案例分析】

对于普通婴儿来说，如果平时照护者能及时做好婴儿各项护理，例如案例中的沐浴、奶瓶消毒，把疾病和隐患扼杀在摇篮里，那样婴儿的成长之路就会顺畅很多。

三、高危儿身体发育与营养护理案例

早产/低出生体重婴儿营养管理

早产/低出生体重婴儿出院后营养管理的目标是促进适宜的追赶生长，预防各种营养素的缺失或过剩，保证神经系统的良好发展，促进远期健康。早产/低出生体重婴儿追赶性生长的最佳时期是生后第1年，尤其是0—6个月，因此0—6个月一定要确保喂养得当，营养均衡，无严重疾病。

强化营养：出院后母乳为首选喂养方式，并至少持续至6个月以上。根据早产儿的吸吮、吞咽、呼吸和三者间协调的发育成熟情况，选择经口喂养或管饲喂养。对吸吮力弱的早产儿，可将母亲的乳汁挤在杯中，用滴管喂养。喂养前母亲可洗手后将手指放入婴儿口中，刺激和促进吸吮反射的建立，以便主动吸吮乳头。密切监测生长速度及生化指标，母乳强化剂可加入人乳中以强化蛋白质、矿物质、维生素含量，早产儿配方奶适用于胎龄小于34周、出生体重小于2 000克的早产儿在住院期间使用，对于胎龄大于34周的早产儿或出院的早产儿，可选择早产儿过渡配方奶。

非强化营养：出生体重大于或等于2 000克，且无以上高危因素的早产/低体重婴儿，出院后仍首选纯母乳喂养，注意补充多种维生素、铁、钙、磷等营养素，仅在母乳不足或无母乳时考虑应用婴儿配方奶，乳母的饮食和营养均衡对早产/低出生体重婴儿尤为重要。

食物转换：早产/低出生体重婴儿引入其他食物的年龄有个体差异，与其发育成熟水平有关。胎龄小的早产/低出生体重婴儿引入时间相对较晚，一般不宜早于矫正月龄4月龄，不迟于矫正月龄6月龄，在保证足量母乳或婴儿配方奶等乳类喂养的前提下，根据婴儿发育和生理成熟水平及追赶生长情况，一般在矫正4—6月龄开始逐渐引入泥糊状及固体食物。

高危婴儿家庭睡眠管理

高危婴儿常见的睡眠问题包括入睡困难、夜醒、睡眠节律紊乱、打鼾、抽搐等。高危婴儿在家庭睡眠管理中要注重建立规律的睡眠作息，建立稳定的睡眠常规。例如固定就寝时间，晚上7:30—8:30为宜，晚上入睡前坚持在孩子醒着的时候将其放到小床上，白天小睡和晚上睡眠一样，准时上床，准时起床，保持规律性。

【案例分析】

婴儿如果在母体内发育时间过短，其各脏器器官的发育和功能并未成熟，尤其是神经系统发育不全，再加上适应外界环境能力差以及出生时可能发生的缺氧等原因，容易导致组织器官发育不成熟，出现一系列的并发症以及功能不全、生活能力差、抵抗力低等健康问题。因此，早产/低出生体重婴儿应该更加重视其营养管理，争取能够在外界努力弥补下早日赶上生长，避免一系列潜在发育问题，最终健康成长。对于高危婴儿的一些养护难题，家长应该遵从儿童保健医生的指导，积极耐心地进行照护和干预。

四、特殊婴儿身体发育与营养护理案例

听力障碍婴儿的养护

确诊为永久性听力障碍的婴儿，应在出生后6个月内进行相应的临床医学和听力学干预，及早转介到康复干预机构或在康复干预机构的指导下开展社区家庭早期干预。干预内容包括助听器验配、人工耳蜗植入及系统的听觉言语康复训练，并定期进行康复效果评估。

心理行为发育障碍婴儿的养护

新生儿期：

1. 强调母婴交流的重要性，鼓励父母多与新生儿接触，如说话、微笑、怀抱等。

2. 学会辨识新生儿哭声，及时安抚情绪并满足其需求，如按需哺乳。

3. 新生儿喂奶1小时后可进行俯卧练习，每天可进行1—2次婴儿被动操。

4. 给新生儿抚触，让新生儿看人脸或颜色鲜艳的玩具，听悦耳的铃声和音乐等，促进其感知觉的发展。

1—3个月：

1. 注重亲子交流，在哺喂、护理过程中多与婴儿带有情感地说话、逗弄，对婴儿发声要用微笑、声音或点头应答，强调目光交流。

2. 通过俯卧、竖抱练习、被动操等，锻炼婴儿头颈部的运动和肌肉控制能力。

3. 增加适度的听觉、视觉和触觉刺激，听悦耳的音乐或玩带响声的玩具，用鲜艳的玩具吸引婴儿注视和跟踪。

3—6个月：

1. 鼓励父母亲自养育婴儿，主动识别并及时有效地应答婴儿的生理与心理需求，逐渐建立安全的亲子依恋关系。

2. 培养规律进食、睡眠等生活习惯，多与婴儿玩看镜子、藏猫猫、寻找声音来源等亲子游戏。

3. 营造丰富的语言环境，多与婴儿说话、模仿婴儿发声以鼓励婴儿发音，达到"交流应答"的目的。

4. 鼓励婴儿自由翻身，适当练习扶坐，让婴儿多伸手抓握不同质地的玩具和物品，促进手眼协调能力发展。

【案例分析】

很多婴幼儿的发育问题，例如语言、听力、心理行为等方面的障碍，在婴儿早期很难及时发现并完全确诊，但是早期治疗和干预效果又往往最为理想。因此，对于特殊婴儿的养护来说，早发现、早诊断、早治疗、早干预显得尤为重要。

本章回顾

本章介绍了0—6个月婴儿身体发育的常见指标，包括体重、身长、头围、胸围、腹围、上臂围，并阐述了生长监测的意义和实施要点；基于以上基础，提出了详细的身体发育指导建议，并针对0—6个月常见疾病和意外伤害给出了预防和护理建议，包括腹泻、肺炎、湿疹、尿布疹、幼儿急疹、鹅口疮以及呼吸心跳骤停、惊厥。本章还介绍了0—6个月婴儿消化系统的特点，以及对各类营养素消化吸收的特点，并提出了具体可行的科学喂养指导建议，包括母乳喂养、人工喂养和混合喂养。针对0—6个月婴儿的排泄、睡眠特点，提出了具体合理的指导建议，并详细说明了0—6个月婴儿的脐部护理、眼部护理、口腔清洁、臀部清洁的方法。最后，根据0—6个月婴儿的身体发育特点和营养护理需求，分别介绍了新生儿的身体养护和营养哺喂、普通婴儿的沐浴和奶瓶清洗消毒、早产/低出生体重婴儿的营养管理和高危婴儿家庭睡眠管理、听力障碍婴儿的养护和心理行为发育障碍婴儿的养护。

思考与练习

一、单选题

1. 以下哪一项不属于新生儿正常的生理现象？（　　）

A. 乳房肿大　　B. 短暂体重下降　　C. 溢奶　　D. 发热

2. 以下哪种婴儿疾病表现为“热退疹出”的现象？（　　）

A. 幼儿急疹　　B. 婴儿湿疹　　C. 尿布疹　　D. 麻疹

3. 婴儿溢奶的原因不包括（　　）。

A. 胃呈水平位　　B. 喂养方法不当　　C. 胃容量小　　D. 天气寒冷

二、多选题

1. 婴儿湿疹的原因包括（　　）。

A. 奶粉过敏　　B. 气候环境变化

C. 衣物接触　　D. 转奶频繁

2. 母乳喂养的好处包括（　　）。

A. 提高婴儿自身免疫力　　B. 经济实惠

C. 母乳可杀死部分病菌　　D. 促使婴儿更聪明

3. 0—6 个月婴儿可能出现下列哪些性状的大便？（　　）

A. 绿色大便　　B. 泡沫大便

C. 奶瓣大便　　D. 血便

参考答案

职业证书实训

育婴师考试模拟题：

1. 为 3 个月婴儿冲调奶粉

（1）本题分值：40 分

（2）考核时间：10 min

（3）考核形式：实操

（4）具体考核要求：为 3 个月的婴儿冲调奶粉

（5）否定项说明：若考生发生下列情况，则应及时终止其考试，考生该试题成绩记为零分。

在准备工作前没有洗手。

(6) 设备设施准备：

序号	名称	规格	单位	数量	备注
1	操作台		张	1	
2	奶瓶		个	1	
3	模拟宝宝		个	1	
4	围嘴		个	1	
5	小毛巾		条	1	

说明：考场应备有流动水设施。

2. 惊厥(抽风)的处理

(1) 本题分值：20分

(2) 考核时间：10 min

(3) 考核形式：笔试

(4) 具体考核要求：惊厥是小儿常见急症，惊厥发作时轻者患儿眼球上翻、四肢略有抽动，重症患儿可突然不省人事，如不及时抢救可危及生命，故急救处理非常重要。掌握小儿惊厥处理的方法。

(5) 否定项说明：若考生发生下列情况，则应及时终止其考试，考生该试题成绩记为零分。

操作时动作粗鲁。

评分标准

推荐阅读

1. [美]威廉·西尔斯，玛莎·西尔斯，罗伯特·西尔斯，詹姆斯·西尔斯.西尔斯亲密育儿百科[M].邵艳美，唐婧译.北京：南海出版社，2009.

2. 陈宝英孕产育儿研究中心.新生儿婴儿护理百科全书[M].成都：四川科技出版社，2018.

3. 菲莉帕·凯.DK宝宝健康与疾病百科全书著[M].北京：中国大百科全书出版社，2014.

4. [美]斯蒂文·谢尔弗，谢莉·瓦齐里·弗莱.美国儿科学会健康育儿指南[M].北京：北京科学技术出版社，2017.

第三章
0—6 个月婴儿动作发展与运动能力

学习目标

1. 对 0—6 个月婴儿动作发展感兴趣，乐意参与指导这一时期婴儿的动作发展。

2. 掌握 0—6 个月婴儿粗大动作和精细动作的发展规律。

3. 能根据 0—6 个月婴儿动作发展规律设计并组织家庭和托育机构的运动发展活动。

思维导图

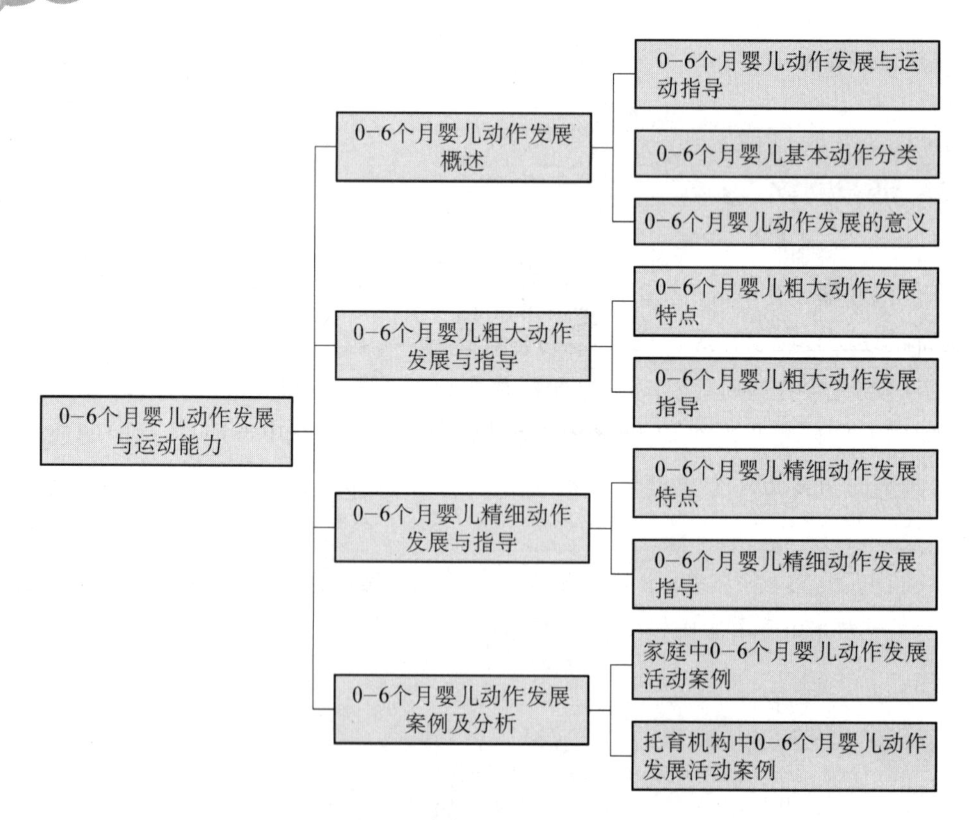

3 个月的小米躺在小床里，手脚摇晃，显得有些不耐烦，因为这个时候她已经开始饿了，当外婆把奶瓶递给小米的时候，她双手伸手接住奶瓶，然后将奶瓶准确而迅速地放入了自己嘴里吮吸。不一会儿奶瓶的奶汁全部被吸完了，小米双手取出奶嘴摇摇后，又将奶嘴放入嘴里咬咬，这次她可以自如地控制奶瓶放入嘴巴再拿出。小米的双手协调的控制能力已经有了巨大的进步，她开始自主控制手臂和手指肌肉，初步按照自己的感知探索世界。本章将在婴儿运动发展规律的基础上提出科学而有效的教育指导建议，促进 0—6 个月婴儿动作发展与运动能力的成长。

第一节　0—6 个月婴儿动作发展概述

一、0—6 个月婴儿动作发展与运动指导

(一) 0—6 个月婴儿动作与动作发展

1. 0—6 个月婴儿动作

0—6 个月婴儿动作是指在婴儿从出生到头六个月时间内，肢体、躯干、肌肉、骨骼、关节协同活动的模式。① 这种运动模式可以通过身体不同部位共同协作完成，比如手摇腿蹬、翻身运动等；也可以指某一部位的特定活动模式，比如手部或脚部。新生儿时期，婴儿的动作多是以不同部位的单一运动体现，比如头部的摆头摇头动作、手部的抓握动作、腿部的蹬腿摇晃动作等。之后随着月龄的增加，单一动作就会发展为联合动作。例如喂奶时，婴儿会在吸吮乳汁时愉悦地抓住妈妈的衣服，伴随小腿不停地蹬；当注意到感兴趣的物品时，婴儿头部、手臂会用力扬起够取，腿部还会用力拍打，试图够取物品。最后逐渐发展到头部和手部、手部和腿部的联合运动，并能熟练协调配合。值得注意的是，6 个月以前的婴儿动作是依靠不同身体部位的运动实现的，但并不是个别动作的简单机械组合，而是一个完整的动态发展的运动系统，是运动器官、神经系统和心理系统在一定环境要求和作用下协同活动的过程与结果。② 只不过它处在人生的初期，相对成人表现较为刻板。

① Gray Cook.动作与功能动作训练体系[M].张英波，梁林，赵红波，译.北京：北京体育大学出版社，2011.

② 董奇，陶沙.动作与心理发展[M].北京：北京师范大学出版社，2004.

2. 0—6个月婴儿动作发展

0—6个月婴儿动作发展是指这个时期婴儿各种基本动作的外显变化呈现出一定的趋势和规律。这种变化既体现在动作从无到有，又体现在新增动作技能由少到多，从不熟练到完全掌握、由低级向高级转化的过程。例如孩子刚出生时，只能进行四肢的不协调运动，自然就不会翻身，但到了三四个月的某一天，家长会欣喜地看到自己的宝宝突然间翻过身来，之后这种翻身会越来越熟练，也会越来越常见。当然这个时期也不是所有的动作发展都符合这个规律，很多无条件反射在出生之后的六个月之内逐渐消失，从而被更多的条件反射所取代，这些反射动作的消失，标志着婴儿动作发展走向成熟化。

(二) 0—6个月婴儿动作发展教育与指导

1. 0—6个月婴儿动作发展教育

0—6个月婴儿动作发展教育是指以促进婴儿动作发展为目的的指导性活动。这种活动以婴儿身心发展规律为基础，通过增强运动感官的被动式体验，让婴儿在愉快轻松的氛围中，体验运动活动的乐趣，促进身体整体运动能力的发展，为接下来身心发展奠定良好基础。

2. 0—6个月婴儿运动发展指导

0—6个月婴儿运动发展指导的主要场所是家庭内部，因此这一时期的指导主要是指针对婴儿反射运动、粗大运动和精细运动而设计的家庭内部指导活动。

二、0—6个月婴儿基本动作分类

(一) 婴儿无条件反射动作与条件反射动作

婴幼儿时期的无条件反射动作又称先天反射性动作，是种族发生、发展过程中建立并遗传下来的一些为数有限的基本动作能力，是与生俱来的，主要表现为固定的刺激作用于一定的感受器引起的恒定活动。①

无条件反射反应是婴儿的脑部为适应身体所受到的刺激而产生的自我保护机制，使新生儿能适应周围环境，对新生儿的生存有着重要价值。例如觅食反射可以帮助婴儿寻找妈妈的乳头。从生理机制来看，吸吮动作中包含着复杂的唇和舌的动作，如果我们必须教会新生儿怎样吸吮乳头、怎样吸奶，婴儿将会饿成什么样子？假设没有这些与生俱来的

① 文颐.婴儿心理与教育[M].北京：北京师范大学出版社，2013.

自动化动作，我们人类也根本无法进化到今天。一些反射可以使婴儿减低痛苦，另一些反射则可使婴儿免受危险和不良刺激的侵害，如眨眼反射可以使婴儿回避强光，退缩反射使婴儿回避不舒适的触觉刺激等。

正常的机体反射是新生儿身体健康的指标。儿科医生常常采用机体反射测验，来诊断婴儿的发育是否正常，特别是那些具有产伤史的婴儿。有些有脑损伤经历的婴儿，他们的机体反射可能会减弱或根本没有，或者他们的某一些机体反射又会比正常婴儿强得多。脑伤还会使一些反射在应该消失时不消失。但是，反射的发生和消失时间，有明显的个体差异，所以，儿科医生常常在测验婴儿的机体反射的同时，配合以其他的婴儿发育测验。

下面列举了一部分0—6个月婴儿最常见的无条件反射类型。

1. 觅食反射（寻乳反射）

表3-1　觅食反射

表现特征	婴儿转头至受刺激一侧，并张口寻找乳头。 将婴儿头部置中，手放在前胸，以食指轻压口周围皮肤，分别触在口角及上下唇的中央位置，婴儿会张口并转头至刺激一侧，上唇受刺激时头部会后仰，刺激下唇时下巴会垂下。
存在期间	0—3个月。
动作显示意义	觅食反射是婴儿出生后为获得食物、能量、养分而出现的求生需求。当有物体碰触到他的嘴角，婴儿会试图寻找到物体来源并做吸吮的动作。婴儿长到3—4个月之后，当感觉到肚子饿，尝试用哭泣来表达需求时，就会有人来喂奶，于是慢慢改变表达需求的行为，觅食反射也自然逐渐消失。
消失时间	3—4个月逐渐消失。

2. 吸吮反射

表3-2　吸吮反射

表现特征	把东西放到婴儿口中会吸吮。6周之后呼吸、吸吮与吞咽反射三者相互协调，喂食将变得更有效率。
存在期间	0—3个月。
动作显示意义	新生儿的咀嚼功能尚未发育完全，只能通过吸吮动作来摄取母乳或配方奶，因此将棉签或手指头等物体放进婴儿嘴巴里时，婴儿便会自然地出现吸吮的动作。 吸吮反射与觅食反射为配套的反射反应，一定要能寻乳后才会出现吸吮动作，这样才能真正达到喝奶与补充营养的目的。
消失时间	3个月后会开始慢慢消失。

3. 抓握反射（达尔文反射）

表 3-3 抓握反射

表现特征	轻触婴儿手掌，婴儿即紧握拳头。将食指放在新生儿掌心，婴儿会立刻抓紧手指，借此可将婴儿手臂提升在空中停留几秒钟。
存在期间	0—3个月。
动作显示意义	这是灵长目种系发生的遗传，此反射反应是刚出生的小畜会抓紧母畜毛发而避免摔落的本能。这个反射性动作待婴儿月龄增大，会逐渐消失。此外，婴儿在第1个月会常紧握拳头，但如超过两个月仍持续握拳，则表示有中枢神经系统损伤。若是超过4个月还有此反射，可能神经病变。
消失时间	4—6个月之间会渐渐消失，婴儿开始学习抓、握、捏等精细动作。

4. 眨眼反射

表 3-4 眨眼反射

表现特征	婴儿对强光会有闭眼反应。
存在期间	婴儿在2—4周左右，可以注视一件物体。
动作显示意义	在新生儿醒着的时候，突然有强光照射，他会迅速地闭眼；当婴儿睡觉时，如有强光照射，他会把眼闭得更紧。婴儿长到6—9周时，把一个东西迅速移到他眼前，他会眨眼。
消失时间	这种反射将持续终生，其作用是保护婴儿免受强光刺激。

5. 巴宾斯基反射

表 3-5 巴宾斯基反射

表现特征	用刺激物由脚跟向前轻划新生儿足底外侧缘时，他的拇指会缓缓地上跷，其余各趾呈扇形张开，然后再蜷曲起来。
存在期间	0—6个月。
动作显示意义	此反射是因中枢神经通路（锥体束及大脑皮层）还不成熟而引起的。婴儿2岁后出现与家长相同的足庶反射，若再出现此反射，一般是锥体束受损害的表现。若无反射，则可能为神经病变。
消失时间	在6—8个月逐渐消失，但在睡眠或昏迷中仍可出现。

6. 莫罗反射（惊跳反射）

表 3-6　莫罗反射

表现特征	这是一种全身动作，在婴儿仰躺着的时候看得最清楚。当婴儿失去支持或受到较大刺激时，会因受到惊吓造成将身体向外展开后又迅速往内缩，尤其婴儿的双手会最为明显地出现先张开，后缩回的姿态，而呈现拥抱状。
存在期间	0—3个月。
动作显示意义	这是婴儿对外界刺激所做的反应，目的在于观察婴儿神经传导路径到脊髓的原始反射以及两只手的功能是否正常。因为有些婴儿可能会有臂神经丛麻痹，使得反射反应只出现单边。此反射超过4个月还有则婴儿可能有神经病变；超过6个月还有则肯定有神经病变；若有上肢不对称反应则可能为半身轻瘫、臂神经丛损伤、锁骨或肱骨骨折；若下肢反应消失则疑为脊髓下段损伤与先天性髋关节脱臼。
消失时间	3—5个月时消失。

7. 击剑反射

表 3-7　击剑反射

表现特征	当婴儿平躺时，把他的头转向左侧或右侧，他就伸出与头转向一致的手，而把身体另一侧的手和腿屈曲起来，这个姿势很像击剑动作。
存在期间	0—2个月。
动作显示意义	这项检测是以强刺激的方式给予婴儿刺激并由此观察刺激传导到神经、外围神经以及肌肉张力的情况如何，以检视婴儿的活动力以及感觉传导的发展。也因为新生婴儿对于外界刺激反应较敏感，所以在刚出生时就能进行这项检测。
消失时间	2—3个月之间逐渐消失。

8. 行下步反射（踏步反射、迈步反射）

表 3-8　行下步反射

表现特征	将婴儿竖着抱起，把他的脚放在平面上时，他会做出迈步动作。
存在期间	0—1个月。
动作显示意义	从婴儿背后将手放在婴儿手臂下方，并以拇指扶住其头部背侧，使婴儿直立后，以其足部接触地面，小心不可使其足部向足底弯曲，婴儿的反应为髋与膝关节弯曲和受刺激的脚踩住地面。当轻缓地移动婴儿向前走时，其一脚置于地面，另一脚会举步向前，产生几个一连串步伐交换的运动。早产儿也有此反射，但他们往往是脚尖着床，与足月儿用整个脚或脚跟着床的步行动作不同。有轻瘫与臀位生产的新生儿，不会有此等反应。若婴儿在8个月以后仍有这个反射，则可能有脑性疾患。
消失时间	6—10周时消失。

9. 游泳反射（潜水反射）

表 3-9　游泳反射

表现特征	把不满6个月婴儿俯卧放在水里，他会表现出协调的不随意游泳动作。在水中，他肺部的管道会自动关闭，张嘴，睁眼睛，用手和脚来游动，或是托住新生儿腹部，他也会做出像游泳一样的动作。
存在期间	0—6个月。
动作显示意义	胎儿在子宫内充满羊水的环境中形成生活的能力。
消失时间	满6个月以后，如果再这样把婴儿放在水里，他就会挣扎活动；直到8个月以后，婴儿才拥有有意识的游泳动作。

10. 降落伞反应反射

表 3-10　降落伞反应反射

表现特征	为一种保护性反射。检测方式有数种，其中一种为抱着婴儿，让他感觉到突然往下坠的感觉，婴儿的双手便会对称地突然张开；或是让婴儿坐在床上，轻轻侧推他一下，婴儿会因为身体往旁边倾斜而伸手扶着床。
存在期间	9个月后才会开始出现。
动作显示意义	测试婴儿神经中枢与外围以及婴儿的自我保护机制是否正常运行。

婴儿长到6个月左右，由于脑部的迅速发育，大脑皮层的有意识控制性行为开始大量产生，这时，大多数无条件反射也会随之消失。有些研究者认为，许多无条件反射都是有意识动作产生的前奏，它们为有意识动作做了准备。孩子刚一出生，就能用他们的反射动作适应变化多端的外界刺激，这说明反射是许多复杂的、有目的的行为产生的基础。比如，婴儿手掌受到的刺激的方式和强度不同，他们在抓握反射中表现出的手指运动方式也不同。轻轻地碰婴儿的手掌，他们握起手指的力度也较轻；有力地按压婴儿手掌，他们握起手指的力度会增加。有些反射在婴儿早期消失，但后来在运动技能的发展中又重新出现，而且具有了新的生命力，如抓握反射、游泳反射和迈步反射都属于这种情况。当然，还有一部分无条件反射仍会保留下来，如角膜反射、眨眼反射、瞳孔反射、吞咽反射、打嗝、打喷嚏等。

巴浦洛夫经典条件反射实验

伊凡·彼德罗维奇·巴甫洛夫是苏联心理学家、医师、高级神经活动学说的创始人、高级神经活动生理学的奠基人，同时也是一位实验生理学家。早年因消化生理学研究而闻名。他专门设计了一个实验，这便是著名的经典条件反射实验。探讨条件刺激如何取代无条件刺激的作用，二者之间是如何联系起来的，从而引起个体相同的反应，相似条件刺激的作用是否能达到相同的效果。

在实验中，为确保刺激源的唯一性，巴甫洛夫专门建了一个隔音的实验室，把狗带进实验室，排除其他干扰因素。在实验中，他选择食物作为无条件刺激，狗吃到食物时会自然地分泌唾液。他又选择铃声作为中性刺激，它与食物毫不相干，不会引起唾液的分泌。在实验中，巴甫洛夫首先让狗听到铃声，然后立即给它喂食，这时，狗会分泌大量的唾液。反复多次训练之后，巴甫洛夫向狗单独呈现铃声而不给它食物，观察狗的反应。如同他们预期的那样，听到声音后狗就像已经吃到食物一样，自然地分泌唾液。说明此时条件反射已经形成，原本的中性刺激铃声已经成为引起唾液分泌的条件刺激。一旦狗听到铃声，他就会来吃食物，铃声对于狗来说就相当于一个信号，从原来的中性刺激转变为条件刺激，获得了一定的信号意义。在此基础上，巴甫洛夫还进行了拓展研究，如变换中性刺激，把原来的铃声换成了香草气味或旋转物体等其他物体，发现条件反射依然能够建立。巴甫洛夫及后续研究者还发现，当条件反射建立之后，其他与条件刺激性质类似的刺激也能够引起同样的条件反射，而无需重新经历条件作用建立的历程，这一现象被称为泛化。另外，条件反射建立之后，如果一直不再使条件刺激与无条件刺激相伴出现，那么已经建立的条件反射将逐渐减弱，甚至不再出现，这一现象被称为消退。此外，他还变换了条件刺激与无条件刺激出现的时间：两者同时出现；条件刺激先于无条件刺激出现，同时停止；条件刺激后于无条件刺激出现，同时停止；条件刺激结束后无条件刺激再出现。结果发现，在各种不同的情况下，条件刺激先于无条件刺激出现的效果最佳，也就是说铃声、香草气味或旋转物体等先于无条件刺激出现的效果最佳，同时出现的效果次之，而其他两种结合方式则很难建立条件反射。所以说，巴甫洛夫的实验验证了条件反射的存在，说明它可以替代无条件反射引起个体相同的反应。这当中，条件刺激与无条件刺激相伴出现是作用的关键，即这种关系的建立是关键。

条件反射动作是指两个并无任何联系的事件，因为长期一起出现，以后当其中一事件出现的时候，便不可避免地同时出现另一事件，是机体因信号的刺激而发生的反应。婴儿出生时很多动作的产生是无条件反射，但随着神经系统的迅速成熟，婴儿逐渐形成条件反射，这些条件反射都是在无条件反射的基础上形成的。比如婴儿在入睡前，妈妈会哼唱一首摇篮曲，之后妈妈要是哼唱了这首摇篮曲他便知道自己就要入睡了。

（二）0—6 个月婴儿粗大动作和精细动作

按照牵引动作产生的肌肉类型，可以将动作分为粗大动作和精细动作。动作是在肌肉的收缩和舒张的作用下产生的，由大肌肉的作用下产生的动作称为粗大动作。0—6 个月时期的粗大动作包括转头、抬头、翻身、坐。粗大动作按照产生动作的部位又能分为头颈部动作、躯干动作、上肢动作、下肢动作等。由手部小肌肉群作用下产生的小动作称为精细动作，包括抓握、手眼协调配合够物、拇指与其他手指配合对捏等。

三、0—6 个月婴幼儿动作发展的意义

婴儿的运动能力发展是建立在大脑发育趋向成熟和健康营养获得满足的基础之上，这些肌肉运动的产生是在感知觉、注意等多方面心理活动的配合下完成的，对婴儿认知、情感和社会性行为能力的发展起着至关重要的作用，同时又反过来促进大脑和身体的发育成熟。对于个体适应性生存及实现自身发展具有重要意义。

(一) 婴儿动作发展作为婴儿早期神经发育的评估基础

0—6个月是婴儿生命起航的初期，许多对外交流表达能力还没有形成，想借助婴儿自身的语言表达，判断婴儿的发展情况显得尤为困难，但是如果通过动作表现会容易得多。婴儿的运动是通过神经、骨骼、肌肉、关节协同完成的，需要大脑皮层对运动中枢的控制与感知觉系统的配合，动作协调、发展呈现出一定规律就可以作为婴儿神经系统正常发育的标志。这就是为什么许多婴儿早期运动表现出的障碍，都是神经系统出现异常的信号。

(二) 婴儿动作发展奠定了其他心理发展的基础

婴儿动作技能的发展给他们的生活带来了新的改变。比如抬头、翻身、坐，让婴儿终于可以改变仰卧、侧卧的仰视视角，转向为身体直立的平时视野。这时婴儿的视角和视线与所注视的物体处于相对平行的位置，能更全面地获得对周围世界的图像信息，而不像仰卧时只能面向屋顶或侧面位置，与外界物体处于斜位方向，视野范围狭小，只能捕捉物体的片面图像。比如够物、抓握、摆弄玩具的精细动作发展，可以让婴儿自主活动，获取外界事物信息，不但让认知能力得到了发展，而且可以增强婴儿探索世界的好奇心，促进情感和社会性的发展。

运动经验对婴儿概念形成有积极作用

鲁夫(Ruff,1978)采用“习惯化法”对6—9个月婴儿进行研究后发现，9个月婴儿具有鉴别事物新特点的能力，而6个月婴儿则没有。这是否跟婴儿在7—8个月时学会爬行有关呢?

为此，凯波斯人采用年龄恒定设计法对7.5个月的婴儿进行了研究。

他们将30名前运动组被试与30名运动组被试进行比较，结果发现，运动组婴儿表现出明显的对事物新意特点的鉴别能力，其外部行为表现与鲁夫实验中9个月的婴儿极为相似;前运动组婴儿则未能对事物新意特点做出去习惯化反应或偏爱，其外部行为表现与鲁夫实验中6个月婴儿相似。

这一实验结果表明，早期概念形成也可能受到动作发展的影响，运动经验对婴儿概念形成有着某种积极作用。

第二节　0—6个月婴儿粗大动作发展与指导

婴儿从出生之日起就开始对世界进行着各种探索活动，他们试图扭头看清妈妈的脸庞，用手紧紧抓住怀抱自己的亲人，他们喜欢用动作表达对照护者的依恋之情。这些动作随着月龄的增加而不断准确熟练，我们惊喜地见证着这个柔软的小家伙动作发展一个又一个里程碑。

从这一节起我们开始逐条观察和分析0—6个月婴儿在动作发展上的细微变化，包括头部、上肢、下肢都有哪些部位已经发出了积极信号，又有哪些动作表现需要照护者持续关注、及时配合。在记录下婴儿发展的每一个细微变化的基础上，为婴儿的发展创造良好的支持性环境，科学地指导婴儿的动作发展，是教育者的最终目标。值得注意的是，每个动作发展表现在不同时期和不同阶段，婴儿的表现各有差异，不必强调逐级发展，很多时候他们会呈现跳跃式发展趋势。另外，婴儿较晚获得某一动作技能并不能说明其他动作技能也会随之较晚。只有在许多动作技能发展均严重滞后的时候，才说明婴儿的发育状况存在一定问题需要到专业的医疗机构进行鉴定。

一、0—6个月婴儿粗大动作发展特点

首先0—6个月婴儿的动作发展与运动能力是建立在大脑发育趋向成熟和健康营养获得满足的基础之上，这一时期婴儿粗大动作发展主要呈现为从头到四肢的发展趋势，对头部的控制先于对手臂和躯干的控制，而对手臂和躯干的控制又早于对大腿的控制。其次，运动发展从身体神经中枢向神经末端发展，也就是说对头、躯干、手臂的粗大动作先于对手和手指间的精细协调动作。因此粗大动作的发展是这一阶段的重点内容，包括头部、手臂和腿部三者的联合运动，表3-11呈现的是0—6个月婴儿粗大动作发展的特点。

表3-11　0—6个月婴儿粗大动作发展特点

头部扭转	1. 将头自正中向左或右扭转皆超过45度
婴儿发展阶段	1.1　平躺仰视时可以轻微左右自主摆动头 1.2　侧卧时可以将头向另一侧轻微摆动 1.3　平躺时可以将头明显摆动，左右扭转皆超过45度
抬头运动	2. 双手放置身体下方，可以支撑头部，自然放松抬起
婴儿发展阶段	2.1　将婴儿竖抱起，支撑颈部，会抬头四处张望 2.2　让婴儿俯卧，双手放置身体下方，可自主努力抬头，但会无力耷拉垂下，并努力试图再次抬起 2.3　让婴儿趴卧，双手放置身体下方，可自主努力抬头，支撑10秒后，又耷拉垂下，当再次尝试时，可再次抬起 2.4　让婴儿趴卧，双手放置身体下方，可自主抬头，并能自然放松支撑头部
挥动手臂	3. 双手无控制性左右上下自由挥动

续　表

婴儿发展阶段	3.1　婴儿仰卧时，手臂自然向两侧放置 3.2　婴儿仰卧时，手臂无控制性上下左右自由挥动
踢腿运动	4. 双腿可有控制性向前用力推动身体
婴儿发展阶段	4.1　婴儿仰卧时，双腿可以无控制性自由踢腿 4.2　婴儿仰卧时，双腿不协调地抬起，自主在空中挥动 4.3　婴儿俯卧时，双手放置身体下方，家长抵住脚板心，会向前蹬爬
手腿联合运动	5. 腹部贴地，双手双腿不协调向前移动
婴儿发展阶段	5.1　以双手臂支撑体重，将头及胸部抬离平面45度 5.2　用一只手和手臂支撑体重，另一手去够取物体 5.3　俯卧时以腹部做支撑点，左右晃动爬行 5.4　腹部贴在平面向前蹬爬
翻身运动	6. 分节式从俯卧翻身到仰卧，或由仰卧翻身到侧卧的动作
婴儿发展阶段	6.1　分节式将侧卧翻身成仰卧 6.2　分节式将俯卧翻身成仰卧
坐姿运动	7. 独立坐立
婴儿发展阶段	7.1　在家长腿上靠坐 7.2　依靠靠垫靠坐，会左右摇晃 7.3　不用依靠，可独立坐立

二、0—6个月婴儿粗大动作发展指导

有了发展规律，就需要依照每个婴儿的发展规律和个体差异进行有针对性的个别化科学指导。认真记录婴儿这个阶段发展的行为表现，对照以下不同发展阶段的特征并尝试给予教养指导。

在进行婴儿粗大动作指导之前，请务必确认好以下几项工作：

(1) 喂奶半小时之后进行，不宜在空腹或精神状态不佳时进行。

(2) 建议使用爬行垫进行活动，不宜在太软的沙发或被单上进行，确保爬行垫四周的安全。

(3) 在指导过程中，婴儿如出现疲惫或状态不佳，请及时暂停活动。

(4) 注意家长的手指甲是否已经修剪好，不要佩戴任何易划伤婴儿的饰品。

(5) 如需要直接接触婴儿肌肤，可以使用婴儿按摩油，减少对肌肤的摩擦。

(6) 确保室温适宜，过冷或过热都不宜进行活动。

(7) 每次进行1—2项运动即可，可以从婴儿感兴趣的运动先入手，不必全部完成。

(8) 运动过程中确保家长的陪伴。

【头部扭转】

1. 将头自正中向左或右扭转皆超过45度

1.1 平躺仰视时可以轻微左右自主摆动头

指导建议：

(1) 用颜色单一的玩具或者卡片在婴儿视线上方20厘米处左右挥动，呼喊婴儿的乳名，鼓励婴儿看向这个方向，“瞧瞧这是什么呢？哇！小花、小树、还有……”

(2) 妈妈与婴儿同侧躺下，将手臂举高伸直，分别伸出手指做出“1、2、3”的手势，以手势比作毛毛虫在婴儿视线上方来回摆动，同时念唱：“一只毛毛虫啊，走走走，两只毛毛虫啊，走走走，三只毛毛虫啊，走走走。”

(3) 在婴儿床上部悬挂床铃，让婴儿观看床铃转动，并配合语言：“瞧瞧，什么转过来了？是小狮子。又有什么转过来了？是小猴子……”

环境支持：

创设温馨舒适的环境，光线柔和，准备各类婴儿视觉卡片。婴儿摇床上方和侧方可以悬挂部分颜色鲜艳的单色玩具，不宜使用性状和颜色过于复杂的玩具，摇铃伴随一定音乐和响声。

1.2 侧卧时可以将头转向另一侧并轻微摆动

指导建议：

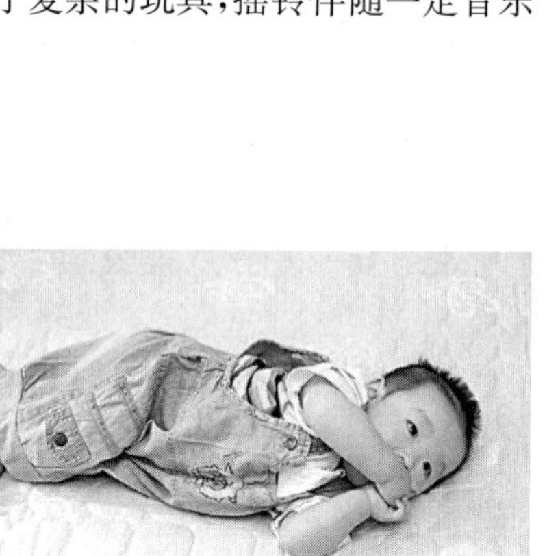

(1) 让婴儿侧卧向一方，家长站在婴儿视线对面，利用颜色单一的玩具或者感兴趣的卡片逗引，语言温和亲切，面带微笑，呼喊婴儿乳名，“××，瞧这里，瞧瞧是什么？是……”

(2) 让婴儿侧卧向一方，家长站在婴儿视线对面，用小沙锤或者串铃等乐器在婴儿的周围摇一摇，发出响声，逗引婴儿转头张望。同时念唱：“小沙锤，沙沙沙，摇醒小宝宝，小串铃，铃铃铃，摇醒小宝宝。”

(3) 怀抱婴儿四处走走看看，每次都用语言提示看到的物品，“看看，这个是窗帘，都有什么图案在上面？有……”“看看，这是电视机，又黑又大的屏幕，可以播放好多有趣的节目哦。”“看看，这是爸爸的包包，我们打开看看里面都有什么呢？”

环境支持：

照护者之间进行生活交谈时，可以让婴儿多多参与，鼓励婴儿随时关注，特别是听到自己的乳名和妈妈爸爸的声音。苏醒时，怀抱婴儿四处走走看看，扩大活动范围。

1.3　平躺时可以将头明显摆动，左右扭转皆超过45度

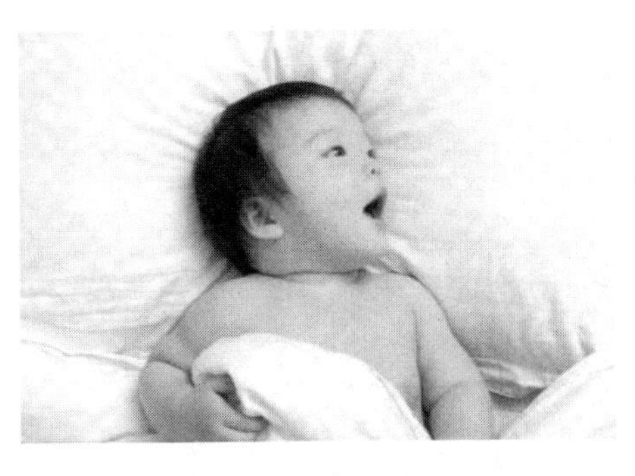

指导建议：

(1) 让婴儿平躺于游戏垫上，在远离婴儿20厘米的左右两方，各放置婴儿喜欢或熟悉的物品，用语言呼喊，来回摆动物品，“××，看过来，看看是什么？”当宝宝转过头去张望时给予鼓励，及时亲亲和夸赞。然后再换另一方向进行，方法相同。也可以让两位家长左右两侧依次进行，在婴儿熟悉游戏规则后，可以适当加快速度。

(2) 让婴儿侧卧在游戏垫上，在其左右两侧放置1—2个玩具，特别是一些可以自动运动的玩具，吸引婴儿自主观察。

环境支持：

每两周更换一次婴儿床围上挂着的玩具。为婴儿准备一些可以自动运动的玩具，如电动小车、电动机器人、发条小猪、发条小章鱼等。

【抬头运动】

2. 双手放置身体下方，可以支撑头部，自然放松抬起

2.1　将婴儿竖抱起，支撑颈部，会抬头四处张望

指导建议：

(1) 婴儿出生15天后就可以俯卧于垫上，脸和脖子偏向一侧，确认鼻口没有压迫，可以自然呼吸。用摇铃和玩具吸引婴儿张望，呼喊婴儿的乳名，“××，来瞧瞧，妈妈的这里都有什么？”一两分钟后再换向另一侧。

(2) 婴儿苏醒时，可以适当将婴儿竖抱，头趴在家长肩膀上去户外走动。语言提示婴儿观看外界事物，如“花园里都有什么呢？小哥哥在玩滑滑梯，小姐姐在骑自行车，叔叔阿姨在散步，还有小狗出来溜溜弯……”“奶奶在哪里呢？我们去找一下奶奶，原来奶奶在厨房做饭啊。爸爸在哪里呢？我们去找一下爸爸，爸爸在洗××的衣服呢，爸爸真是辛苦了。”

环境支持：

婴儿睡眠时，床的四周不要有任何床上用品或玩具娃娃，以免造成覆盖窒息。侧卧休息时，请及时帮助婴儿翻身转换睡姿。

2.2　让婴儿俯卧，双手放置身体下方，可自主努力抬头，但会无力耷拉垂下，并努力试图再次抬起

指导建议：

(1) 有意识地将婴儿双手放置身体下方进行俯卧练习，在婴儿视线前方放上玩具或者卡片，逗引婴儿抬头张望。照护者也可以趴在婴儿对面，张开双手，微笑着呼喊他的名

字，延长自主抬头的时间。

（2）让婴儿俯卧于地垫上，头部偏向一方，双手抱起婴儿腰部，将臀部与腿部抬离地面5厘米，让头顶在地垫上。一次数三下即可，可重复2—3次。

环境支持：

注意趴卧游戏垫的软硬适中，太硬和太软的游戏垫都不太适合给婴儿练习使用。婴儿应衣着轻便，脱掉鞋帽。尽可能多去颜色鲜艳、光线柔和的地方走动。

2.3 让婴儿趴卧，双手放置身体下方，可自主努力抬头，支撑10秒后，又耷拉垂下，当再次尝试时，可再次抬起

指导建议：

（1）婴儿苏醒时，家长背靠沙发上，让婴儿双手支撑在家长胸前，趴在家长胸前，并与婴儿用语言交流，“看看妈妈的眼睛在哪里，鼻子在哪里，嘴巴在哪里呢”，增加手部和颈部肌肉的支撑力量。

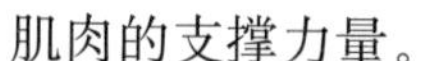

（2）让婴儿俯卧于地垫，头部偏向一方，双手抱起婴儿腰部，将臀部与腿部抬离地面5厘米，让头顶在地垫上。每次停留三下即可，可重复3—4次。

（3）让婴儿平躺，双手抱住婴儿的腰部，轻轻往上抬，使婴儿腰部稍离开地面呈弯曲状，注意扶稳婴儿腰部。每次停留三下即可，可重复3—4次。可以在婴儿2个月左右开始进行此类运动。

环境支持：

建议使用软硬适当的地垫，太软的地垫不太方便婴儿发力，太硬的地垫不能给婴儿保护。

2.4 让婴儿趴卧，双手放置身体下方，可自主抬头，并能自然放松支撑头部

指导建议：

（1）在婴儿前方放置逗引玩具，将婴儿双手放置身体下方呈俯卧势，家长用双手推动婴儿双脚脚心，鼓励其前进够取。拿到物品后，及时给予语言鼓励，“太棒了，拿到……，我们再看看前面还有什么，再拿给爸爸。”或抱起亲亲，然后反复多次。

(2) 让婴儿趴卧，上腹部放置于枕头上，使婴儿的腰部能更高地抬离地面，与婴儿沟通交流，1分钟左右再让婴儿仰卧休息，反复操作3—4次。

环境支持：

不需要频繁更换婴儿感兴趣的玩具或卡片，找出平日里婴儿比较感兴趣的物品，可以是运动的玩具，如发条小章鱼，移动玩偶等。

需要特别注意的是，若5个月后，婴儿仍然不能做出自主抬头动作。在其仰卧时，大人双手把他拉起来，宝宝头部还是向后仰，可能是宝宝大脑损伤所致，请及时就医。

【挥动手臂】

3. 双手无控制性左右上下自由挥动

3.1　婴儿仰卧时，手臂自然向两侧放置

指导建议：

(1) 让婴儿仰卧于垫上，家长手握婴儿双手，将其双手在胸前绕三圈，动作要轻柔，配合语言交流："妈妈来摇小小手，向里画个大圈圈，向外画个大圈圈。"可重复多次。

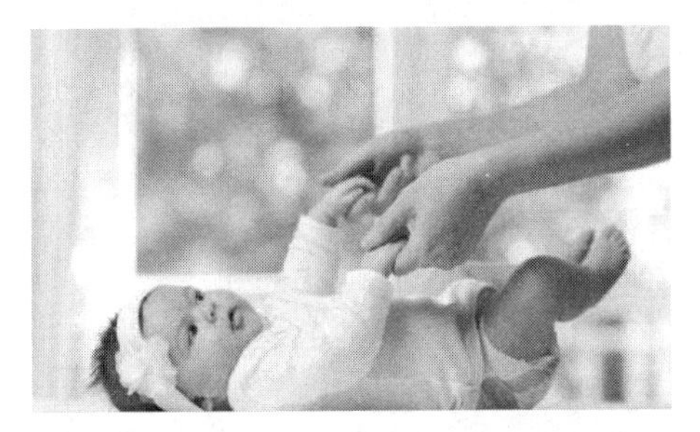

(2) 让婴儿仰卧于垫上，家长用双手轻柔捏捏婴儿手臂，由上向下捏，再来回搓搓手臂，搓完后轻吻婴儿的手臂，配合语言："搓麻花，搓麻花，搓搓搓，吃麻花，吃麻花，脆脆脆。"

(3) 让婴儿仰卧于垫上，婴儿紧握家长拇指，家长以食指抓住婴儿手腕，将其双手举高，并在胸前上下交叉一个来回。将双手再举高，再来回交叉，反复多次。配合语言交流："双手举高高，抱住小肚肚，双手举高高，抱住圆肚肚。"

环境支持：

在婴儿沐浴完毕，衣着轻便时，配上柔和的音乐，根据婴儿情绪和兴趣反应，可以多次反复进行以上游戏。

3.2　婴儿仰卧时，手臂可以无控制性上下左右自由挥动

无控制性运动是指在婴儿早期会出现自发性的、无目的性的、无秩序性的蹬腿、挥动、扭动躯干等运动，这里的运动属于身体的反应运动，不同于反射运动，但同样会为婴儿日后动作发展奠定基础。

指导建议：

(1) 让婴儿仰卧，给婴儿手臂或者手腕上系上手腕铃，然后播放舒缓的音乐，鼓励婴儿自由挥动手臂，也可以握住婴儿的手臂帮助挥动。

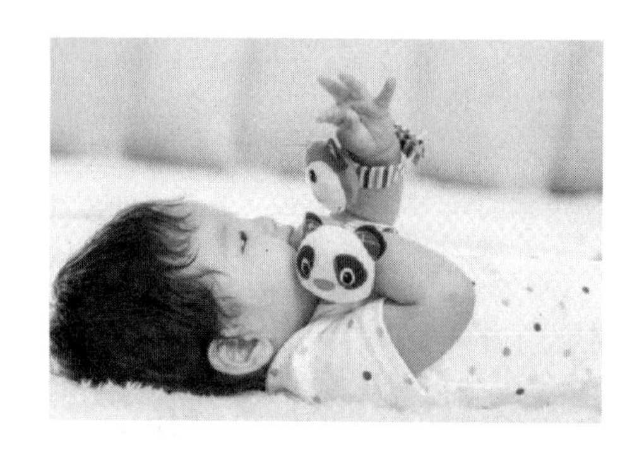

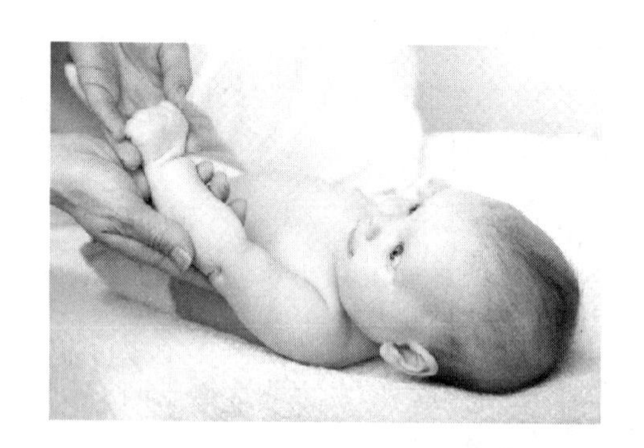

（2）让婴儿仰卧，将宽柔绸带的一端系在婴儿手臂上，另一端连着婴儿头顶上方床铃，播放音乐。让婴儿自由活动，观察自己手臂摇动和摇铃摇动的联动关系。

（3）让婴儿仰卧于垫上，家长用双手轻柔捏捏婴儿手臂，由上向下捏，在来回搓搓手臂，搓完后轻吻婴儿的手臂，配合语言："搓麻花，搓麻花，搓搓搓，吃麻花，吃麻花，脆脆脆。"

环境支持：

保持环境安全舒适，光线柔和。用绸带运动时，一定要有家长陪伴，以防缠绕。

【踢腿运动】

4. 双腿可有控制性向前用力推动身体

4.1 婴儿仰卧时，双腿可以无控制性自由踢腿

指导建议：

（1）婴儿仰卧于垫上，家长抓握双脚使其上下挥动数次，再左右交叉几次，动作要轻柔，配合语言交流："宝宝的腿腿挥一挥，上面挥一挥，下面挥一挥，最后来碰碰。"

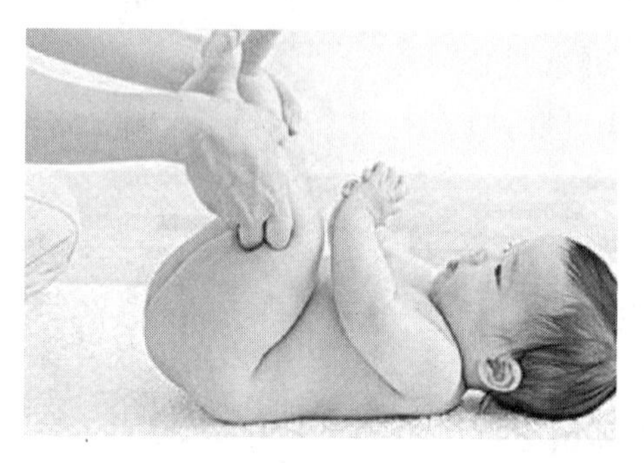

（2）婴儿仰卧于垫上，家长用双手轻柔捏捏婴儿双腿，由上向下捏，从大腿捏向小腿，再来回搓搓双腿。

（3）婴儿仰卧于垫上，家长用拇指和食指夹住婴儿双腿膝下内侧，向婴儿大腿或肚子处轻推婴儿双膝，再放平婴儿双腿。家长可以哼唱婴儿喜欢的歌曲，根据婴儿情绪和兴趣反应，多次反复进行这项游戏。

环境支持：

室温适宜，婴儿衣着轻便，播放节奏明快的音乐配合动作练习。

4.2 婴儿仰卧时，双腿不协调地抬起，自主在空中挥动

指导建议：

（1）让婴儿仰卧，给婴儿双脚穿上袜铃，然后播放舒缓的音乐，与婴儿进行语言交流，

“我们来活动活动小腿吧，转一转、踢一踢、左挥挥、右挥挥。”鼓励婴儿自由挥动腿部，也可以握住婴儿的腿部帮助挥动。

(2) 让婴儿仰卧，取一条柔软的宽布带，一段系在婴儿脚踝上，注意一定要宽松，不要过紧出现勒痕，另一端系在婴儿头顶上方床铃，播放音乐，让婴儿自由活动，逐渐意识到自己的腿部运动和摇铃之间的关系。

(3) 让婴儿仰卧于垫上，低头面对婴儿时，面带微笑，家长用双手轻柔捏捏婴儿双腿，由上向下捏，从大腿捏向小腿，再来回搓搓双腿。

环境支持：

可以选择节奏感稍强的儿童歌曲，用绸带运动时，一定要有家长陪伴，以防缠绕。

4.3　婴儿俯卧时，双手放置身体下方，家长抵住脚板心，会向前蹬爬

指导建议：

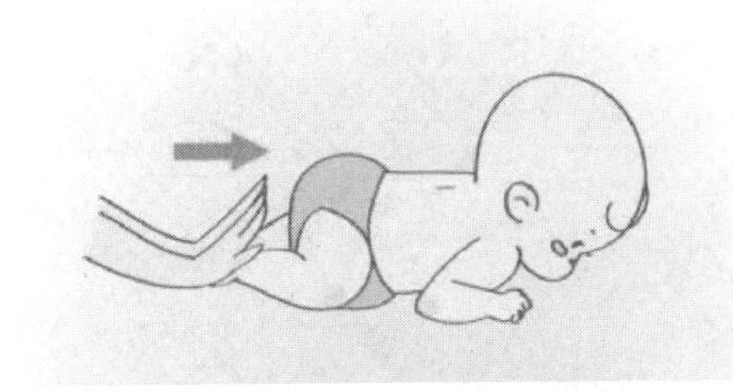

(1) 让婴儿俯卧，双手放置身体下方支撑，爸爸在婴儿前方呼喊婴儿乳名，用玩具逗引，妈妈用双手推动婴儿双脚脚心，鼓励婴儿蹬腿向前，主动前进够取玩具。注意，这个时候婴儿不会爬行，只能蹬腿前进半步，物品应放置在婴儿伸手可以够取的位置。

(2) 让婴儿俯卧，双手支撑身体，家长用双手分别握住婴儿的双膝，将婴儿的左膝盖推向婴儿腹部的方向，然后再推动右膝盖，再推动婴儿的屁股，鼓励婴儿顺势前进。

(3) 将婴儿竖抱，家长双手扶握婴儿腋下，让其试着踮脚站在家长腿上，体会站起蹬腿的快乐，配合语言：“小腿蹬大腿，用力蹬蹬蹬，宝宝跳高高。”

环境支持：

注意趴卧游戏垫的软硬适中，太硬和太软的游戏垫都不太适合婴儿练习使用。婴儿应衣着轻便，脱掉鞋帽。注意用力不要过重，保护好婴儿颈部。

【手部腿部联合】

5. 腹部贴地，双手双腿不协调地向前移动

5.1　以双手臂支撑体重，将头及胸部抬离平面45度

指导建议：

(1) 让婴儿俯卧，双手放置身体下方支撑，在婴儿视线前方20厘米处放上玩具或者卡片，摇动玩具，逗引婴儿抬头张望。家长也可以趴在婴儿对面，张开双手，微笑着呼喊婴

儿的乳名，使其延长自主抬头的时间。

（2）让婴儿平躺于爬行垫上，家长用双手食指和中指轻轻揉捏婴儿双肩和手臂，上下揉搓婴儿腿部和臀部，放松肌肉。

（3）可以适当将婴儿竖抱，家长双手支撑起婴儿的脖子，走走逛逛，语言提示婴儿多多观看外界事物，"看看墙上的照片里都有谁呢，这是爸爸，这是妈妈，这是爷爷，他们在……"

环境支持：

保持室温适宜，光线柔和，衣着轻便，配上轻松愉快的音乐。

5.2　用一只手和手臂支撑体重，另一手去够取物体

指导建议：

（1）让婴儿趴卧于地垫上，双手放置身体下方支撑，在其手臂伸长可以够取物品的位置摆放上感兴趣的玩具，家长挥动玩具，呼喊婴儿的乳名，吸引婴儿主动够取。如遇到婴儿不愿意够取的情况，可以多次更换其他感兴趣的玩具。

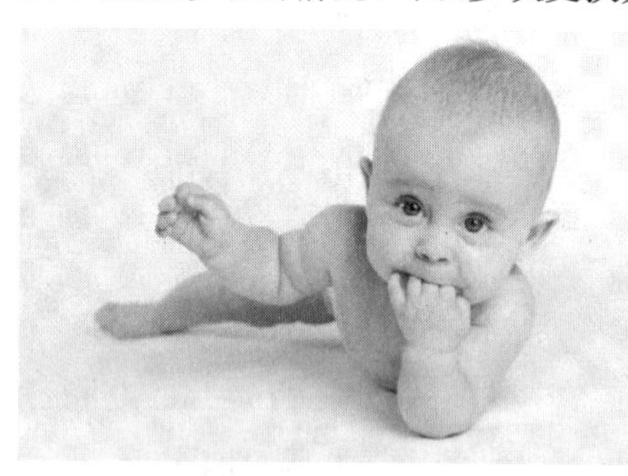

（2）让婴儿趴卧在地垫上，双手放置身体下方支撑，妈妈在婴儿前方，轻轻拉动婴儿一只手。让婴儿的手触摸妈妈的五官，配合语言："妈妈的眼睛在哪里？妈妈的眼睛在这里。妈妈的脸蛋在哪里？妈妈的脸蛋在这里。妈妈的嘴巴在哪里？妈妈的嘴巴在这里……"如果婴儿状态好可更换家长进行多次游戏。

环境支持：

保持室温适宜，光线柔和，衣着轻便，配上轻松愉快的音乐。

5.3　俯卧时以腹部做支撑点，左右晃动爬行

指导建议：

（1）让婴儿仰卧，给婴儿双腿和双臂系上柔软的宽布带，布带的另一端系在婴儿头顶悬挂的摇铃上，然后播放舒缓的音乐，让婴儿自由挥动双臂和双腿，鼓励婴儿意识到四肢运动和摇铃之间的联动关系，也可以握住婴儿的四肢帮助挥动。

（2）让婴儿趴卧在地垫上，双手放置身体下方支撑，爸爸趴卧在婴儿前方，玩躲猫猫的游戏。"爸爸在哪里？爸爸不见了，爸爸又来了。"

（3）让婴儿背靠在沙发或靠垫上，在其脚上方放置便于婴儿用手够取的玩具，鼓励婴儿将脚上的玩具往上顶，再用手去够取。完成游戏后，给婴儿语言上的鼓励和拥抱，"呼噜呼噜棒棒，宝宝最棒！"

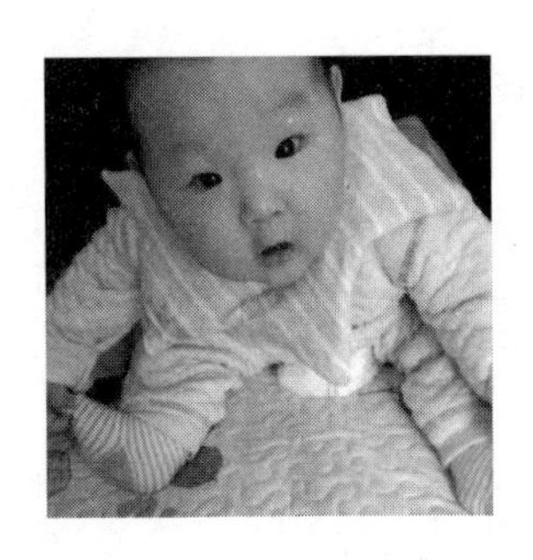

环境支持：

选择节奏感稍强的儿童歌曲，低头面对婴儿时，面带微笑，创设轻松愉快的氛围。注意，游戏时一定要有家长在其周围照护，以防游戏布带将婴儿缠绕。

5.4　腹部贴在平面向前蹬爬

指导建议：

（1）让婴儿俯卧于爬行垫上，腹部下放上一个婴儿感兴趣的毛绒玩具，最好是婴儿身体压在玩具上时可以发出响声。鼓励婴儿寻找响声来源，然后自己移动身体将玩具从身下拿出来给家长。

（2）让婴儿仰卧于爬行垫上，妈妈来回推动婴儿的臀部，帮助婴儿将身体向上顶。爸爸在婴儿视线前方用玩具逗引婴儿，鼓励婴儿伸手够取玩具。

环境支持：

保持室内温度适宜，衣着轻便，配上柔和的音乐。

【翻身运动】

6. 分节式从俯卧翻身到仰卧，或由仰卧翻身到侧卧的动作

6.1　分节式将侧卧翻身成仰卧

指导建议：

（1）让婴儿仰卧于垫上，家长推动婴儿的背部让其侧卧，再让婴儿还原为仰卧，这样来回反复推拉，配合语言："揉面团揉面团，揉揉揉。"接着，从婴儿的侧身手臂到脚底由上至下地揉捏，配合语言："包饺子包饺子，捏捏捏。"然后再换另一侧进行。

（2）婴儿仰卧，在侧方放置玩具，家长一手轻拉婴儿，帮助婴儿够取，另一只手同时推动婴儿另一侧腿部，帮助婴儿侧身翻身。

环境支持：

游戏时可以播放节奏感稍强的儿童歌曲，如《拔萝卜》《三只小熊》等。根据婴儿的情绪，可以多次反复进行这项游戏。

6.2　分节式将俯卧翻身成仰卧

指导建议：

（1）让婴儿仰卧，推动婴儿身体到俯卧姿势，然后停留 2 分钟之后，再拉动婴儿身下

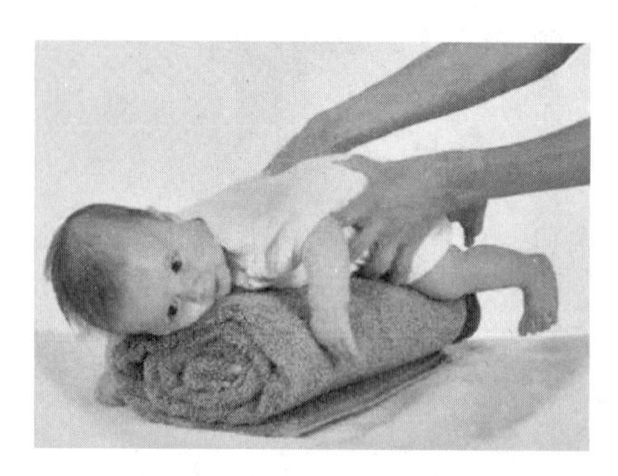

一只手臂，带动身体将其主动翻身到仰卧位。

(2) 让婴儿仰卧，给婴儿双腿和双臂上系上柔软的宽布带，布带的另一端系在婴儿头顶悬挂的摇铃上，然后播放舒缓的音乐，让婴儿自由挥动双臂和双腿，鼓励婴儿意识到四肢运动和摇铃之间的联动关系，也可以握住婴儿的四肢帮助挥动。

(3) 让婴儿趴卧于毛毯上，待婴儿平衡后，推动婴儿上半身，鼓励婴儿自己带动腿部翻过身来。注意扶住婴儿的颈部处。

环境支持：

音乐可以选择节奏感稍强的儿歌，如《蜗牛与黄鹂鸟》《春天在哪里》《蓝精灵》等。注意游戏时，一定要有家长在其周围照护，以防游戏布带将婴儿缠绕。

【坐姿动作】

7. 独立坐立

7.1　在家长腿上靠坐

指导建议：

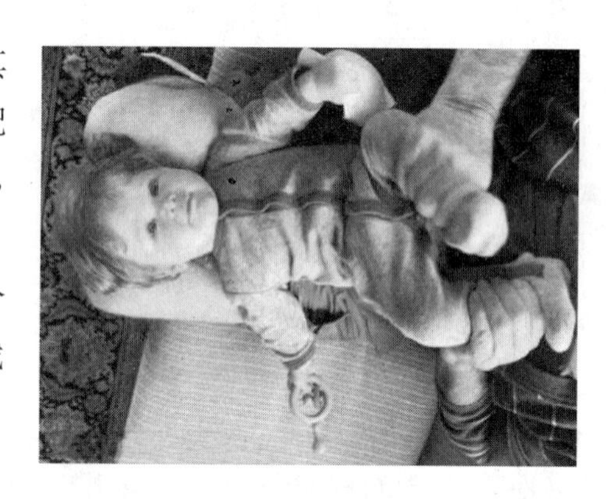

(1) 让婴儿仰卧于垫上，爸爸抓握双脚使其上下挥动数次，再左右交叉几次，动作要轻柔，配合语言交流："宝宝的腿腿挥一挥，上面挥一挥，下面挥一挥，最后来碰碰。"

(2) 让婴儿坐在家长腿上，面向外侧，家长分别握住婴儿两只手做开汽车的动作，"嘀嘀嘀，我们出发了，左转弯，嘀嘀嘀，右转弯，嘀嘀嘀。"

环境支持：

配上节奏感明显的音乐，根据婴儿的情绪状态，可以多次反复进行这项游戏。

7.2　依靠靠垫靠坐，会左右摇晃

指导建议：

(1) 将婴儿放于婴儿推车内，靠背支撑，系上安全带，或使用腰凳，让婴儿呈坐姿，带婴儿走走逛逛，帮助其在不知不觉中就喜欢上坐立。

(2) 让婴儿靠坐在沙发上，面向外侧，对着镜子，让婴儿去触摸镜子里自己的小手、脸蛋和五官，配合语言："××的脸蛋在哪里？××的脸蛋在这里。××的小手在哪里？

我们一起握握手。”

(3) 让婴儿仰卧在地垫上,妈妈双手拇指让婴儿双手紧握,向上拉动婴儿的双臂,婴儿的头会自动抬起,并带动上半身慢慢坐起。再手扶婴儿的腋下,让其慢慢躺下,注意婴儿的头部,力度要轻。

环境支持:

音乐可以选择节奏感稍强的儿童歌曲,面对婴儿时,面带微笑,创设轻松愉快的氛围。

7.3 不用依靠,可独立坐立

指导建议:

(1) 让婴儿靠坐在沙发上,递给婴儿喜欢的玩具,让婴儿保持独立坐立,注意力集中在玩玩具上。

(2) 让婴儿仰卧于地垫上,家长手托婴儿臀部,推动臀部向肚子的方向,来回 3—4 次,配合语言:“推屁屁,推屁屁,推着屁屁找肚肚。”

环境支持:

注意婴儿坐立时周围不要有任何存在安全隐患的物品出现,保持环境的舒适安全。

第三节 0—6 个月婴儿精细动作发展与指导

从胎儿期的多普勒影像学的图片中,我们就可以惊讶地看到胎儿会用小手抓住脐带,甚至会用手指抠鼻子,这表明精细动作的发展早在胎儿期就开始出现了。但是随着婴儿的降生,这些手指动作不断地精细化,从无条件反射转化为带有目的的动作。从这一节开始,我们就来学习 0—6 个月婴儿精细动作的发展特点,以及能为他们的发展提供的科学指导。

精细动作,又叫小肌肉精细化动作,是由一系列小肌肉工作协调构成的小肌肉运动技能。① 新生儿无意识地抓自己的小脸或头发,2—3 个月的婴儿喝奶时总爱抓住妈妈的衣服,4—5 个月婴儿可以双手配合扶稳奶瓶,这些动作都属于精细动作。

---

① 唐大章,唐爽.婴儿动作指导活动设计与组织[M].北京:科学出版社,2008.

一、0—6 个月婴儿精细动作发展特点

0—6 个月阶段，婴儿的抓握、有意识的自主够物，以及用手指联合协作等，都需要依靠身体各个小肌肉和大肌肉的协作运动才能产生，这些肌肉群的逐渐成熟，以及神经系统的逐步建立，会让婴儿的精细动作快速发展，为日后更为复杂的精细化动作打下了重要基础。作为肢体末端的技能发展，0—6 个月婴幼儿精细动作较粗大动作发育更晚，主要包括手指动作的协调发展，表 3-12 呈现的是 0—6 个月婴儿精细动作发展的特点。

表 3-12　0—6 个月婴儿精细动作发展特点

双手运动	1. 同时将双手带到身体的中央部位
婴儿发展阶段	1.1　左右臂均能做无目标的挥动 1.2　双手可以将目标物带到身体的中央部位，并紧握物品
	2. 将两样东西拿到身体中央或靠近中央的位置
	2.1　左右手都能伸向目标物 2.2　双手各拿一物 2.3　左右手各拿一样东西，能将两样东西拿到身体中央或靠近中央的位置
指尖运动	3. 能用任何一只手的拇指、食指及中指的末端抓住手掌般大小的东西
婴儿发展阶段	3.1　用小手指一侧抓握物品 3.2　使用整个手掌抓握手掌般大小的物品 3.3　用手指围绕着圆柱形的东西并将它握住 3.4　能用任何一只手的拇指、食指及中指的末端抓住手掌般大小的东西

二、0—6 个月婴儿精细动作发展指导

【双手运动】

1. 同时将双手带到身体的中央部位

1.1　左右臂均能做无目标的挥动

指导建议：

(1) 让婴儿仰卧，家长用颜色单一的玩具或者卡片，从婴儿脸部拉高至头顶上方 20 厘米处，再左右挥动，呼喊婴儿的乳名，鼓励婴儿看向这个方向，如“××，小蜜蜂，飞飞飞，飞来了；小蝴蝶，飞飞飞，飞来了”等。

(2) 照护者与婴儿同侧躺下，将手臂举高伸直，分别伸出手指做出 1、2、3 的数字手势，比作毛毛虫在婴儿身

体上面来回摆动，嘴里可以念唱："一只毛毛虫啊，走走走，两只毛毛虫啊，走走走，三只毛毛虫啊，走走走。"

（3）在婴儿摇床头部悬挂床铃，让婴儿观看床铃转动。握住婴儿一只手帮助够取摇铃，或自主够取。

环境支持：

创设温馨舒适的环境，光线柔和，婴儿摇床上方和侧方可以悬挂部分颜色鲜艳及单一的玩具，不宜使用性状和颜色过于复杂的玩具，可以伴随一定音乐和响声。

1.2　双手可以将目标物带到身体的中央部位，并紧握物品

指导建议：

（1）婴儿平躺于游戏垫上，在远离婴儿20厘米的左右两方各放置婴儿熟悉或喜欢的物品，来回摆动物品，呼喊婴儿："宝宝看过来，看看这是什么？"当婴儿转过头张望时给予鼓励，及时亲亲和夸赞。然后再换另一方向进行，方法相同。也可以两位家长左右两侧依次进行，在婴儿熟悉游戏规则后，可以适当加快速度。

（2）婴儿侧卧，家长面对婴儿，用小沙锤或者串铃等乐器发出响声，逗引婴儿转头张望，语言温和亲切，面带微笑，"好宝宝，这里瞧，瞧瞧是什么？是……"

（3）婴儿仰卧时，每次都在身边左右两侧放置1—2个玩具，特别是一些可以自动运动的玩具，吸引婴儿观察和够取。

环境支持：

在婴儿苏醒时可以更换婴儿躺卧的位置，可以将游戏垫放在家中不同地方，更换环境，注意环境的安全性。

2. 将两样东西拿到身体中央或靠近中央的位置

2.1　左右手都能伸向目标物

指导建议：

（1）在婴儿仰卧的头顶悬挂床铃，栏杆上也挂上摇铃，摇动床铃，挥动婴儿的双手去够取床铃。

（2）玩躲猫猫的游戏，掀开遮挡物后，鼓励婴儿举起双手去触摸照护者的脸庞和五官，如"爸爸的鼻子在哪里？用手指一指。爸爸的胡子在哪里？用手摸一摸。""妈妈的头发在哪里？用手摸一摸。妈妈的嘴巴在哪里？用手碰一碰。"并用亲吻回应婴儿，"哦，摸到了，亲亲我的小宝贝。"可替换家长，反复游戏。

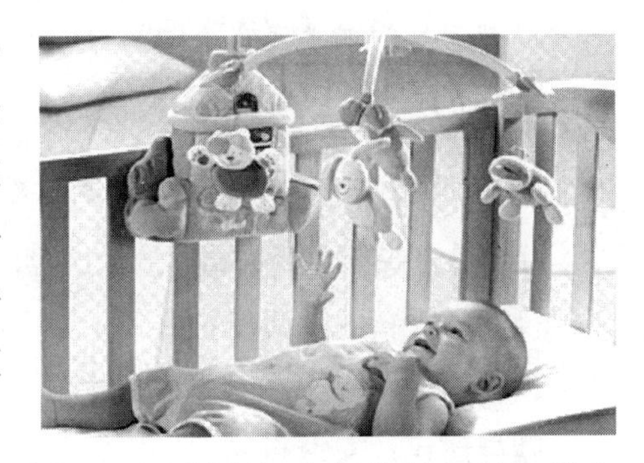

（3）将婴儿感兴趣的玩具或者物品放在婴儿手中，比如手摇铃、安抚娃娃、手帕、弹力

球等，让其自由抓握摆弄。

(4) 亲吻婴儿的手，或在他手上面做“吧嗒嘴巴”的动作并发出声音，鼓励婴儿用手来触摸照护者的嘴巴。

环境支持：

为婴儿提供的玩具最好是在触碰时能发出声音的。

2.2 双手各拿一物

指导建议：

(1) 提供面团或者面包等食物，鼓励婴儿将食物自由抓捏，随意撕拉分开，引导婴儿观察双手中的物品，“××的小手真棒棒，面包分两半了，再把小面包继续分一分。”

(2) 将玩具放在婴儿视线的右侧，家长握住婴儿的左手，鼓励其伸出左手去抓取；将玩具放在婴儿视线的左侧，鼓励婴儿伸出右手去抓取。

(3) 家长让婴儿坐在自己的腿上，握住婴儿的双手，帮助婴儿来回摇动波浪鼓，并念唱：“拨浪鼓，响咚咚，××来摇拨浪鼓，上摇摇，下摇摇，左摇摇，右摇摇。”

环境支持：

注意抓取物的安全性，防止婴儿误入口中。

2.3 左右手各拿一样东西，能将两样东西拿到身体中央或靠近中央的位置

指导建议：

(1) 和婴儿玩拍击小鼓的游戏，播放有节奏的音乐，握着婴儿的双手，有节奏地交替拍打，然后鼓励婴儿自己自由击打。

(2) 一位家长与婴儿面对面坐，另一位家长在婴儿背后环抱婴儿或依靠在沙发靠背上，鼓励婴儿伸出手与家长玩握手游戏，边唱歌谣边握手，也可以与家长拉拉双手。

环境支持：

为婴儿准备一些可以自动运动的玩具，吸引婴儿观察和够取，注意玩具的安全性，游戏时需要有家长陪伴。

备注：任何一只手能抓握一个东西，表示婴儿的抓握是自主的，这样的抓握能帮助婴儿今后利用感知觉来探索事物的特性，是认识发展的有效准备。

【指尖运动】

3. 能用任何一双手的拇指、食指及中指的末端抓住手掌般大小的东西

用整个手掌握住手掌般大小的东西，是婴儿第一次主动抓握物体的里程碑，也将奠定未来婴儿抓握精细度调控的技能。

3.1 用小手指一侧抓握物品

指导建议：

(1) 在哺乳时，鼓励婴儿用手指抚摸妈妈的乳房，或者奶瓶等较大的物品。

(2) 沐浴洗澡时，给婴儿盆里放入漂浮玩具、小球和挤压玩具，递给婴儿，鼓励婴儿抓握。

(3) 仰卧时，鼓励婴儿双手抓住脚丫，舔舔自己的脚丫。

(4) 当婴儿紧握玩具时，故意拿掉，并在婴儿面前逗引，鼓励婴儿再去够取。

环境支持：

提供与婴儿手掌差不多大小的玩具，注意玩具的安全和卫生，防止婴儿吞咽。游戏时一定要有家长的陪伴。

3.2　使用整个手掌抓握手掌般大小的物品

指导建议：

(1) 在婴儿头顶上方用粗皮筋悬挂多个小球，鼓励婴儿自己够取小球。

(2) 家长用拇指、食指和中指依次捏住婴儿的手指，按摩婴儿手指，并辅助按摩婴儿手指关节。

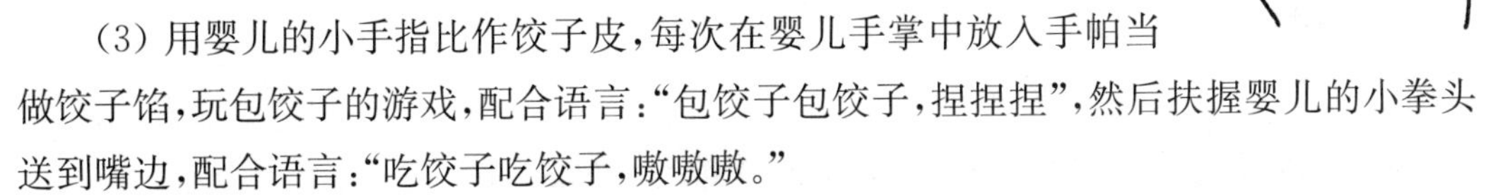

(3) 用婴儿的小手指比作饺子皮，每次在婴儿手掌中放入手帕当做饺子馅，玩包饺子的游戏，配合语言："包饺子包饺子，捏捏捏"，然后扶握婴儿的小拳头送到嘴边，配合语言："吃饺子吃饺子，嗷嗷嗷。"

环境支持：

提供婴儿小手可以抓握的弹力小球或玩具，注意玩具的安全和卫生，防止婴儿吞咽。游戏时一定要有家长的陪伴。

3.3　用手指围绕着圆柱形的东西并将它握住

指导建议：

(1) 将圆柱形的物品或者玩具，如毛笔、小鼓的锤子、圆柱积木，放在婴儿面前，鼓励婴儿用手指环绕抓握物品。

(2) 给婴儿有手柄的奶瓶，让婴儿抓握手柄自己喝奶或喝水。

(3) 玩抓小鱼游戏。将家长的手指比作小鱼，鼓励婴儿抓握家长的手指，家长轻轻摇动手指，从婴儿手心中抽出手指，再鼓励婴儿去抓握。配合语言："小鱼小鱼真调皮，摇摇摆摆逃掉了，××快来抓小鱼，小鱼小鱼抓住了。"

环境支持：

提供婴儿小手可以抓握的弹力小球或玩具，注意玩具的安全和卫生，防止婴儿吞咽。游戏时一定要有家长的陪伴。

3.4　能用任何一只手的拇指、食指及中指的末端抓住手掌般大小的东西

指导建议：

(1) 用干净的毛笔或化妆刷，挠挠婴儿的手掌心，鼓励婴儿去抓握，将毛笔慢慢移动到婴儿的食指和拇指内，注意观察抓握时使用的手指。

(2) 在婴儿洗澡时，递给婴儿各种海绵块，鼓励婴儿用手指去挤压海绵块中的水。

(3) 给婴儿可以挤压发出声响的橡皮鸭等玩具，家长握住婴儿的手指，帮助其一起挤压玩具，发出声响。

环境支持：

准备各种圆柱形玩具，注意玩具的安全性，不要有尖锐物，以免刺伤婴儿。注意玩具的安全和卫生，防止婴儿吞咽。游戏时一定要有家长的陪伴。

第四节　0—6个月婴儿动作发展案例与分析

应根据0—6个月婴儿动作发展规律和特点，创设适宜的环境，设计适合专业教师和家庭开展的婴儿运动发展教育的活动，促进这一时期婴儿动作能力发展。

一、家庭中0—6个月婴儿动作发展活动案例

(一) 家庭运动操

婴儿被动操是照护者通过双手，对婴儿四肢进行有顺序、有方法的被动运动，增强婴儿骨骼强度和肌肉柔韧性，促进全身血液循环和新陈代谢，以达到提升婴儿运动机能发育的体格锻炼方式，主要用于2—6个月的婴儿。

在进行被动操之前需要做好以下准备工作：

(1) 两餐之间或沐浴之后，喂奶30分钟之内及空腹不宜做。

(2) 为婴儿换上干净的尿不湿，穿上宽松轻便的衣服。

(3) 在操作过程中注意观察婴儿的情绪表现，如中途出现疲倦或不悦状态应立即停止。

(4) 照护者剪短指甲并保持手部光滑，摘掉手上饰物，洗净并温暖双手。

(5) 操作环境光线柔和，温度适宜，过热或过冷都不宜进行。

(6) 选择有一定强度的操作垫，比如在地板上铺上两至三层毛毯，不宜在软绵绵的被单上进行。

第一节　扩胸运动

预备姿势　婴儿仰卧，家长双手掌心向下握住婴儿腕部，将大拇指放在婴儿掌心里，婴儿两臂放于身体两侧。

第1拍　两臂向外平展与身体成90度，掌心向上。

第2拍 两臂向胸前交叉。

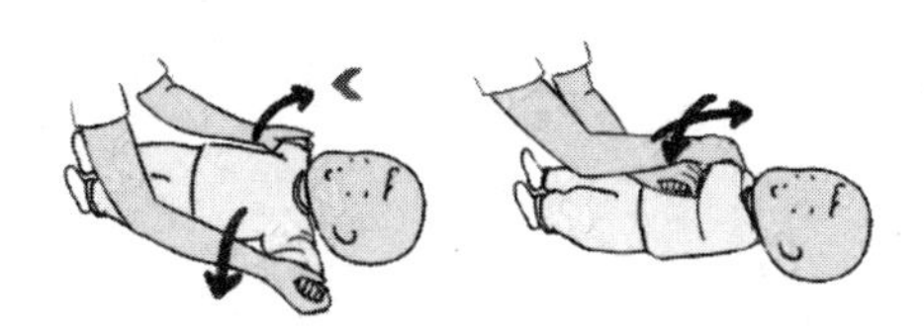

第二节 伸屈肘关节运动

预备姿势 婴儿仰卧，家长双手掌心向下握住婴儿腕部，将大拇指放在婴儿掌心里，婴儿两臂放于身体两侧。

第1拍 将左臂肘关节前屈。

第2拍 将左臂肘关节伸直还原。

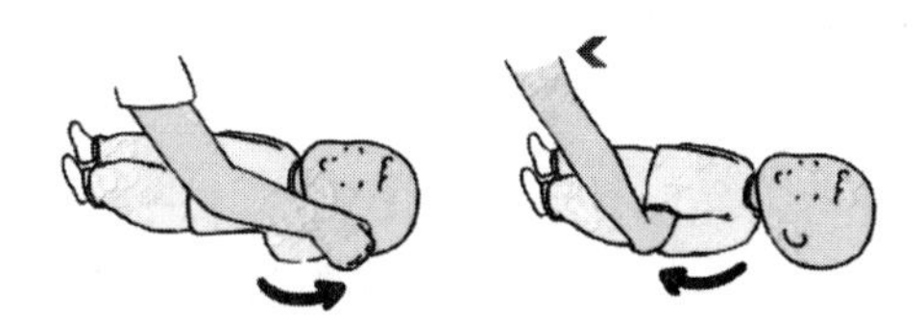

第三节 肩关节运动

预备姿势 婴儿仰卧，家长双手掌心向下握住婴儿腕部，将大拇指放在婴儿掌心里，婴儿两臂放于身体两侧。

第1、2、3拍 握住婴儿左手，贴近身体，由内向外做圆形的旋转肩关节动作。

第4拍 还原。

第四节 伸展上肢运动

预备姿势 婴儿仰卧，家长双手掌心向下握住婴儿腕部，将大拇指放在婴儿掌心里，婴儿两臂放于身体两侧

第1拍 两臂向外平展，掌心向上。

第2拍 两臂向胸前交叉。

第3拍 两臂上举过头，掌心向上。

第4拍 还原。

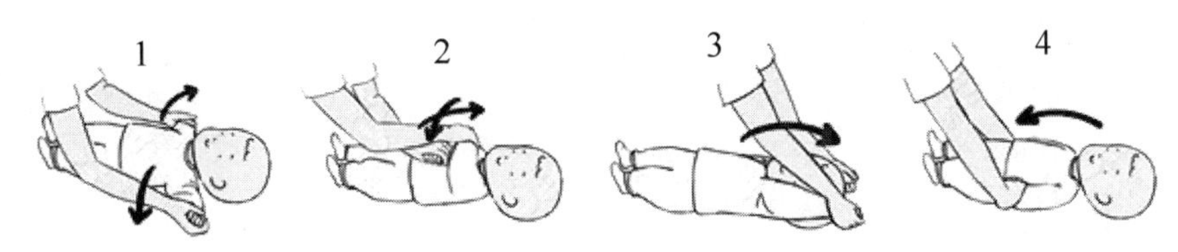

注意：两臂上举时两臂与肩同宽，动作轻柔。

第五节 伸屈踝关节运动

预备姿势 婴儿仰卧，操作者左手握住婴儿的左足踝部，右手握住左足前掌。

第 1 拍　将婴儿左足尖向上，屈曲踝关节。

第 2 拍　将婴儿左足尖向下，伸展踝关节。连续做两个 8 拍，第二个 8 拍换右足。

注意：伸屈时要求自然，切勿用力过猛。

第六节　两腿轮流屈伸运动

预备姿势　婴儿仰卧，两腿伸直，操作者两手握住婴儿两小腿，但不要握得太紧。

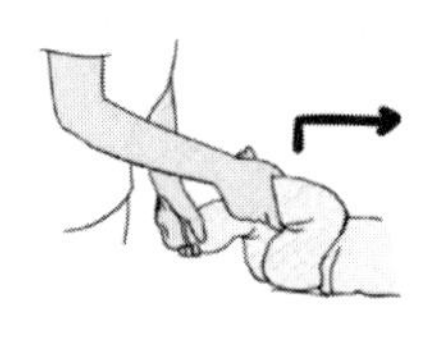

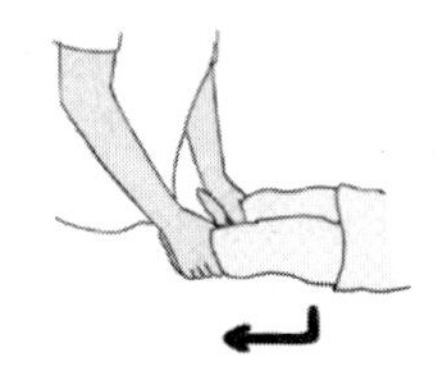

第 1 拍　屈婴儿左膝关节，使膝缩进腹部。

第 2 拍　伸直左腿。

第 3 拍　屈婴儿右膝关节，使膝缩进腹部。

第 4 拍　伸直右腿。（左右轮流，模仿蹬车动作）

注意：屈膝时稍帮助婴儿用力，伸直时动作柔和。

第七节　下肢伸直上举运动

预备姿势　婴儿两下肢伸直平放，家长两手掌心向下，握住婴儿两膝关节。

第 1、2 拍　将两下肢伸直上举成 90 度。

第 3、4 拍　还原。

注意：婴儿两下肢伸直上举时臀部不离开台面，动作轻缓。

第八节　转体运动

预备姿势　婴儿仰卧并腿，双臂屈曲放在胸前。

第 1、2 拍　右手扶婴儿手于胸前，左手垫于婴儿背部，轻轻帮助婴儿从仰卧转为左侧卧。

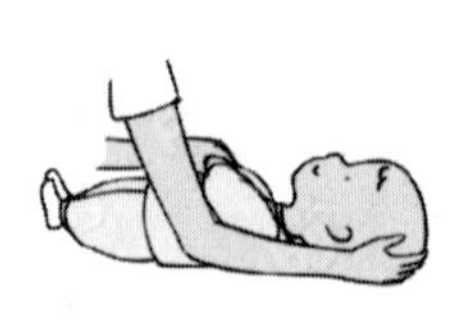

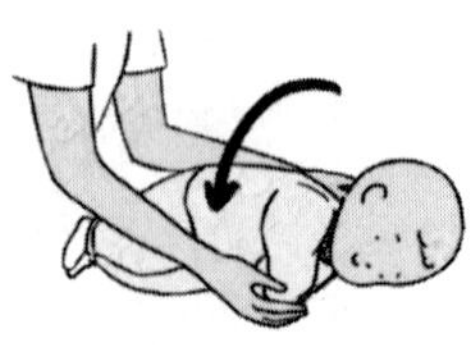

第 3、4 拍　还原。

第 5、6 拍　左手扶婴儿手于胸前，右手垫于婴儿背部，轻轻帮助婴儿从仰卧转为右侧卧。

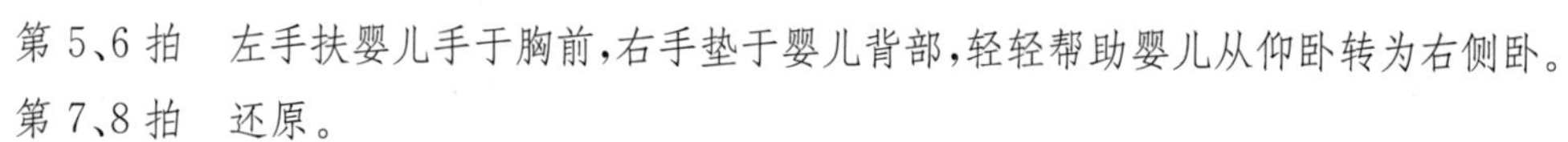

第 7、8 拍　还原。

注意：仰卧时，婴儿的两臂自然放在胸前，使头略微抬高。

（二）家庭活动案例

抬头练习

活动目标：锻炼婴儿颈部肌肉，增强脖颈处骨骼强度，尝试让婴儿自主抬头。

适用年龄：1—3 个月。

活动准备：一个大靠垫、一个彩色球。

与婴幼儿一起玩：

1. 将婴儿的身体竖抱起来，身体趴在家长胸前。家长再慢慢躺靠在沙发上，婴儿头部依靠在家长胸前。家长与婴儿进行语言目光互动交流，观察婴儿是否能自然抬头几秒。

2. 然后用彩色球在婴儿眼前晃动，吸引婴儿注意，可伴随语言："宝宝，看看这是什么？红色的球……"

3. 待婴儿注意集中到球上后，家长缓缓把球移动到婴幼儿的左上方、右上方位置，可轻唤婴儿的名字。

活动时长：适当延长婴儿抬头的时间，从几秒至一分钟，每锻炼一组婴儿需要仰卧休息。

【案例分析】

这一活动使用的游戏材料生活中易寻易得。彩色小球具有材质柔软、颜色鲜艳、可运动等特点，能对这个时期婴儿的视觉、触觉形成良好的刺激，玩法安全多样。活动也不受场地、时间等因素限制，随时随地都可以进行，玩法简便。家长在与婴儿的有趣互动和肢体接触过程中，增强了亲子关系，还可以根据婴儿实际情况拓展诸多玩法。

翻身练习

活动目标：锻炼婴儿手臂肌肉力量，增强腰背部骨骼柔韧性，帮助婴儿练习翻身。

适用年龄：4—6个月。

活动准备：摇铃玩具。

与婴儿一起玩：

1. 让婴儿平躺下来，家长面对婴儿坐好。

2. 家长拿着玩具，在婴儿的任意一侧轻轻摇动或拍击，吸引婴儿注意并主动够取玩具。

3. 当婴儿转过头伸手拿玩具时，家长用手在婴儿身后轻轻推动帮助其侧身并翻身，此时可将玩具放在婴儿眼前吸引婴儿拿玩具。

4. 待其趴一会儿后再帮其翻转过来。

5. 家长将婴儿的下肢交叉，用下肢扭动带动上肢运动，此时婴儿一侧手臂会压在身下，家长可帮助把其手臂向头侧方拉出。

活动时长：可重复数次，观察婴儿表现，及时休息。

【案例分析】

这一活动是婴儿翻身练习中最方便指导，也是最行之有效的方法，操作简单明了，步骤清晰，易学易用。在家里进行操作时，注意让婴儿通过侧卧翻身到趴卧，一定要帮助婴儿做好双手支撑。

划小船

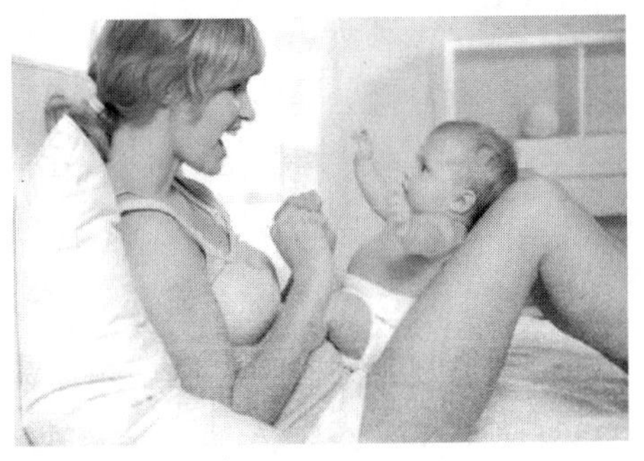

活动目标：锻炼婴儿背部肌肉，增强脊椎灵活性，提高身体平衡力。

活动适用年龄：3个月以上。

活动开展的准备：大靠垫一个。

与婴儿一起玩：

1. 家长坐在地垫上，使身体依靠着，然后两腿弯曲。让婴儿仰卧在家长的大腿上,注意双手托住婴儿的头部,婴儿臀部放在家长腿上,使婴儿斜靠在家长腿上。

2. 家长可以伸长小腿,再收回小腿,改变大腿与小腿的夹角大小,来回数次,同时念唱:“划、划、划小船,划着小船去远方,浪花,浪花,一朵朵,小船快快走。”

活动时长:观察婴儿情绪,若无任何不适可以多次重复。

【案例分析】

这一活动从新生儿到六个月婴儿都可以尝试操作,适用年龄段跨度大。操作时可配上朗朗上口的歌谣。家长与婴儿面对面进行互动游戏,可以刺激婴儿多种感官的发展。家长在伸长、收回小腿的同时,使婴儿脊椎进行被动运动,增强脊柱的灵活性和支撑性。还可以根据婴儿实际情况拓展诸多玩法,如 4 个月的婴儿还可以增加动作,张开手臂,在胸前交叉,伸缩双腿,获得全身的运动。

拉大锯 扯大锯

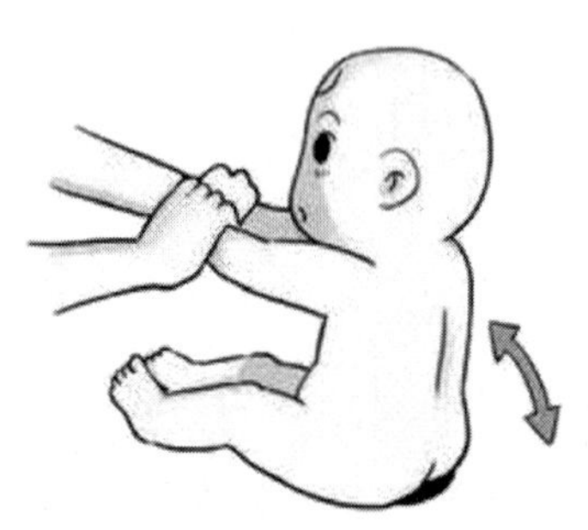

活动目标:锻炼婴儿腰背部肌肉,增强脊椎灵活性,为婴儿独坐做准备。

适用年龄:4 个月以上。

活动准备:毛巾一条。

与婴儿一起玩:

1. 让婴儿仰卧,家长伸出双手食指,让婴儿双手自然抓握,然后轻轻把婴儿拉起来坐稳,同时念唱儿歌:“拉大锯,扯大锯,锯木头,搭戏楼。”

2. 婴儿坐稳时,家长与婴儿轻轻顶顶头,再把婴儿轻轻放下,恢复仰卧姿势,同时念唱:“拉大锯,扯大锯,妈妈宝宝去看戏。”

3. 将婴儿仰卧,将毛巾放置在婴儿背部,拉动毛巾带动婴儿坐起,同时念唱儿歌:“拉大锯,扯大锯,锯木头,搭戏楼。”

4. 宝宝坐稳时,家长与婴儿轻轻顶顶头,在将毛巾轻轻放下,恢复仰卧姿势,同时念唱:“拉大锯,扯大锯,妈妈宝宝去看戏。”

活动时长:由于婴儿的腰部力量还很弱,每次活动来回重复 2—3 次,独坐时不宜停留过久,1 分钟左右即可。

【案例分析】

这一活动的儿歌是大家都熟悉的童谣,配合婴儿坐起来、躺下去的练习,可以在念唱的过程中有节律地感受动作。此项练习是婴儿坐姿运动的前期准备,可以很好地帮助婴儿柔韧脊柱,锻炼脊柱和颈脖处的支撑力。一开始尝试的时候可以适当用手支撑颈部,婴儿头部向后仰属于正常现象,但还是要注意保护。之后就可以逐渐减少拉动背部的力量,让婴儿自己主动使力,从被动逐渐发展到部分主动运动。

二、托育机构中 0—6 个月婴儿动作发展活动案例

表 3 - 22　活动案例《兔子王国——萝卜收获季》

<table>
<tr><td colspan="4">活动内容：兔子王国——萝卜收获季　　适合月龄：4—6 个月
场地：室内活动室（地垫）　　人数：8 人（宝宝 4 人，成人 4 人）</td></tr>
<tr><td rowspan="2">活动目标</td><td colspan="2">家长学习目标</td><td>宝宝发展目标</td></tr>
<tr><td colspan="2">1. 享受与婴儿进行坐姿运动的亲子游戏时光。
2. 掌握引导婴儿进行坐姿练习的方法。
3. 了解 0—6 个月婴儿坐姿发展的三个发展阶段的代表性行为。
(1) 2—3 月龄代表性行为：能控制自己的头部，能够在俯卧时抬头一段时间，在抱起时，头部不会左右两边倒。
(2) 5 月龄代表性行为：能翻身或半翻身，有的能靠物而坐，甚至独立短坐。
(3) 6 月龄代表性行为：靠物能坐稳，能独立短坐。</td><td>1. 感知亲子游戏的乐趣，愿意在家长引导下尝试坐姿练习。
2. 在家长帮助下，感知坐姿的用力点，随重心的变化调整自己身体，保持平衡。
3. 在家长引导下，靠物能独坐或用手撑着短暂独坐，体验从仰卧到坐的运动过程。</td></tr>
<tr><td>活动准备</td><td colspan="3">1. 经验准备：见面问好歌、童谣《拔萝卜，松松土》、音乐《高高低低》、音乐《彩色的世界真奇妙》。
2. 材料准备：已消毒的彩色鸭子、金鱼、积木软垫、响铃玩具、兔子、萝卜头套、软垫。
3. 环境准备：铺好褐色地垫的空场地作为萝卜地，墙上画一些萝卜图案。</td></tr>
<tr><td rowspan="2">活动过程</td><td>环节步骤</td><td>教师指导语</td><td>教师提示语</td></tr>
<tr><td>打招呼——以歌问好。教师唱见面问好歌与婴儿打招呼问好，请家长帮助宝宝说出名字。</td><td>1. 导入语：欢迎大家来到我们的兔子王国，又到了我们的萝卜收获季，特邀各位爸爸妈妈来参加我们的丰收欢庆活动，各位爸爸妈妈变成了兔子，宝宝成为我们可爱的小萝卜在土里等待被拔出来，所以请允许老师用兔子国的方式向大家问好。
2. 老师唱歌，并提问：你好，你好，欢迎你，请问宝宝叫什么？哦，那果果，这个是谁呢？在我说完这些内容后请各位家长带着宝宝一起唱很高兴见到你们。好的，谢谢各位家长的参与，让我们丰收庆典有了一个美好的开端。
3. 小结：哇！老师记住你们的名字了，到了要准备拔萝卜的时候啦。各位爸爸妈妈，马上我们就开始拔萝卜啦！</td><td>提示语：请家长在回答的时候，目光与宝宝交流，握住宝宝的手一起拍手互动。</td></tr>
</table>

续 表

活动过程	热身——拔萝卜。教师播放音乐《高高低低》，并给家长示范动作，讲解要点。	教师提要求并示范：各位爸爸妈妈，马上我们就开始拔萝卜啦，兔子国萝卜拔的时候有我们的特别仪式，这样我们的萝卜宝宝会很快乐，萝卜出来的时候会更好看。当我们音乐声音高的时候呢，就是我们拔萝卜的时间，配合念谣小萝卜："拔呀拔呀，拔萝卜，拔到一个黄萝卜，大又大，胖又胖，真呀，真可爱。"声音低的时候就是我们要松松土了。配合童谣："松松土，萝卜，萝卜，真可爱，拔呀拔呀，拔不动，转一转，松一松，萝卜出来啦。"土松了我们再开始拔。	1. 坐是第一个让宝宝能够立体看物的动作，是宝宝动作发展的里程碑。今天我们就来练习如何引导宝宝进行坐姿练习。拔萝卜的时候家长将大拇指放在宝宝手心，其余四指握住宝宝手腕，慢慢拉起我们宝宝，和宝宝碰碰头，再缓缓放下，将双手对拍一下。互动游戏时，请配合表情与宝宝多说说话，这时的宝宝对我们爸爸妈妈的面部表情、话语都很感兴趣，要让我们宝宝多看看、多听听。 2. 爸爸妈妈这时握住我们宝宝的手和腿，使身体先左再右摆动。注意不要用力过猛，导致宝宝的臀部离地。请根据宝宝情绪表现及时调整活动幅度。最后再举起我们宝宝的小腿，小幅度地转一转。
	靠物坐——萝卜洗澡。教师示范用玩具逗引婴儿，使其在靠物时左右摇摆身体拿到玩具，然后过渡到手撑前倾坐。教师巡回指导。	1. 衔接语：哇，看看拔出来的萝卜宝宝，太可爱了。 2. 引发兴趣：听，我们在准备为萝卜宝宝们开欢迎会呢，我们要把萝卜身上的土全部洗干净哦！ 3. 提出要求：这里有黄鸭子先生、红金鱼小姐，还有蓝球球圆圆一起来陪我们呢，他们有点害羞，让我们邀请他们一起来玩，好吗？ 4. 示范：让宝宝身体靠在积木软垫上，一手拿我们身旁的鸭子先生，配合语言："鸭子先生在这里，快给萝卜洗洗澡"，"金鱼小姐在这里，快给萝卜洗洗澡"，家长让鸭子和金鱼从头到脚轻触婴儿，吸引婴儿视觉注意。	5个月宝宝，需要家长的示范，这时的宝宝会咿咿呀呀地说话，当我们的表情和动作都很夸张的时候，宝宝会很兴奋，也会试着发音。宝宝在伸手够物时，会多次尝试，调整身体的稳定性，直到感知重心，拿到物品。家长要及时鼓励，多次引导。玩具要颜色鲜艳，有声音的玩具宝宝会感觉很有趣。在引导宝宝撑地向前时，注意保护宝宝手臂。如果宝宝靠物左右转还不是很好，可以从身后稍稍扶住宝宝腰部，待稳定后再进行游戏。
	抱坐——开始庆典。教师指导家长让宝宝坐在爸爸妈妈的手臂上，另一手环在宝宝身上，一起舞蹈。	鼓励表现：哇，现在我们的萝卜又好看又干净呀，再看看你们的样子，真是忍不住想要马上开始我们的活动啦。各位爸爸妈妈，萝卜宝宝们，一起来庆祝我们的萝卜收获节，大家一起跳舞咯。	这个环节，可以给宝宝一次空间探索机会。让宝宝与家长面对面，坐在家长的大腿上，家长手握宝宝双手，随着腿部高低的变化，宝宝也要控制自己身体，保持稳定。随着儿歌舞动，对宝宝的听力也有一定的好处。在手离开肚子带宝宝转圈时，要注意宝宝动作，注意安全，让宝宝更快乐地进行学习。

续　表

活动过程	再见环节——下次再见。教师引导家长将宝宝放到腿上，唱再见歌道别。	总结：舞蹈结束了，时间过得好快呀，我们今天的活动结束啦，我们一起扮演了兔子、萝卜，一起舞蹈、游戏，度过了很快乐的时光，希望下次兔子王国的活动还能见到大家。	提示语：和大家说在再见的时候，可以让宝宝坐在家长腿上，并拉着他的手说再见，让宝宝感受欢乐的气氛。
家庭活动延伸	大多数的宝宝因为重心控制不好，腹部核心力量不够，坐不稳或坐不起来，在家我们可以进行这样的游戏： (1) 拔萝卜。这样局部的练习可以锻炼腹部，配合儿歌进行，既有趣，还能进行语言刺激。 (2) 靠物找东西。帮助宝宝锻炼腰部力量，更好地控制重心。慢慢过渡到手撑地坐稳，再到不用手独坐。 (3) 靠物滚翻坐起。可以在爬行垫上放上小坡度的软垫，让宝宝在翻滚时自然坐起。		

【案例分析】

托育机构案例相对家庭活动案例的完整性和规范性会更高些，它是由一系列小的活动环节组成的完整活动过程，但是对于0—6个月婴儿来说，是否可以从头到尾完整地参与活动存在较大的个体差异。所以在这里要指出的是，0—6个月婴儿托育机构活动的内容不能过于复杂和烦琐，在趣味丰富的环境中通过一系列游戏的形式感受体验活动的乐趣，就是对婴儿最大的帮助。所以对于这一时期的活动评价，重点是过程性评价，而不是以结果性评价为导向，纵使婴儿在整个活动中没有表现出期待性的互动或反馈，也并不代表婴儿的内隐学习没有受到刺激，他们的外化表现需要伴随身心的逐渐成熟才能显现。

《兔子王国——萝卜收获季》这项关于婴儿动作发展的活动案例，设计时以兔子王国作为活动的背景，将活动整体情境化，以婴儿坐姿练习的动作指导内容作为兔子王国探索性游戏环节贯穿活动始终，线索清晰明显，趣味性强。特别是在坐姿的指导性操作上采用了分体式感知、整体性体验，再到完整的呈现和巩固，由易到难，充分考虑了婴儿的学习方式和接受能力。这样的示范性活动的指导技巧也较为简单，家长可以在家中尝试指导，能自然地应用到婴儿的日常生活中，帮助家长提升育儿技能。

本章回顾

本章主要讲述了0—6个月婴儿动作发展中粗大动作和精细动作的发展，6个月前婴儿动作发展是这个时期最重要也是发展最迅速的方面，所以学习本章需要认真观察婴儿不同发展阶段的细微变化，熟悉婴儿的一般发展规律，了解个体发展的差异，为促进婴儿动作发展寻找适宜的指导策略。

思考与练习

一、选择题

1. 觅食反射是在什么时间逐渐消失？（ ）

A. 出生后一周　　B. 出生后一个月

C. 出生后两个月　　D. 出生后三到四个月

2. 达尔文反射的主要表现特征是（ ）。

A. 把东西放到婴儿口中会吸吮。6周之后呼吸、吸吮与吞咽反射三者相互协调，喂食将变得更有效率。

B. 用刺激物由脚跟向前轻划新生儿足底外侧缘时，他的拇扯会缓缓地上跷，其余各趾呈扇形张开，然后再蜷曲起来。

C. 轻触婴儿手掌，婴儿即紧握拳头。将食指放在新生儿掌心，婴儿会立刻抓紧手指，借此可将婴儿提升在空中停留几秒钟。

D. 当婴儿失去支持或收到大的刺激时，会因受到惊吓造成将身体向外展开后又迅速往内收缩，尤其婴儿的双手会最为明显地出现先张开，后缩回的姿态的改变，而呈现拥抱状。

3.（多选）会继续保留下来的无条件发射有（ ）。

A. 眨眼反射　　B. 瞳孔反射

C. 吞咽反射　　D. 打喷嚏反射

二、简答题

1. 简述0—6个月婴儿动作教育。

2. 简述婴儿时期的无条件反射概念。

3. 简述婴儿头部扭转能力的发展阶段。

参考答案

职业证书实训

育婴师考试模拟题：设计0—6个月婴儿玩“悬挂玩具”游戏。

（1）本题分值：10分

（2）考核时间：10分钟

（3）考核形式：实操

（4）具体考核要求：发展触觉和手眼协调能力；训练手的抓握技能。

评分标准

推荐阅读

1. [美]斯蒂文·谢尔弗，谢莉·瓦齐里·弗莱.美国儿科学会健康育儿指南[M]. 北京：北京科学技术出版社，2017.

2. Gray Cook.动作与功能动作训练体系[M].张英波，梁林，赵红波，译.北京：北京体育大学出版社，2011.

3. 董奇，陶沙.动作与心理发展[M].北京：北京师范大学出版社，2004.

4.《婴儿与母亲》编辑部.妈妈育婴指南[M].北京：中国人口出版社，2007.

5. 唐大章，唐爽.婴儿动作指导活动设计与组织[M].天津：科学出版社，2015.

6. [美]温迪·玛斯.美国金宝贝早教婴儿游戏[M].北京：北京科学技术出版社，2012.

7. 李俊平.图解家庭中的感觉统合训练[M].北京：朝华出版社，2018.

第四章
0—6 个月婴儿情绪情感与社会交往

学习目标

1. 乐于与 0—6 个月婴儿进行情感交流，对解读婴儿的情绪感兴趣。

2. 理解 0—6 个月婴儿情绪情感与社会交往的发展特点。

3. 掌握促进 0—6 个月婴儿情绪情感与社会交往发展的指导要点，能设计科学合理的家庭亲子活动和托幼机构教育活动。

思维导图

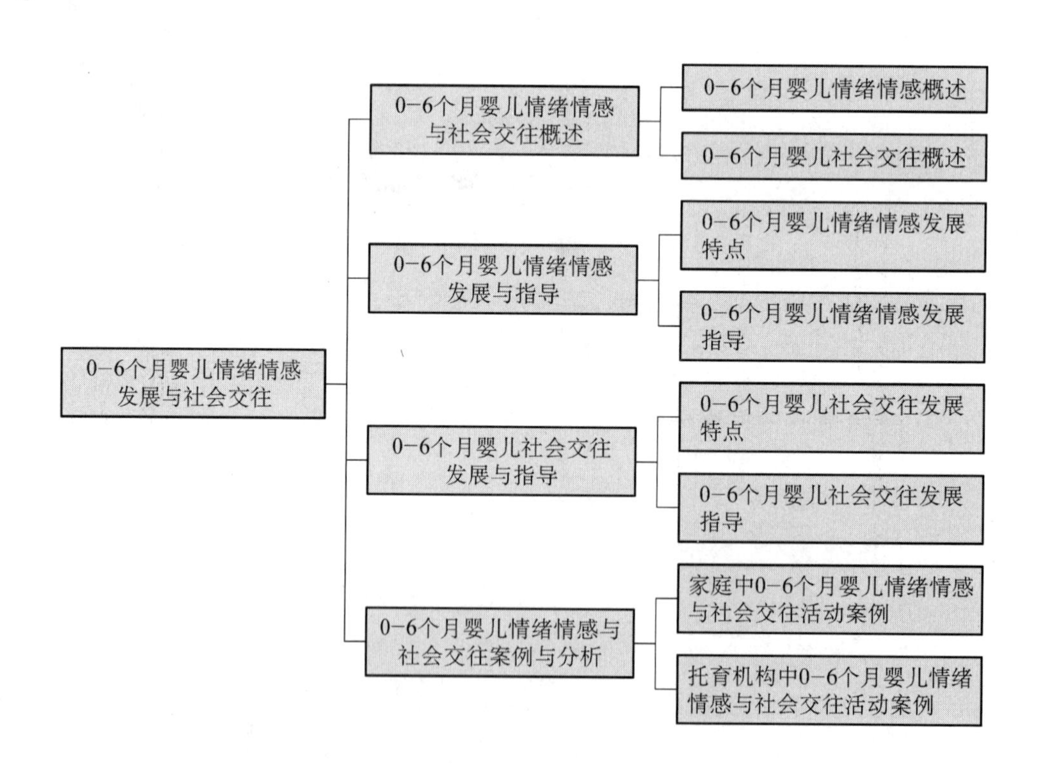

房间里传来"咯咯咯"的笑声，妈妈走进房间一看，原来是 4 个月大的莫离正在抓取护栏上的小蛇玩具，每抓握一次小蛇就会发出一阵"铃铃铃"的响声，这一声音刺激着莫离持续地大笑并不断地用力反复抓握。可当妈妈用手摆弄了一下小蛇，距离稍微拉远了一点，莫离无法再抓握小蛇时，他便急得小脸通红，哇哇大哭。似乎这种大笑和大哭就在瞬间交替，根本不用过渡酝酿。

对于 0—6 个月婴儿来说，哭泣、微笑、发出咕咕声、牙牙学语、咯咯大笑都是他们与家长打交道的主要方式，这种情感的发展与其他方面的发展密不可分，是身体运动、健康喂养、语言交流和认知发展以及未来社会关系发展的基础。关注 0—6 个月婴儿情绪情感与社会交往的发展，建立亲密的婴儿成长家庭关系，满足婴儿对安全和情感的需求，才能引发婴儿去主动探索，发现周围世界的新奇。因此，帮助婴儿建立人类早期的健康心理，是本章的主要任务。对于新手爸妈和早教工作者来说，婴儿不会用语言表达自我感受，能够正确地读懂他们的情感表达有时显得尤为困难。本章将从情绪调节、情感表达、社会交往等几个方面给予科学而有效的指导策略。值得注意的是，每个方面的发展特点，婴儿个体间的表现各有差异，大家不必强调逐级发展，很多时候他们会呈跳跃式发展趋势，我们可以记录下婴儿的动态发展趋势，只要是整体提高，就是好的发展趋势。

第一节　0—6 个月婴儿情绪情感与社会交往概述

一、0—6 个月婴儿情绪情感概述[①]

(一) 情绪情感的发展理论

1. 理论流派

(1) 布里奇斯情绪分化理论

加拿大心理学家布里奇斯通过对一百多个婴儿的观察，提出了情绪分化理论。她认为，初生婴儿只有皱眉和哭的反应，这种反应是未分化的、强烈刺激引起的内脏和肌肉反应。婴儿在 3 个月以后，其情绪分化为快乐和痛苦；6 个月以后，痛苦里又分化出愤怒、厌

① 王丹.婴幼儿心理学[M].重庆：西南师范大学出版社，2016.

恶和恐惧等;12个月以后,快乐的情绪分化为高兴和喜爱;18个月以后分化出了喜悦和嫉妒。

(2) 林传鼎的理论

基于对婴儿实际行为反应的大量观察,我国心理学家林传鼎提出,婴儿从出生时起,即有两种完全可以分清的情绪反应,即愉快和不愉快,两者都与生理需要是否得到满足直接相关。从出生后半月开始到3个月末,婴儿相继出现6种情绪,即欲求、喜悦、厌恶、忿急、烦闷和惊骇,但这些情绪不是高度分化的,只是在愉快或不愉快的轮廓上附加了一些东西,主要体现为面部表情的不同。他认为,婴儿在4—6个月大时已出现了与社会性需要有关的情感体验,如由社会性交往需要引起的、指向同伴或成人的喜悦、急躁等。

(3) 伊扎德的理论

美国心理学家伊扎德认为,随着年龄的增长和脑的发育,情绪也逐渐增长和分化,形成人类的9种基本情绪:愉快、惊奇、悲伤、愤怒、厌恶、惧怕、兴趣、轻蔑、痛苦,每一种情绪都有相应的面部表情模式。伊扎德提出了婴儿情绪发展的机制,针对婴儿每一种新出现的情绪反应都提出了相对具体、客观的指标,其论述在科学性和可测性上较前人的研究都有所提高。

(4) 孟昭兰的理论

根据一系列婴儿情绪发展的实验研究,我国情绪心理学家孟昭兰在综合众多已有研究后指出,人类婴儿从种族进化中获得的情绪大约有8—10种,称为基本情绪,如愉快、兴趣、惊奇、厌恶、痛苦、愤怒、惧怕、悲伤等。这些情绪在个体发展中不是同时显现的,它们随着婴儿的成熟、生长而逐步出现,婴儿的生理成熟和适应需求决定了各种基本情绪的发生时间,而不同婴儿在时间早晚或顺序上又存在个体差异。初生时婴儿可由于痛刺激引起痛苦情绪,异味刺激引起厌恶情绪,光、声或运动刺激引起注视兴趣。3—6周婴儿在听到高频人语声或看到人的面孔时会出现社会性微笑;2个月婴儿在接受药物注射时会出现愤怒情绪;3—4个月婴儿在接受治疗、受到痛刺激时会产生悲伤情绪。

2. 基本情绪

(1) 兴趣

兴趣是一种积极的情感性唤醒状态,是好奇心、求知欲的内在来源,处于人的动机系统最深层水平,可以驱策人去行动。婴儿早期对外界新异刺激的反应就是由兴趣这种内在动机驱策的身体运动。诸多研究表明,兴趣是一种先天性情绪,婴儿在出生后就显示出了对外界物体和社会性刺激的倾向性反应,兴趣组织、指导着婴儿的看、听、动作等。

(2) 快乐

婴儿的快乐情绪最初用微笑来表示，随后通过喜悦的笑声来表示，当学会新的技能时，他们会微笑和哈哈大笑，表达他们对运动和认知掌握的喜悦。微笑同时强化了照护者的积极情感，快乐使成人和婴儿融入温暖的、支持性的关系中。在生命最初几周，吃饱喝足时、在睡眠中，以及对温柔的触碰和声音如抚摸皮肤、轻轻晃动，新生儿会出现微笑。第4周末，婴儿开始对有趣的、动态显眼的景象微笑，例如一个明亮的物体突然进入他的视野；在6—10周，人的面孔会唤起婴儿一种显著的咧嘴笑，称为社会性微笑；到3个月，婴儿在与人交往时会更经常地微笑，这一倾向加强了照护者与婴儿的联结。随着婴儿对世界理解得更多，他们会对具有惊奇要素的事件发笑。

(3) 愤怒和悲伤

对于饥饿、疼痛、身体温度的变化等多种不愉快体验，新生儿的反应是泛化的忧伤。从4个月到2岁，愤怒表情在频率和强度上一直呈增加趋势，随着月龄增加，婴儿会在更广泛的情境下表现出愤怒。例如，当一个有趣的物体被拿走，一件期望的愉快事件没有发生，手臂受到限制，照护者离开一段时间，被放下独自小睡，被剥夺了熟悉的照护者，与亲密家人的交往被严重干扰等情境下，都可能会出现愤怒或者悲伤的情绪。

(4) 恐惧

恐惧情绪的出现依赖气质、与陌生人的交往经验以及当下情境环境等因素，出生6个月后婴儿的恐惧逐渐增加，这使得刚能爬行和走路的婴儿的探索热情处于控制之中，促使他们留在接近照护者的地方，并对靠近不熟悉的人和物体保持警惕。

(二) 情绪情感的发展趋势

1. 情绪情感的社会化

随着婴儿月龄的增加，涉及社会交往的内容会逐渐增多，因此情绪中的交往成分也随之增加，例如社会性微笑增多，非社会性微笑逐渐减少。婴儿在成长过程中慢慢领会并习得情绪情感的社会化表达意图和手段，表情逐渐社会化，理解和辨别表情的能力以及制造表情的能力逐渐增强，例如照护者做出冷漠严厉的表情，婴儿可能马上哭起来。社会交往经验会直接影响情绪的表达，婴儿会用面部表情和全身动作毫无保留地表露自己的情绪，再根据外界反馈来调节其情绪表现方式。

2. 情绪逐渐分化并丰富

随着婴儿月龄的增加，情绪越来越分化，指向的事物不断增加，有些之前并不会引起婴儿产生情绪情感体验的事情，开始能够引起情绪体验。情绪情感与其他心理要素如感知觉、记忆、想象、思维的关联越来越多样化、深刻化。

3. 自我调节能力逐渐增强

随着年龄增长，自我意识对情绪的支配和控制越来越强，婴儿对情绪的自我调节能力逐渐增强，情绪的冲动性逐渐减少，稳定性逐渐提高。当然这个变化趋势是缓慢的，婴儿阶段的情绪表现是外显性的，没有丝毫控制和掩饰，而且表现出了强烈的易变性，婴儿在变化的情境中通常可以瞬间改变情绪状态，对立情绪可以在很短的时间内互相转换，例如破涕为笑。

二、0—6个月婴儿社会交往概述

（一）社会交往的关系类别

1. 亲子依恋

在婴儿早期发展过程中，依恋不是天生的，也不是突然产生的，而是在婴儿与母亲的相互作用中逐渐建立的，是婴儿的感觉、知觉、记忆、想象等心理过程发展到一定阶段的产物，是与其所处的社会环境相互作用的结果。依恋的发生与建立有其特定的标志，当婴儿能把作为依恋对象的特定个体与其他人区分开来时，就有可能形成对特定个体的集中依恋。婴儿的亲子依恋最初出现在六七个月，这时婴儿对照护者有特别的依恋，明显地表现出不愿意离开他们，离开后再看到他们时会显得特别高兴，同时表现出害怕陌生人。

2. 同伴交往

同伴交往能够有效促进婴儿社会技能的发展，在与同伴交往的过程中，婴儿会表现出社交行为如微笑，也会通过观察同伴丰富自己的社交行为和表达方式。另外，同伴交往可以促使婴儿产生更多与安全感、归属感有关的积极情绪体验，感受到轻松、愉悦、兴奋等。同伴关系作为一种平等关系，使婴儿逐渐体会到他人眼中的自己，促进其自我概念的发展。

同伴关系是通过同伴间相互作用的过程表现出来的，从最初简单的、零散的相互动作逐步发展到各种复杂的、互惠性的相互作用，是一个从简单到复杂、从低级到高级、从不熟练到熟练的过程。婴儿很早就能对同伴的出现和行为做出反应，2个月婴儿就表现出对同伴的关注，如社会性微笑；3—4个月婴儿能够互相触摸和观望；6个月时能互相注视、彼此微笑和发出“呀呀”的声音，例如一个婴儿哭的时候，另一个婴儿也会以哭来反应，随着动作能力提高，婴儿会爬向对方或跟随在对方身后；6个月后真正具有社会性的相互作用开始出现。

(二) 社会行为的早期发展

积极的社会行为是社会性发展非常关键的要素，亲社会行为就是典型代表。早期的亲社会行为主要集中表现在对他人情绪的敏感性及其原始的外显行为。例如，3个月大的婴儿就能够对友善行为和不友善行为做出不同的反应；5个月大的婴儿已经开始有认生现象，对熟悉的人表现出微笑(最初的亲社会行为)，对不熟悉的人表示拒绝；婴儿听到其他婴儿的哭声也会跟着哭起来，但是听到自己哭声的录音却没有此反应；大约6个月左右的婴儿，有时会用哭声对另一个婴儿的哭声进行反应。

第二节　0—6个月婴儿情绪情感发展与指导

一、0—6个月婴儿情绪情感发展特点

表4-1　0—6个月婴儿情绪情感发展特点

情感表达	1. 对消极情感表现出不舒服或哭闹
婴儿发展阶段	1.1　当尿布湿了或者饿了没有任何表现 1.2　当尿布湿了或者饿了会做出一定反应 1.3　当尿布湿了或者饿了会表现出哭闹，发出声音，做出面部表情或身体行动来表达不满情绪
	2. 对积极情感表现出微笑和持续互动
	2.1　当听到熟悉的声音或者看到喜欢的玩具会微笑、蹬腿或挥动手臂 2.2　当听到熟悉人的声音会要求拥抱，或者看到喜欢的玩具会伸手去够取 2.3　当听到熟悉的声音或者看到喜欢的玩具会持续地关注，并与其发生互动
情绪调节	3. 经过一定安抚后能平静面对负面情绪
婴儿发展阶段	3.1　家长长时间安抚后，仍会有抽泣或者烦躁蹬腿表现 3.2　经过家长一定安抚后能平静面对负面情绪

二、0—6 个月婴儿情绪情感发展指导

【情感表达】

0—6 个月婴儿情感表达不会像其他任何年龄段那样丰富多样，很多家长认为他们貌似除了哭、笑、平静，大多复杂的情感表达都不具备，但是不要小瞧这些基本表情，这里面的细微变化却能提供理解他们心理状态的线索，也暗示着他们本阶段的情感表达健康与否，更暗示着未来情感表达发展的走向和趋势。虽然婴儿在这一时期就能表现出高兴、恐惧、愤怒和悲伤，但是在此我们只将它们划分为消极情感和积极情感，这样便于指导照护者进行辨认和学习。

1. 对消极情感表现出不舒服或哭闹

1.1　当尿布湿了或者饿了没有任何表现

指导建议：

(1) 家长及时关注婴儿生活中不舒服的体验，比如尿湿、大便和饥饿。

(2) 对于婴儿不舒适的情感表达表现出耐心和轻松，并用语言和他交流，“宝贝，没事的，妈妈来了，一会就舒服了。”

(3) 让婴儿有不愉快情绪表达的时间和机会，可以让婴儿哭一会，然后再抱起婴儿提供支持，消除不愉快的体验直至恢复平静。

环境支持：

冷漠的家庭氛围是婴儿情感表达的最大威胁，烦躁不安的家长情绪是婴儿良好情感表达的最大伤害，面对这样的环境，很多婴儿会选择逐渐减少自我情感表达，这会对今后的情感建立造成障碍。值得注意的是，平时表现沮丧的父母，他们的孩子患行为障碍的可能性比其他孩子高 2—5 倍，虽然遗传基因起着部分作用，但父母抚养的质量，尤其是消极情绪的交互影响，起着更为重要的作用。如果母亲在生活中，消极沉默越剧烈，紧张刺激越多，如婚姻上不和谐、社会无助或贫困，亲子关系就越容易受到影响。当母亲持续地伤心或者毫无表情来回应婴儿的需求时，婴儿普遍会表现出情绪消极、无反应、反应冷淡、易怒或哭闹不止。因此，家庭成员应该尽力营造温馨和谐、轻松愉悦的家庭氛围。

1.2　当尿布湿了或者饿了会做出一定反应

指导建议：

(1) 鼓励婴儿的不舒适情感表达，配合轻松愉快的语言，“原来宝宝不舒服了”，然后

主动强化婴儿刚才已使用的动作，“以后饿了就记得蹬蹬腿找妈妈”，妈妈握住婴儿双膝，帮助蹬腿。

(2) 对于婴儿不舒适的情感表达表现出耐心和轻松，并用语言和他交流，“宝贝，没事的，妈妈来了，一会就舒服了。”

(3) 让婴儿有不愉快情绪表达的时间和机会，并及时提供积极的互动支持。

环境支持：

创设轻松的家庭人际氛围，面对婴儿的不愉快反应，家人共同配合，并以微笑和关爱化解他的不愉快情绪。家庭环境中颜色丰富，光线柔和，增添色彩鲜艳物品，比如墙饰和挂饰。

1.3　当尿布湿了或者饿了会表现出哭闹，发出声音，做出面部表情或身体行动来表达不满情绪

指导建议：

(1) 迅速解除婴儿的不舒适状态。

(2) 将婴儿抱于怀中，紧贴家长身体，语言配合哄抱婴儿：“我家××不高兴了，快来妈妈的怀里抱一抱、亲一亲，和妈妈一起来玩贴贴脸的游戏好吗？”然后抱起婴儿和他贴左脸再贴右脸。

(3) 转移注意力，用婴儿喜好的玩具和物品逗引婴儿，或给他固定的安抚玩具。

环境支持：

家人应理解抚养婴儿的辛劳，家人特别是爸爸，应共同分担家庭事务，减少妈妈的抚养照护压力，让妈妈能有更多的精力去积极回应婴儿的不满情绪，并依旧保持轻松愉快的心情。

2. 对积极情感表现出微笑和持续互动

2.1　当听到熟悉的声音或者看到喜欢的玩具会微笑、蹬腿或挥动手臂

指导建议：

(1) 以丰富的面部表情同婴儿面对面唱歌和说话，可以表现夸张，易于婴儿识别。例如，“××，看看爸爸会啊呜啊呜大口吃饭”，“哇，××的小脚好香啊，让妈妈来啃一口！”

(2) 观察婴儿，模仿其表情，有时可以跟他保持表情同步。例如，他在哭的时候，家长也学婴儿假哭，“呜呜呜，我也好伤心，我们俩一起哭，你也来哄哄我、抱抱我吧。”

(3) 在婴儿早期鼓励婴儿被动表达情感，比如看到妈妈时，另一位家长帮助婴儿挥挥手、蹬蹬脚，让婴儿逐渐接受动作对于情感的表达。

环境支持：

形成热闹和谐的家庭氛围，让婴儿可以经常听到家长们的愉快交流，以及家庭中其他物品发出的声音。

2.2 当听到熟悉人的声音会要求拥抱,或者看到喜欢的玩具会伸手去够取

指导建议:

(1) 当婴儿表现出积极情绪时,尽可能予以动作或者语言积极回应,多多用动作表达对婴儿的喜爱之情。“哦,你是想让妈妈抱了,是吗?那就快到妈妈的怀里来,让妈妈抱一抱”,“哦,你是想要小鸭子游起来,是吗?我们一起来推动它,它真的在水里游了。”

(2) 移动或者上下来回摆动各种颜色鲜艳的玩具或者物品,并以拟人的声音去模拟物品说话,如“我是小蘑菇,宝宝,你好,我们一起挥挥手。”

环境支持:

经常逗引婴儿,可以是摇抱、高举、亲亲,同时多多播放柔和的音乐,在音乐的伴奏下带领宝宝互动。增添部分颜色单一、可以发出声响的玩具。

2.3 当听到熟悉的声音或者看到喜欢的玩具会持续地关注,并与其发生互动

指导建议:

(1) 与熟悉的照护者有长期的稳定互动关系,并对照护人感到放心和依恋。

(2) 每天都与婴儿有长时间的陪伴和交流,包括动作和语言以及面部表情。

(3) 有相对固定的玩具,并对此玩具表现出偏好,每隔几天再增加1—2个新玩具。

环境支持:

保持稳定的照护者,一个或两个即可,不宜随意更换照护者。婴儿的生活环境和生活习惯也相对固定,不宜经常变换。

【情绪调节】

对于情绪调节,很多家长都会表达出“他怎么能不停地哭下去,我已经哄了很久了”,各位家长切勿以成年人的情绪控制水平,来衡量一个在世间“行走”才不到半年的婴儿。婴儿有着敏锐的神经反应,随着中枢神经系统逐渐发育,他们的情绪调节机制才能逐渐建立起来。这个时期看似发展不快,但对于人类一生的神经系统发展来说,已经是最快速的时期了。家长应该给予婴儿更多的耐心和关爱,虽然不能立竿见影,但是最终收获的必将是孩子一生良好情绪调节的心理基石。

3. 经过一定安抚后能平静面对负面情绪

3.1 家长长时间安抚后,仍会有抽泣或者烦躁蹬腿表现

指导建议:

(1) 及时满足婴儿的需求或者解除婴儿不安情绪发生的原因,例如:是尿了不舒服,还是饿了,或是袜子缠绕小脚趾了,还是身上长了不舒服的小红点等,需细致检查婴儿哭闹的原因。

(2) 尽可能地用轻轻摇抱、抚摸额头、握握小手等动作继续安抚直至婴儿平静,配合

语言："摇啊摇，妈妈摇着宝宝，摇啊摇，海浪摇着小船，摇啊摇，微风摇着花朵。"

(3) 给予婴儿慢慢恢复情绪的时间，这个过程需要几分钟到十几分钟，甚至更长，请耐心等待。

环境支持：

确定婴儿是否有任何生理上的不适，如有需及时就医。保持环境的相对安静和舒适，同时家长要保持平和的心态，不要被婴儿的哭闹影响自己的情绪，因为这种情况对于每个婴儿来说都是再平常不过了。

3.2　经过家长一定安抚后能平静面对负面情绪

指导建议：

(1) 说明婴儿已经具备了一定的情感满足，持续地关注婴儿负面情绪，一如既往地安抚及关爱婴儿。

(2) 允许婴儿释放负面情绪，例如婴儿极度饥饿时，面对刚送过来的奶，更会表现拒绝的状态，请认可婴儿的负面不满情绪，"爸爸知道××饿久了，××一定很生气，是爸爸速度慢了，爸爸下次一定注意。"

(3) 允许婴儿有个别非常规行为表现，比如暂时地拒绝奶瓶和哺乳，或者不按时睡觉等。

环境支持：

提供安全舒适的环境，照护者保持平和心态，认可婴儿的负面情绪，并尝试接纳，注意不要和其他婴儿进行情绪上的比较，每个孩子都有独特的表现方式。

第三节　0—6个月婴儿社会交往发展与指导

0—6个月婴儿的情绪信号，如微笑、哭泣、注视交流在很大程度上会影响成人的行为，同样成人的情绪反应又会反作用于婴儿，这些情感的交流与互动正是他们这一时期建立社会交往的主要方式，同样也预示着每个婴儿不同的社会适应发展水平。家长和早教工作者应关注婴儿社会交往发展特点，客观评价婴儿发展水平，采用积极的指导策略及环境支持，为他们今后形成良好的社会性行为奠定基石。

一、0—6个月婴儿社会交往发展特点

表4-2　0—6个月婴儿社会交往发展特点

自我意识	1. 对自己的形象有初步的反应
婴儿发展阶段	1.1　吮吸自己的小拳头，伸手触摸自己的脸和脚趾 1.2　自由摆弄自己的脚或手 1.3　对自己的形象做出反应
	2. 对自己的名字做出反应
	2.1　对自己的名字没有反应 2.2　对自己的名字做出反应
交往互动——与家长互动	3. 主动和熟悉的家长表达感情
婴儿发展阶段	3.1　对熟悉的家长微笑 3.2　对家长不同的面部表情能做出不同的回应
	4. 与照护者建立信任和依恋关系
	4.1　在照护者靠近时会微笑、咯咯笑或者大笑 4.2　在众人中寻找熟悉的照护者 4.3　当熟悉的照护者拥抱时身体放松，与其对视并互动
交往互动——同伴间互动	5. 开始关注其他孩子
婴儿发展阶段	5.1　在众人面前兴奋地关注其他孩子 5.2　将身体朝向其他孩子发出声音的方向 5.3　喜欢关注其他孩子，并用视线跟踪或密切关注他们的活动
	6. 开始与同龄婴儿打交道
	6.1　兴奋地关注其他婴儿 6.2　将身体朝向其他婴儿发出声音的方向 6.3　看到其他婴儿时发出声音
交往互动——与社会环境互动	7. 在熟悉的环境中表现放松，并伴有微笑
婴儿发展阶段	7.1　对熟悉的环境表情平和 7.2　对熟悉的环境表现出微笑，并乐意四处张望
	8. 对于陌生的环境表现平和
	8.1　对陌生的环境表现出哭闹和抗拒 8.2　刚进入陌生的环境表现出不舒服，但之后会表现平和 8.3　进入陌生环境表现平和
	9. 对已经养成的社会习惯有一连串反应
	9.1　偶尔一次改变生活习惯，会持续出现不安情绪 9.2　偶尔一次改变生活习惯，短暂地不安情绪后能接受改变 9.3　偶尔一次改变生活习惯，能接受改变方式，未做出明显反应
	10. 能识别非生命物体和面部表情之间的差异
	10.1　在物体与面部表情之间乐意关注面部 10.2　在物体与面部表情之间以极大的兴趣关注面部，并以微笑回应面部表情

二、0—6个月婴儿社会交往发展指导

【自我意识】

对于婴儿来说，当他们一旦能意识到自己的行为能够引起其他物体的移动和他人的反应以可预测的方式进行时，他们的自我意识就已经开始出现了，也就是说，当婴儿在进行自己身体各部位探索时，特别是手眼协调去够取物品时，他们就已经开始意识到想拿到东西，自己需要伸出手，并且朝着这个物品的方向去够取，就能获得这个物品。这就是婴儿早期的自我意识，这种自我意识是从先认识自己的手、脚、四肢运动后才能过渡到逐渐认识出自己的外部形象。

1. 对自己的形象有初步的反应

1.1 吮吸自己的小拳头，伸手触摸自己的脸和脚趾

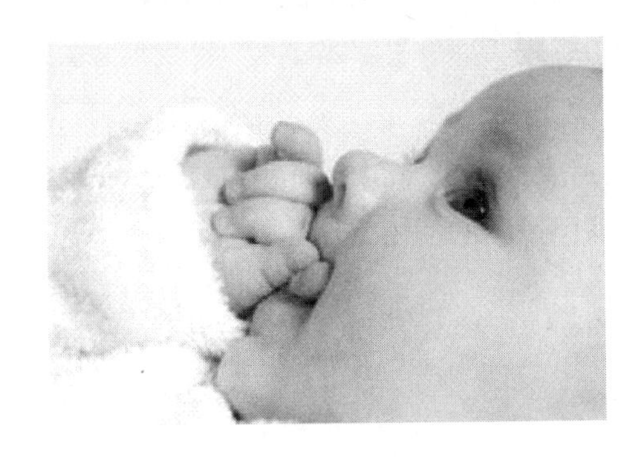

指导建议：

(1) 让婴儿平躺，观察婴儿，让其把自己的小拳头送到嘴边，鼓励婴儿吮吸。也可以尝试把婴儿的脚趾头送到其手边，鼓励婴儿去抚摸。

(2) 递给婴儿各类口咬胶或安抚奶嘴，让婴儿自己探索不同口咬胶或奶嘴的口感。

环境支持：

在生活中多与婴儿交流，说话时多多使用“宝宝的……”，或婴儿的乳名。

1.2 自由摆弄自己的脚或手

指导建议：

(1) 让婴儿坐在自己腿上，双手分别握住婴儿的双手，进行拍手、拍腿、拍肚子、拍小脚的游戏，配合语言：“小手拍拍，腿腿在哪里？腿腿在这里。小手拍拍，肚肚在哪里？肚肚在这里。小手拍拍，小脚在哪里？小脚在这里。”

(2) 让婴儿平躺,家长双手握住婴儿的脚腕,进行拍打脚、左右蹬腿、左右挥腿的游戏,配合语言:"小脚拍一拍,左右蹬一蹬。小脚拍一拍,左右挥一挥。"

(3) 给婴儿各类玩具,鼓励婴儿自己主动去够取。

环境支持:

在刚睡醒时,婴儿都会自由摆动自己的手脚,对于他们来说,这是一种自发事件,家长可以多多观察记录,创设安全温馨的环境,鼓励婴儿自主感受。

1.3　对自己的形象做出反应

指导建议:

(1) 家长经常抱着婴儿去观看镜子中的事物,与镜子中的自己进行互动,"镜子里宝宝的嘴巴在哪里?小手在哪里?脸蛋在哪里?和他挥挥手。"

(2) 家长手握婴儿的手或者腿去击打镜子,用脸贴着镜子。配合语言"快来和镜子中的娃娃握握手、踢踢脚、贴贴脸"等。

环境支持:

创造安全的观看镜子的环境,需要有照护者陪伴,确保镜子的使用安全。

2. 对自己的名字做出反应

2.1　对自己的名字没有反应

指导建议:

建立自我意识的初期,没有反应是一种正常的表现形式,仍可以多使用婴儿乳名,每天呼喊婴儿名字并鼓励他们用动作积极回应,如挥挥手、踢踢脚、抱一抱、亲亲脸蛋等。

环境支持:

为婴儿取一个朗朗上口的乳名,家人统一称呼,不要经常变换对婴儿的称呼,全家形成经常呼喊婴儿乳名的习惯。

2.2　对自己的名字做出反应

指导建议:

婴儿一般在5—8个月左右对自己的名字做出反应,当婴儿对他的名字做出反应时,及时给予回应,比如拥抱、夸奖和亲吻,或者举高高等让婴儿易于兴奋愉悦的动作。

环境支持:

与婴儿交流时,有意识地呼唤婴儿的名字,全家形成经常呼喊婴儿乳名的习惯,且称呼尽可能保持一致。

【交往互动——与家长互动】

适当的社会性情感回应也叫社会参照，即人们根据他人的情绪反映来处理自己不确定的情况。在婴儿两三个月时，当他们在与照护者进行面对面的交流时，就会开始逐渐尝试回应照护者的情绪和语气，看到他人快乐或悲伤时，自己也会逐渐体察到这种感受。这种对他人的社会回应，对日后的人际交往等社会性发展，有着至关重要的作用。

3. 主动和熟悉的家长表达感情

3.1　对熟悉的家长微笑

指导建议：

（1）与婴儿建立长期稳定的照护与被照护关系。

（2）及时满足婴儿的各种需求。

（3）多进行皮肤性的接触安抚，比如怀抱、亲吻等。

（4）多与婴儿进行目光对视接触，并表现温和亲切，进行情感交流。

（5）多与婴儿进行语言交流，让婴儿熟悉照护者的声音。

环境支持：

为婴儿创设轻松愉快的生活环境，有固定的照护者，不宜轻易改变生活环境和照护者。

3.2　对家长不同的面部表情能做出不同的回应

指导建议：

（1）多以夸张的面部表情逗笑婴儿，伸出舌头笑、捏着鼻子张口大笑等。

（2）对于婴儿回应的动作和表情，积极互动，并持续交流回应，语言肯定："我的宝宝看出妈妈今天心情很好，是吗？""你也觉得这个柠檬酸得受不了了，是吗？"

（3）将负面情绪表现给婴儿观看，并用语言表达自己的感受。如"妈妈现在有点难过，你来摸摸妈妈的脸。""妈妈现在有点苦恼，你笑一笑妈妈就不苦恼了。"

（4）学着婴儿的喃喃声模仿婴儿发声。

环境支持：

照护者的情绪平稳，不宜有过激的情绪表现，多以积极情绪面对生活。家庭氛围轻松愉快，家人之间和谐交流。

4. 与照护者建立信任和依恋关系

4.1 在照护者靠近时会微笑、咯咯笑或者大笑

指导建议：

(1) 通过搂、抱、亲对婴儿的需求做出反应。

(2) 鼓励婴儿建立与家庭各成员之间的亲密关系。

(3) 鼓励婴儿与外界人员多多接触，并让其怀抱，感受更多家长的关爱。

(4) 遵循婴儿一贯的生活习惯，不要刻意改变。

环境支持：

创设和睦稳定的家庭环境，包括家庭人际关系的和谐以及生活环境的稳定，不要随意更换婴儿的照护者和生活环境，包括家庭中物品的摆放和基本格局。

4.2 在众人中寻找熟悉的照护者

指导建议：

(1) 建立长久而稳定的照护与被照护的关系，固定一到两个照护者，形成婴儿的依恋对象。

(2) 在户外众人中，给婴儿更多的拥抱和愉快经历。

(3) 与婴儿有规律地互动，保持一贯的生活习惯。

(4) 面部表情和语言展现温和肯定。

(5) 每天安排一定的户外活动时间，形成稳定的生活规律。

环境支持：

扩大婴儿的户外玩耍环境，鼓励婴儿多进行户外活动，多接触外界事物。家庭环境保持相对稳定。

4.3 当熟悉的照护者拥抱时身体放松，与其对视并互动

指导建议：

(1) 建立长久而稳定的照护与被照护的关系。

(2) 照护者多给婴儿积极的情感体验，比如愉快、满足、兴奋、温暖等。

环境支持：

依恋是与特定的人的强烈的情绪关系，当和这些人交往时，会感觉到轻松愉快与兴奋。在婴儿 6 个月后，

会对在物质和精神上满足他们需要的熟悉照护者表现出依恋。一般情况下，婴儿首选的依恋对象是自己的父母，尤其是母亲。另外，注意保持家庭环境、家庭成员以及生活习惯的相对稳定。

【交往互动——同伴间互动】

5. 开始关注其他孩子

5.1　在众人面前兴奋地关注其他孩子

指导建议：

（1）在看到其他孩子时，带着婴儿去与他们打招呼，照护者可以介绍一下其他孩子，例如“哥哥会踢球，我们一起看哥哥们踢球，拍手鼓掌，哥哥们真棒！”“姐姐今天来看望××了，她很喜欢你哦，来和姐姐握握手。”

（2）在安全的前提下，可以让年长的孩子来抱抱婴儿，和他握手，让婴儿感受友好的同伴交往。

环境支持：

生活中有与年龄较大的哥哥姐姐们接触的机会，鼓励哥哥姐姐关爱婴儿，陪伴婴儿。

5.2　将身体朝向其他孩子发出声音的方向

指导建议：

（1）在户外时可以由家长抱着婴儿多多观看较大孩子们的活动，并被动式参与活动。

（2）可以让家中大一些的孩子试着简单照护婴儿，比如帮其喂奶、戴帽子、穿鞋子等，哥哥姐姐同时也用语言回应婴儿：“这样舒服吗？我会轻轻的，你真是个小可爱。”

环境支持：

与家中的哥哥姐姐建立亲密的来往，鼓励他们经常来陪伴婴儿。

5.3　喜欢关注其他孩子，并用视线跟踪或密切关注他们的活动

指导建议：

（1）鼓励婴儿加入和其他小朋友的互动中。

（2）鼓励婴儿多多用肢体动作表达对其他小朋友的感情，比如握手、拥抱、靠在一起、嬉戏打闹、俯卧面对面。

环境支持：

扩大婴儿的户外玩耍环境，鼓励婴儿多进行户外活动，多接触外界事物。

6. 开始与同龄婴儿打交道

6.1 兴奋地关注其他婴儿

指导建议:

(1) 每天安排一定的户外活动时间,形成稳定的生活规律。

(2) 建立生活中可以经常接触的同伴关系,比如社区和亲戚中的同龄小朋友。

(3) 让婴儿们一起俯卧在地垫上,鼓励他们关注其他婴儿的面部表情和行为。配合语言:"瞧瞧××正在爬向那个红球,你也和他一起向前爬。""瞧瞧姐姐今天梳了两个漂亮的小辫,我们长大了也梳小辫,好吗?"

环境支持:

形成相对稳定的社区交往环境,建立良好规律的户外活动习惯。

6.2 将身体朝向其他婴儿发出声音的方向

指导建议:

(1) 有愉快的同伴间活动经历,不排除打闹嬉戏。

(2) 在人群中多引导婴儿去关注同伴,并鼓励他们用肢体动作交往,比如被动式握握手、被动式抱抱。

环境支持:

认识一群年龄相仿的同伴,带婴儿经常与他们见面和交流。

6.3 看到其他婴儿时发出声音

指导建议:

婴儿间进行互动时,家长可以语言配合:"我们来握握手,就是好朋友了。""你看到××,就会咯咯大笑,哈哈哈,是吗?"

环境支持:

形成相对稳定的社区或户外活动习惯,有一群年龄相仿的同伴经常进行交流或分享。

【交往互动——与社会环境互动】

7. 在熟悉的环境中表现放松,并伴有微笑

7.1 对熟悉的环境表情平和

指导建议:

(1) 建立相对稳定的照护者和依恋者。

(2) 建立相对稳定的家庭抚养环境。

(3) 保持相对固定的户外活动环境。

(4) 建立相对固定的一日生活安排。

环境支持：

相对固定的生活和活动环境对于婴儿形成良好的社会性交往有着至关重要的作用。

7.2　对熟悉的环境表现出微笑，并乐意四处张望

指导建议：

(1) 在生活中能与照护者建立亲密互动关系。

(2) 照护者经常抱着婴儿四处走走逛逛，并用语言介绍所看和体验，让婴儿感到轻松愉快。

(3) 对于婴儿感兴趣的事物可以反复观看和触摸体验，让婴儿喜欢用肢体展现自己的个人喜好。

环境支持：

照护者可以经常在家中进行语言交流，多多吸引婴儿，让其随时关注，特别是妈妈和爸爸的声音。苏醒时，多多怀抱婴儿四处走走看看，扩大活动范围，每次都语言提示看到的物品。

8. 对于陌生的环境表现平和

8.1　对陌生的环境表现出哭闹和抗拒

指导建议：

(1) 接受婴儿的不满情绪，并用语言安抚婴儿，多拥抱婴儿，满足其安全感。

(2) 如果婴儿依旧抗拒，适当停止此环境的活动，调整到新的相对平和的环境中。

(3) 用婴儿感兴趣的物品转移其注意力。

环境支持：

不建议让婴儿出入相对嘈杂和人多的复杂环境，尤其是在婴儿睡眠休息时间。面对婴儿的抗拒，照护者应保持平和和接受的心态，因为这是一种正常的心理反应。

8.2　刚进入陌生的环境表现出不舒服，但之后会表现平和

指导建议：

(1) 接受婴儿的不满情绪，并用语言安抚婴儿，然后多拥抱婴儿，满足其安全感。

(2) 尝试再次带领婴儿来此环境，并解说上次在这里都看到了什么，做了什么，有哪些有趣的经历。

环境支持：

面对婴儿的抗拒，照护者应保持平和和接受的心态，因为这是一种正常的心理反应。扩大婴儿的户外玩耍环境，鼓励婴儿多进行户外活动，多接触外界事物。

8.3　进入陌生环境表现平和

指导建议：

在满足上一条指标后，增加婴儿体验新环境的机会，这项指标就会自然达成。

环境支持：

扩大婴儿的户外玩耍环境，鼓励婴儿多进行户外活动，多接触外界事物。

9. 对已经养成的社会习惯有一连串反应

9.1 偶尔一次改变生活习惯，会持续出现不安情绪

指导建议：

（1）记录婴儿一日的作息时间，分析婴儿对哪些环节的改变容易烦躁不安，对哪些环节的改变又会平和面对。尽可能减少婴儿不愿改变又会对自身造成危害的环节。这些不安表现的出现，需要家长来安抚，这也正是婴儿社会性能力增强的表现。

（2）在改变生活习惯之前预想到会引发婴儿情绪不良反应的事物，做好前期准备工作，或提前尝试，渐进式改变。比如转换奶粉时，就需要进行为期一周的转奶过程，有的甚至更久。

环境支持：

这个时期的婴儿，月龄越小，适应能力越差，不要轻易改变婴儿的生活环境、生活习惯以及照护者。

9.2 偶尔一次改变生活习惯，短暂地不安情绪后能接受改变

指导建议：

（1）如果睡眠、喂奶和排泄习惯相对固定，可以从调节生活中的细微事情入手，比如户外活动的场地和时间、人际交往的范围等，陆续增加一些新的内容或者安排等。

（2）对于婴儿异常抵触的活动，不要强制改变，比如很多婴儿不喜欢洗澡，需要慢慢适应。

环境支持：

对于婴儿因生活习惯改变引起的焦虑情绪，家长不必为此焦虑，这属于正常现象，与婴儿一起尝试调节，保持心态平和。

9.3 偶尔一次改变生活习惯，能接受改变方式，未做出明显反应

指导建议：

（1）说明这类生活习惯对于婴儿的情绪影响不大，可以适当调节。鼓励婴儿的表现，并总结婴儿的生活习惯，找到他的喜好。

（2）对于婴儿自己独有的生活习惯需要尊重与保留，不要强制性改变。

环境支持：

当改变婴儿的生活习惯后，婴儿会呈现一连串异常表现，说明婴儿的情绪调控能力相对较弱，但随着月龄的增长，这一能力在不断提升，偶尔改变生活习惯，经过一定的安抚便能回复平静，说明婴儿对外界环境的负面刺激已经有了一定的自我控制调节能力，但是各种能力存在较大的个体差异。对于婴儿因生活习惯改变而引起的焦虑情绪，会直接影响

着家庭成员的情绪，家长们不必为此焦虑，这属于正常现象，与婴儿一起慢慢调节，保持心态平和。

10. 能识别非生命物体和面部表情之间的差异

10.1　在物体与面部表情之间乐意关注面部

指导建议：

(1) 玩躲猫猫的游戏，背后遮挡物可以是照护者的面庞或者玩具的头部，观察婴儿的视觉喜好，鼓励婴儿参与游戏，体验游戏的快乐。

(2) 让婴儿俯卧，在其前方 20 厘米处放置各类玩具，逗引婴儿持续关注或抓握，观察婴儿的视觉喜好。

环境支持：

可使用一些可以发出响声并能自由转动或移动的玩具，注意玩具的安全性。

10.2　在物体与面部表情之间以极大的兴趣关注面部，并以微笑回应面部表情

指导建议：

(1) 让婴儿仰卧，家长俯视面对婴儿，利用颜色单一的玩具或者婴儿感兴趣的卡片逗引，语言温和亲切，面带微笑，"好宝宝，这里瞧，瞧瞧是什么？是……。"

(2) 玩躲猫猫游戏，照护者夸张变换面部表情，逗引婴儿。

(3) 在婴儿视线前放置毛绒娃娃，握着婴儿的手去指娃娃的五官，和娃娃握握手。

环境支持：

可以经常在家中抱着婴儿交流家人的面部特征，多多吸引婴儿，让其随时关注，特别是妈妈和爸爸。

第四节　0—6 个月婴儿情绪情感与社会交往案例与分析

一、家庭中 0—6 个月婴儿情绪情感与社会交往活动案例

"有线"遥控

活动目标：激发婴儿的好奇心，促进婴儿自我意识的觉醒和主动探索的愿望。

适用年龄：2—6 个月。

活动准备：一根质地柔软的绳子、一个可发出声响的玩具。

活动方式：

将质地柔软的绳子一端系在能响的玩具上，另一端套在婴儿踝部或手腕上，再将玩具吊在婴儿眼前25厘米处，当婴儿腿或手动时，眼前的玩具被带动并发声，反复进行，使婴儿体会到自己的动作可以带来某种变化。其间家长可以回应微笑、注视，并适时地用温柔的语言与婴儿交流。活动过程中，照护者一定要全程在场，确保安全，活动结束后及时将套在婴儿手脚上的绳子取下来，防止缠住手指或脚趾而造成伤害。

【案例分析】

以上活动使用的游戏材料在生活中容易寻找，活动也不受场地、时间等因素限制，随时随地都可以进行，玩法简便。在游戏过程中，声响引起婴儿的注意和探索，激发了婴儿的好奇心，促进婴儿自我意识的觉醒和主动探索的愿望。

我们一起笑

活动目标：丰富婴儿的面部表情，让婴儿体验愉悦的情绪。

适用年龄：1—3个月。

活动准备：婴儿喜欢的玩具、图画等。

活动方式：

1. 婴儿躺在床上或者妈妈怀里，妈妈注视婴儿的脸，此时可轻声呼唤婴儿乳名，使婴儿集中注意力。

2. 用婴儿喜欢的玩具、图画或者做怪脸等动作逗引婴儿，促使婴儿笑出声音。

3. 亲亲婴儿的脸蛋，或者碰一碰婴儿的小鼻子，和婴儿一起开心地笑，注意声音不要太大，以免吓着婴儿。

4. 家长也可以用诙谐的动作或者表情引发婴儿笑，例如扭头做一个有趣夸张的表情，保持表情看向婴儿，停留几秒再恢复正常，然后重复，每次可以换不同的表情，引发婴儿开心地笑。

【案例分析】

以上活动不需要复杂的材料，随时可以展开，爸爸妈妈在与婴儿有趣互动和肢体接触过程中，强化亲子亲密关系，同时促进婴儿自我认知和社会性发展，丰富婴儿的面部表情，让婴儿体验愉悦的情绪。

手套脸谱变变变

活动目标：帮助婴儿认识和感知不同的面部特征。

适用年龄：2—6个月。

活动准备：白色手套制作的各种表情的脸谱。

活动方式：

1. 根据婴儿具体月龄和当下情绪状态，可以选择抱坐(躺)在照护者怀里，或者躺在床上，照护者轻声呼唤婴儿乳名，使婴儿集中注意力。

2. 事先用水彩笔在白色手套的手掌部分画出不同的面部表情,例如张嘴大笑、鼓腮、伸出舌头、睁大眼睛等,照护者将手套戴在一只手上。

3. 照护者摆动、弯曲手指,或者慢慢移动手套脸谱,靠近婴儿,再远离婴儿。

4. 换不同脸谱的手套,继续与婴儿交流,例如:“宝宝,你看,手套脸谱笑啦……我的手睁大眼睛看着宝宝呢!”

(备注:可以利用绒球、布条等材料,制作会动的立体脸谱;当活动材料受限制时,直接画在手掌上亦可。)

【案例分析】

以上活动需要的材料在生活中容易寻得,随时可以展开,也可以根据发展的需要拓展多种玩法。爸爸妈妈在与婴儿有趣互动中,强化亲子亲密关系,同时帮助婴儿认识和感知不同的面部特征,让婴儿体验愉悦的情绪。

二、托育机构中0—6个月婴儿情绪情感与社会交往活动案例

表4-3　活动案例《大家一起快乐拍拍手》

活动内容:大家一起快乐拍拍手　　适合月龄:4—6个月 场地:室内活动室(地垫)　　人数:12人(宝宝6人,成人6人)		
活动目标	家长学习目标	宝宝发展目标
	1. 满足婴儿对同伴交往的需要,享受与婴儿做游戏时的亲子时光。 2. 掌握引导婴儿初步与同伴交往的方法。 3. 了解0—6个月婴儿同伴交往的发展特点。 (1) 2个月婴儿表现出对同伴的关注,如社会性微笑; (2) 3—4个月婴儿能够互相触摸和观望,将身体朝向其他孩子发出声音的方向; (3) 6个月时能互相注视、彼此微笑和发出“呀呀”的声音,并用视线追踪或密切关注他们的活动。	1. 喜欢和家长一起做游戏,愿意在家长引导下与同伴交往。 2. 在家长帮助下,能够注视其他婴儿的活动,倾听其他婴儿发出的声音。 3. 在家长引导下,愿意跟随其他婴儿一起做出拍手、抬脚、挥动胳膊等动作。
活动准备	1. 经验准备:由《幸福拍手歌》改编的游戏活动歌曲。 2. 材料准备:消毒过的颜色鲜艳的响铃玩具。 3. 环境准备:铺好暖色地垫的空场地,温度、光线适宜。	

续 表

	环节步骤	教师指导语	教师提示语
活动过程	打招呼——请家长帮助宝宝说出名字，并指导家长试着引导宝宝发音，或者辅助宝宝挥动手臂跟大家打招呼。	欢迎大家来到我们的幸福王国参加活动。下面我们来认识一下今天来到幸福王国的宝宝们。 教师唱出：你好，你好，欢迎你，请问宝宝叫什么？在我说完这些内容后请各位家长带着宝宝一起唱"很高兴见到你们"，并且挥动一下手臂。好的，谢谢各位家长的参与。	请家长在回答的时候，目光与宝宝接触，和宝宝一起拍手互动，唇形夸张缓慢地引导宝宝尝试着模仿发音，如果宝宝跟着重复了，一定要给予积极反馈。挥动手臂时可以伴随摇铃等响声玩具一起，提高趣味性。
	拍手环节——教师播放《幸福拍手歌》，并给家长示范如何根据音乐舞动身体不同部位，讲解要点。	哇！老师记住你们的名字了，到了要准备幸福拍拍手的时候啦。让我们准备一下，各位爸爸妈妈，我们马上开始啦。 音乐里出现"拍拍手""抬抬脚""挥挥手"等歌词时，爸爸妈妈们就辅助宝宝做出相应的动作。	爸爸妈妈握住宝宝的手或者腿，注意不要用力过猛，及时调整动作幅度；在宝宝对同伴的注视下，引导宝宝模仿其他婴儿的活动，一起做出拍手等动作，和宝宝进行友爱的交流。
	再见环节——下次再见。	总结：时间过得好快呀，今天的活动结束啦，我们一起度过了很快乐的时光，希望下次还能见到大家。	和大家说在再见的时候，可以辅助宝宝挥手说再见，让宝宝感受欢乐的气氛。
家庭活动延伸	(1) 指认身体部位。帮助宝宝认识不同的身体部位，进而促进宝宝自我身体的探索和自我意识的发展。 (2) 照镜子、做表情。帮助宝宝认识自己，观察和体会表情的变化。 (3) 音乐律动。跟着音乐节奏摆动身体部位，感知身体运动。 (4) 坚持做被动操。促进婴儿身体大肌肉的发展。 (5) 接触同龄同伴。促进婴儿社会性发展。		

【案例分析】

以上活动根据0—6个月婴儿情绪情感和社会交往的发展特点，进行了有针对性、科学合理的游戏安排，活动时长适宜，形式安全有趣，且整个活动涉及了婴儿多个方面的综合发展，促进了婴儿身心的整体成长，也提供了家庭活动延伸，方便家长在家进行相关游戏活动。

本章回顾

本章首先介绍了关于0—6个月婴儿情绪情感发展的理论及基本情绪的发展特点，包括兴趣、快乐、愤怒和悲伤、恐惧等，以及情绪情感的发展趋势；从亲子依恋和同伴交往两个关系类别阐释了0—6个月婴儿社会交往的特点，从亲社会行为表现阐释了其社会行为的早期发展特点。本章基于以上理论基础，针对0—6个月婴儿情绪情感和社会交往的阶段性发展特点和指标，从情感表达、情绪调节、自我意识、交往互动四个维度，提出了科学合理、切实可行的教养指导建议。最后，本章分别提供了针对家庭和托育机构的促进0—

6个月婴儿情绪情感与社会交往发展的活动案例，以期更加明确有效地帮助照护者和早教教师。

思考与练习

一、单选题

1. 亲子依恋的低分化阶段是在(　　)。

A. 0—3个月　　B. 3—6个月　　C. 6—9个月　　D. 9—12个月

2. 以下不属于婴儿自我意识发展表现的是(　　)。

A. 伸手触摸自己的脸和脚趾　　B. 对熟悉的家长微笑

C. 对自己的名字做出反应　　D. 注视镜子里的自己

3. 婴儿的社会性微笑大约出现在(　　)。

A. 2月龄　　B. 5月龄　　C. 6月龄　　D. 8月龄

二、多选题

1. 0—6个月婴儿表现出的基本情绪包括(　　)。

A. 兴趣　　B. 快乐　　C. 愤怒　　D. 恐惧

2. 以下哪些是0—6个月婴儿社会交往的早期表现？(　　)

A. 注视同龄婴儿　　B. 对妈妈微笑

C. 进入陌生环境哭闹　　D. 喜欢被照护者抱

3. 为了促进0—6个月婴儿情绪情感与社会交往良好发展，应该(　　)。

A. 照护者和依恋者相对稳定　　B. 建立相对稳定的家庭抚养环境

C. 建立相对固定的户外活动环境　　D. 建立相对固定的一日生活安排

参考答案

职业证书实训

育婴师考试模拟题：设计5个月宝宝亲子游戏。

(1) 本题分值：20分

(2) 考核时间：10 min

(3) 考核形式：笔试

(4) 具体考核要求：A宝宝，男，剖腹产，正常，5个月，看到其他婴儿时会发出声音，熟悉的照护者靠近时会微笑，尚未明显表现个人对人和物的爱憎，白天室内无人不会哭。

分析宝宝社会性发展的现有水平，根据该宝宝社会性发展的情况，设计促进社会性发展的亲子游戏一个。

(5) 否定项说明:若考生发生下列情况,则应及时终止其考试,考生该试题成绩记为零分。

育婴师动作粗鲁

评分标准

推荐阅读

1. 艾玛·杜德.宝宝第一年——自我认知[M].上海:海豚出版社,2019.

2. [德]安娜普金恩.宝宝的第一本游戏书[M].王瑜蔚译.北京:北京联合出版公司,2016.

3. 伯顿·L.怀特.从出生到3岁——婴幼儿能力发展与早期教育权威指南[M].宋苗译.北京:北京联合出版公司,2016.

4. 梅根·福尔.DK宝宝表情的秘密[M].北京:中国大百科全书出版社,2012.

第五章
0—6 个月婴儿倾听理解与语言交流

学习目标

1. 理解 0—6 个月婴儿语言发生和发展的特点。
2. 掌握促进 0—6 个月婴儿语言发展的指导策略。
3. 能运用所学知识，设计促进 0—6 个月婴幼儿语言发展的教育活动。

思维导图

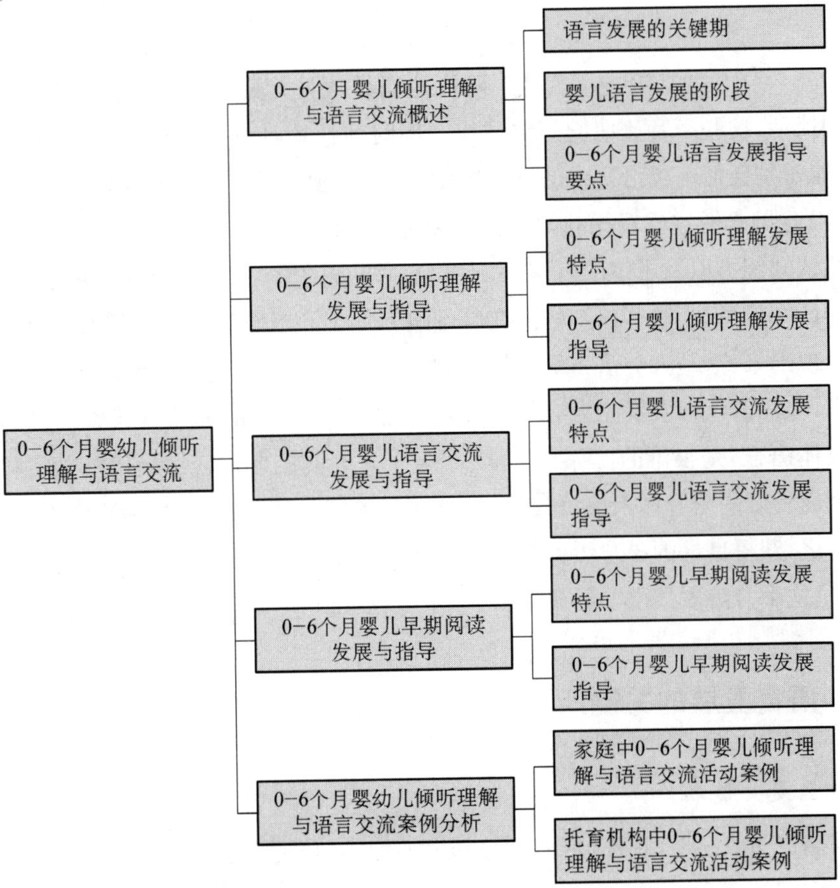

- 0–6个月婴幼儿倾听理解与语言交流
  - 0–6个月婴儿倾听理解与语言交流概述
    - 语言发展的关键期
    - 婴儿语言发展的阶段
    - 0–6个月婴儿语言发展指导要点
  - 0–6个月婴儿倾听理解发展与指导
    - 0–6个月婴儿倾听理解发展特点
    - 0–6个月婴儿倾听理解发展指导
  - 0–6个月婴儿语言交流发展与指导
    - 0–6个月婴儿语言交流发展特点
    - 0–6个月婴儿语言交流发展指导
  - 0–6个月婴儿早期阅读发展与指导
    - 0–6个月婴儿早期阅读发展特点
    - 0–6个月婴儿早期阅读发展指导
  - 0–6个月婴幼儿倾听理解与语言交流案例分析
    - 家庭中0–6个月婴儿倾听理解与语言交流活动案例
    - 托育机构中0–6个月婴儿倾听理解与语言交流活动案例

两个月大的莫离在喝完奶之后，突然发出了“哒、哒、哒”压嘴巴的声音，这个声音让第一次听到的妈妈感到兴奋，她惊讶地问道：“莫离，你会哒嘴巴了吗？”，然后也学着莫离一起哒嘴巴，发出“哒、哒、哒”的声音。莫离再次用自己的方式哒起嘴巴，并得意地展现出自信的微笑。

这个情景在很多0—6个月婴儿的生活中都会遇到，他们偶然地发出一种声音，在得到鼓励和赞美之后，会反复再反复地重复这个发音过程，在接下来的两年之内，他将使用这种人类特殊的循环反应进行母语的学习。因此，当家长看到婴儿有这样的表现时，说明他们正在语言发展的道路上快乐前行着。

为了更好地帮助成人促进婴儿语言的发展，本章列出了0—6个月婴儿倾听理解与语言交流的发展指标，以供教育者参考。但需要注意的是，由于婴儿的个体差异很大，这里的指标并非绝对的标准，年龄的界限也并不绝对，在实际生活中表现出落后于或超出指标发展的情况都很正常。成人需遵循婴儿发展的规律，结合个体的实际情况，因材施教。

第一节 0—6个月婴儿倾听理解与语言交流概述

对于0—6个月的婴儿来说，这个阶段他们具备对人类声音最强的敏感性，他们喜欢听别人的谈话，这些声音让他们感觉愉快。同时他们还具有一种令人意想不到的神奇能力，他们能辨别任何一类语言中的微妙区别，这是一种可以帮助婴儿获取母语中语音代码的能力，因此母语便这样轻松获得了。需要注意的是，语言的获得不是单一能力的体现，它和婴儿认知能力以及思维的发展密不可分。语言的输入、识别与理解可以帮助婴儿储存更多的认知信息，当这些认知信息在脑部进行加工和吸收后，才会用符合母语逻辑的语言表达呈现出来，这是人类语言的获得机制。0—6个月婴儿的认知和脑神经发展都处于初级水平，他们的认知发展能力有限，要做到完全符合家长的表达方式去呈现语言（包括口语和肢体语言）是很难的。那么关注0—6个月婴儿的前语言发展以及获得机制，为语言发展创设良好的语音输入信息与材料，有效促进婴儿母语的习得，是这个阶段的当务之急。简言之，获得良好的语言听力材料，发展听力，增强听力敏感性，以及产生对听说材料的兴趣，是这个月龄段最重要的任务。

一、语言发展的关键期

1. 什么是关键期?

关键期也叫敏感期，它是指婴儿形成某种反应或学习某种行为的最佳年龄。如果在

关键期内能够为婴幼儿提供适当的发展条件，就能达到事半功倍的效果，从而有效促进行为的学习和发展；相反，如果错过了这个敏感期，结果往往事倍功半，甚至造成日后难以弥补的损失。

2. 婴幼儿语言发展的关键期

据研究，婴幼儿说出第一组真正能够被理解的词是在 1 岁左右，0—1 岁是婴幼儿语言形成的准备期，1—3 岁是语言形成期，3 岁以后是语言发展期。0—3 岁是婴幼儿语言获得的关键期，关键期内婴幼儿语言的顺利发展是其日后能够流利掌握语言并进行交流运用的前提。关键期理论为儿童语言发展提供了理论基础，因此，我们要充分重视 0—3 岁婴幼儿语言发展。

3. 语言教育从零抓起

0—1 岁是婴儿语言形成的准备阶段，尽管这个时期婴儿还不会说话，但并不代表他们不能学习语言。实际上，这一时期的婴儿，就像一块海绵，每时每刻都在吸收来自他人和环境中的语言信息，为语言的真正形成做着发音和理解方面的双重准备。成人这时候要及时捕捉婴儿的任何语言信息，并给予及时回应，鼓励强化婴儿发音。1—3 岁是婴幼儿语言飞速发展的阶段，这个阶段，婴幼儿的语言理解能力提高，特别是 2 岁以后，语言表达能力显著提高，家长应多和孩子交流，一起阅读图书等，以促进婴幼儿语言的发展。

海伦·凯勒的故事

海伦·凯勒出生后不久就因病被夺去视力和听力，对于一个生活在黑暗和无声世界里的人来说，语言对她而言有着特殊的意义。9 岁时，她的家庭教师使她知道了人类语言的存在。一天，她的家庭教师让她洗手，水龙头拧开时，教师突然灵机一动，想让凯勒知道水的名称。于是，她在凯勒的手上用指头画着“water(水)”的字母，然后又在其手上滴水。反复多次之后，凯勒知道了“water”和滴在手上的东西可能有某种联系。后来，家庭教师继续用同样的方法，让她知道了每个东西和具体符号的关系，这种符号就是语言。从此，她一步一步走进了语言王国，她的心灵像打开了一扇窗户，看见了五彩缤纷的世界。她学会了盲文，学会了写作，后来成了著名的作家。

二、婴幼儿语言发展的阶段

大量研究表明，0—3 岁是儿童语言能力发展的关键期，是其语言能力发展最快、学习效果最显著的一个时期。在这期间，婴幼儿从咿咿呀呀的无意识发音逐步发展到使用单词句、双词句，再到使用简单完整的句子进行表达，从语言学习的准备阶段到言语发生阶段再到基本掌握口语阶段，经历了一个由量变到质变的过程。

0—1岁属于婴幼儿语言发展的前言语阶段。需要注意的是，语言学习的开端不是以婴幼儿说出第一个有意义的词为标志，实际上，婴幼儿从出生开始就在学习语言。从出生到1岁左右的语言学习，是语言的准备和发生期，又叫前言语阶段。有学者认为，儿童的前言语阶段，是语言发展过程中的语音核心敏感期。这一时期的语言发展特点可以分为以下几个阶段：

1. 简单音节阶段(0—3个月)

0—3个月的婴儿听觉较敏锐，对语音较敏感，具有一定的辨音能力。刚出生不到10天的婴儿就能把语音从其他声音中区分开来，并对不同声音做出不同反应；出生12天的婴儿能以目光、吮吸、蹬腿等身体行为，对说话声音和敲击物体声音的刺激做出不同反应；24天左右的婴儿能对男人和女人的声音、父母和他人的声音做出明显的不同反应；1个月以后的婴儿听到声音刺激，会有改变身体运动强度的反应；3个月左右，婴儿对声音的反应出现目标性，当听到声音时，会转头寻找声源。

这一阶段的婴儿能发出简单的音节。2个月时，婴儿出现了“喁喁”作声的情况，在生理需求得到充分满足时，例如睡醒之后或吃饱、穿暖躺着时，会不自觉发出愉快的自言自语的声音。2个月之后，婴儿尝试模仿语音的现象时有发生，有时还出现了与成人咿呀对话的现象。此阶段婴儿的发音多为单音节，以类似元音为主，也有一些类似辅音，如a、e、ai、ei、ou、ai-i、u-e、hai-i等。

2. 连续音节阶段(4—8个月)

4—8个月的婴儿经常发出重复的、连续的音节，如ba-ba、da-da、ma-ma等，发音内容大多是以辅音和元音相结合的音节为主，并且有一个从单音节发声过渡到重叠音节发声的过程。4—7个月期间多为单音节，如b-a-ba。6个月之后多为重叠性双音节，与某些词语的音比较相似，如“ba-ba-baba”，好像是在叫爸爸。

这一阶段的婴儿出现学习交际“规则”的雏形；出现“小儿语”，对成人的逗引会用声音来反馈。如4个月左右的婴儿，对成人的逗弄会进行语音应答，仿佛开始进行交谈，即成人说一句，婴儿“说”几个音，成人再接着说，婴儿也跟着“说”。当成人和婴儿之间的一段“对话”结束之后，婴儿会发一个或几个音来主动地引起下一场“对话”，从而使这种交流延续下去。这时婴儿的咿呀语似乎有提出问题或表达愿望的不同意思，但是又让人听不懂，即所谓的“小儿语”。

这个时期的婴儿处于辨调阶段。对区别语义的字、词、声调并不敏感，但对他人说话时表现情感态度的语调十分敏感，能从不同语调的话语中判断出交往对象的态度。例如，当母亲用喜悦的语调与婴儿交流时，4个月的婴儿能用“微笑”和“喁喁”作声给出反应；听到熟悉的声音婴儿会有愉悦轻松的表情，听到陌生的声音，则会带着好奇的表情睁大眼睛

专注倾听。

由于成人不断地给予婴儿语言刺激，此时的婴儿能听懂日常生活中的很多语言，会指认一些日常物体，但理解具有情境性。如能指出家里灯的位置，但脱离此时场景，婴儿就无法指认了。实际上婴儿并没有真正懂得成人话语的含义，只是根据成人说这些词时的不同语调和手势进行判断。

3. 学话萌芽阶段（9—12个月）

9—12个月的婴儿能够发出不同的连续音节，声调也开始多样化，近似词的发音越来越多，发音更加接近汉语的口语表达。另外，对于汉语儿童来说较难的一些发音也出现了，如j、q、x、z、c、s等，这说明他们的发音生理器官在逐步成熟，语音发音机制也在逐步协调。

这时期的婴儿开始真正理解成人的语言，不再受特定情境的限制，并可以用表情、动作等对成人的话语做出反应。例如，问婴儿“电话在哪里”，他会把头转向电话或用手指电话。对婴儿说“跟奶奶再见”，他就会挥挥小手。10个月之后，婴儿语言交际功能开始扩展，能执行成人简单的指令，开始自己创造相对固定的“交际信号”，还会用语音、语调和动作表情来达到交际的各种目的。如，用“yiyi”的发音来说明自己发现了好玩的东西；用手推开碗，发出“nennen”，表示不想吃；用“didi”代替爸爸开的汽车；用“wangwang”代替自己的玩具狗。

大约10个月时，婴儿会说出第一个有意义的单词，能模仿发出较标准的语音，如，“爸爸”“奶奶”“拜拜”等，这是语言发展中的里程碑，标志着婴儿开始进入学习语言的阶段。

三、0—6个月婴儿语言发展指导要点

0—6个月是儿童母语习得的第一个阶段，是儿童学说话前的准备期和萌芽期。这一阶段是语音核心敏感期，感知语音的能力为儿童掌握语言奠定了基础，因此，这一时期语言教育的重点在语音训练方面。

1. 营造语音感知环境，引导婴儿发音

婴儿很早就表现出对人类语音的高度敏感，成人给予婴儿丰富的语音刺激，可以提高婴儿的发音频率。适宜婴儿的语言刺激多种多样，例如，可以给婴儿讲述好听有趣的小故事、儿歌，让婴儿听风声、雨声，播放各种小动物的叫声等。在为婴儿提供语音刺激的同时，成人还需要积极诱导婴儿发音。研究表明，如果对婴儿发出的每一个音，成人都报以微笑、爱抚的话，那么就能增加婴儿咿呀学语的反应，所以婴儿发音时，成人要积极愉快地回应。

2. 创造机会多和婴儿说话

根据儿童的生理心理发展特点，儿童语言的发展规律是：先学会听，后学会说，语言的理解先于语言的产生。如果成人能够经常和婴儿说话，就会更多地刺激婴儿调动各种感

官感知成人的语言，并促使婴儿积极地模仿发音，所以成人应抓住一切时机和婴儿说话，要善于在日常起居中、教育活动中、游戏过程中经常与婴儿进行“沟通交流”。

3. 鼓励婴儿感知物体并使其听到语音与物体结合的说明

自婴儿期起，成人应鼓励婴儿感知生活中的物体，在对婴儿说某个物体时，或婴儿发出某一语音时，就要指实物给婴儿看，在他们吃饭、玩耍、洗澡等情境中，成人应该有意识地告诉他们一些常见物体的名称，让语音和相对应的物体建立联系，一方面巩固婴儿对物体的认知，另一方面借助语音刺激促进婴儿发音。

婴儿能够听懂“宝宝语”

《儿童疾病文献》(*Archives of Disease in Childhood*)刊登了一篇研究报道，指出当婴儿听到父母有意识地跟他们说话的时候，大脑变得更加活跃。来自广岛大学的研究者说，在20个初生婴儿头上安装感应器，然后向他们分别播放母亲的录音，包括一段文章朗读及一段母亲有意识讲的“宝宝语”。结果，婴儿大脑的前额位置在播放“宝宝语”的时候显得特别活跃。波士顿大学儿科助理教授撰文肯定这次研究的重要性，认为它让天下父母明白，婴儿听懂了他们的“宝宝语”。这不但有助于建立亲子关系，也有利于提升婴幼儿语言能力的发展。

资料来源：祝泽舟，乔芳玲.0—3岁婴幼儿语言发展与教育[M].上海：复旦大学出版社，2011：52.

第二节 0—6个月婴儿倾听理解发展与指导

家庭生活中，经常会伴随着厨房里各类加工食物的声音，客厅电视里传来的人们交流声，窗外小鸟的叽叽喳喳叫唤声，这是人们在日常生活中经常听到的声音。但对于刚离开安静子宫的婴儿来说，这个世界实在太嘈杂了，有数不尽的新鲜刺激呈现在他们面前，传到他们的耳朵里。如何去辨别和适应每一种声音的刺激，是0—6个月婴儿倾听理解的重要任务。他们看似每天平静地自玩自乐，其实每一个神经细胞的联接都飞快增长，以进行信息的搜集和传输任务，当这些新的神经细胞增长到一定数量的时候，他们的感受才会外化为人类可以理解的表达方式，比如哭泣、微笑、手舞足蹈等。关注婴儿的反应行为和情绪表达，是判断婴儿倾听理解的常见手段。但是这里要指出的是，当婴儿反应和表达不明显或者不能被成人理解时，他也同样在通过自己的方式传递着信息。

一、0—6个月婴儿倾听理解发展特点

表5-1　0—6个月婴儿倾听理解发展特点

寻找说话人	1. 将头转向说话的人
婴儿发展阶段	1.1　听到说话的声音,转头并寻找 1.2　转头找到发声人,并关注说话人的嘴型 1.3　转头找到发声人,并用"啊啊"声回应,与其互动
区分声音	2. 区分照护者的声音
婴儿发展阶段	2.1　听到照护者的声音但未看到照护者时,会四处寻找张望 2.2　在物体和照护者发出的声音中,更偏爱照护者发出的声音 2.3　听到熟悉照护者的声音,感到安全放松,自然入睡
识别环境音	3. 对环境中的语音做出识别
婴儿发展阶段	3.1　乐意关注环境中人们的语言交流 3.2　能在环境中识别熟悉人的语音
理解环境语音	4. 理解环境中熟悉的语音含义
婴儿发展阶段	4.1　对简单的指挥做出反应 4.2　对重复的单词和短语做出反应 4.3　对熟悉的人名做出反应
偏爱特定歌曲	5. 偏爱一些特定的歌曲或旋律
婴儿发展阶段	5.1　听到歌曲和旋律,没有任何特别的反应 5.2　听到歌曲和旋律表现愉快,偶尔会有脚部和手部的摇动 5.3　听到熟悉的歌曲,四肢放松或手舞足蹈,或能平静入睡
偏爱特定童谣	6. 偏爱一些特定节奏感强的童谣
婴儿发展阶段	6.1　听到童谣,反应不明显 6.2　听到童谣表现愉快,并伴有手脚摇动 6.3　一听到童谣就可以手舞足蹈并牙牙学语

二、0—6个月婴儿倾听理解发展指导

【寻找说话人】

1. 将头转向说话的人

1.1　听到说话的声音,转头并寻找

指导建议:

(1) 在换尿布、喂奶、分别等生活环节中多与婴儿交流,

比如成人可以说:“原来是尿尿了,一定不舒服了,我们赶紧换个尿不湿,一会就舒服了”,“喂奶的时间到了,我们来喝香香甜甜的奶吧”等,让婴儿习惯听到成人的声音和一些日常的短语与称呼。

(2) 为婴儿创造更多聆听父母声音的机会,例如,当婴儿睡醒后,妈妈可以用温柔的语气对婴儿说:“宝宝,你睡醒啦? 你睡得好吗?”当爸爸抱起婴儿时,同样可以用温和的语调对婴儿说:“宝宝,我是爸爸,你是我的小宝宝。”在说话的过程中,家长要注意自己的发音,因为婴儿非常容易被父母说话的语音、语调所吸引。

(3) 带着婴儿去户外活动时,让婴儿听到其他小朋友的欢笑声和人们的交谈声,并带着婴儿主动与人们进行语言交流,“我们也来啊啊啊和他们说话吧。”

(4) 可以给婴儿播放故事、电视或广播等,让他熟悉生活中其他电子产品发出的声音。

环境支持:

保持生活环境中每天都有相对固定的声音环境,适当地增添一些新的发声物品或经常给婴儿听新的声音,比如会发声的玩具、厨房里的流水声、洗衣机的声音等。

1.2 转头找到发声人,并关注说话人的嘴型

指导建议:

(1) 家长与婴儿进行生活沟通时,可以使用比较夸张的表情和声音,比如声音时大时小,语调高低变换,多使用拟声词和感叹词,引起婴儿的兴趣,鼓励婴儿关注面部表情以及嘴型。

(2) 帮助婴儿学习发声,可以拿一个沙锤,在婴儿面前摇晃,用夸张的口型说出“沙沙沙,沙沙沙”;拿着会叫的小鸭子,边捏边模仿鸭子的叫声,并用夸张的口型说出“嘎嘎嘎,嘎嘎嘎”。

(3) 在不同的方位逗引婴儿开心地咯咯笑,然后让他听到自己的发声,并模仿他的声音,鼓励再次发声。

环境支持:

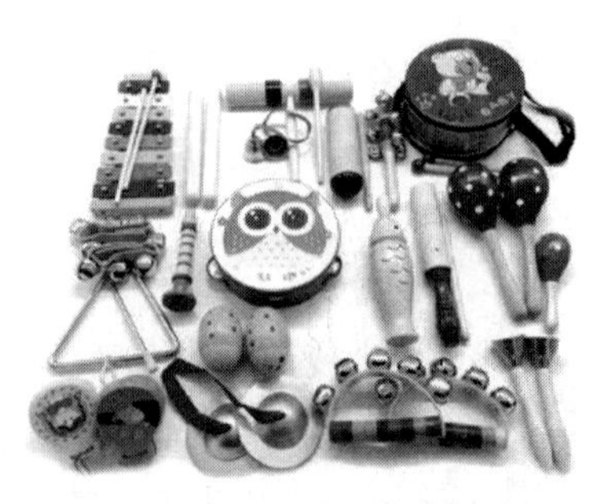

(1) 多使用一些能发声并且表现夸张的拟人化新奇玩具。

(2) 环境不要嘈杂,复合的声音不要太多。

(3) 音量大小适中,不要过度刺激婴儿听神经。

1.3 转头找到发声人,并用“啊啊”声回应,与其互动

指导建议:

(1) 婴儿每次发声时,都给予拥抱、举高高、亲吻等奖励,多用语言表述对他的感情,

“哇，我的××也会和妈妈啊啊说话了，真的棒极了，妈妈奖励一个亲亲。”

(2) 在户外活动中，让婴儿聆听来自不同方位的声源，提高对声音的敏感性。“听听，叭叭叭的声音是哪里发出来的？我们来找一找，原来是那辆小汽车哦。”

(3) 每次婴儿发出“啊啊啊”的声音时，用积极的情绪及时模仿婴儿的发音去回应婴儿，让婴儿感受到语音互动的快乐和放松。

(4) 在房间里挂一个能发出悦耳声音的风铃，或轻摇拨浪鼓，让婴儿在觉醒时聆听，寻找声源。还可以给婴儿播放自然界的风声、雷雨声、雨滴声及流水声。

环境支持：

创设愉快的家庭语言交流环境。

【区分声音】

2. 区分照护者的声音

2.1　听到照护者的声音但未看到照护者时，会四处寻找张望

指导建议：

(1) 照护者与婴儿建立亲密的照护关系，让婴儿获得安全感和满足感。

(2) 照护者以婴儿为中心，各自站在不同的角度和位置，轮流用亲切温和的声音反复呼唤婴儿的名字，与婴儿交流，训练婴儿追寻照护者的声音。

(3) 在换尿布、喂奶等生活环节中增加与婴儿的语言交流，例如，“宝宝怎么了呀？是不是饿了呀？我们来喝奶奶吧。”让婴儿习惯照护者的声音。

(4) 照护者在日常生活中应尽量使用简单的语言，并经常重复常见的声音或短语。

(5) 将照护者的声音录制下来，经常播放给婴儿听。

环境支持：

形成和谐的家庭氛围，让婴儿可以经常听到家人的愉快交流，以及家庭中其他物品发出的声音。

2.2　在物体和照护者发出的声音中，更偏爱照护者发出的声音

指导建议：

(1) 和婴儿面对面交流，用愉快的语气发出“啊啊”“妈妈”“爸爸”等重复的音节，逗引婴儿关注发声时的嘴型，每次发出重复音节时，停顿一下，鼓励婴儿去模仿回应。

（2）照护者与婴儿沟通时，多多表露出夸张的表情和声音，通过变换声音的大小，调整语音语调，多使用拟声词和感叹词，引起婴儿的兴趣，鼓励关注面部表情及嘴型。

（3）与婴儿玩躲猫猫的游戏，变换不同的声音，如"嗷嗷嗷""轰轰轰""哗哗哗"等，让婴儿寻找照护者的脸，并用手指触摸发声的嘴巴。

环境支持：

在婴儿的摇床四周摆放安全的音乐玩具和发声玩具，鼓励婴儿去摆弄。

2.3 听到熟悉照护者的声音，感到安全放松，自然入睡

指导建议：

（1）与熟悉的照护者有长期的稳定互动，并对照护者感到安心或依恋。

（2）在婴儿入睡前，有长时间的陪伴和交流，包括动作和语言以及面部表情。

（3）入睡前有相对固定的语言交流，妈妈轻声唱摇篮曲或其他儿歌，多次重复地唱。

环境支持：

保持稳定的照护者，一个或两个即可，不随意更换照护者。婴儿生活的环境和生活习惯也相对固定，不宜经常变换。

【识别环境】

3. 对环境中的语音做出识别

3.1 乐意关注环境中人们的语言交流

指导建议：

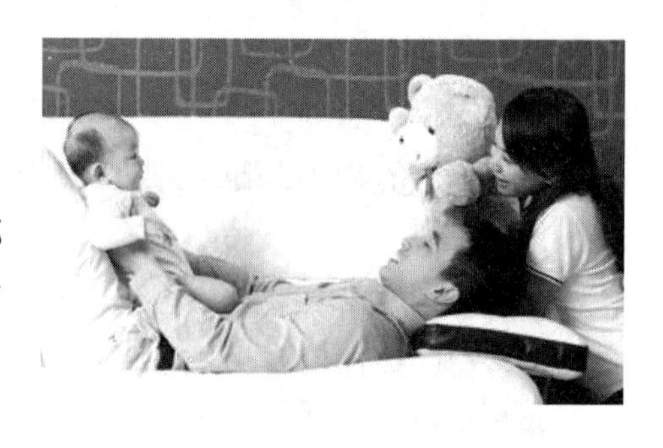

（1）在家庭中，带领婴儿去找各种发声源。例如，"门铃响了，听到了吗？我们去找门铃在哪里。""妈妈回来了，听到妈妈的声音了吗？我们去找妈妈。""奶奶在厨房里呼喊××呢，听到了吗？我们去找奶奶。"

（2）让婴儿参与全家人的语言交流，比如在吃饭时，或全家坐在沙发前交谈时，抱着婴儿与家人坐在一起。

（3）多带婴儿去户外走走，介绍大街上丰富的声音，"这是小汽车发出的声音"，"这是洒水车在唱歌，告诉人们它马上要过来了，请注意躲避"，"看看是谁在呼喊××的名字，是

对门邻居王奶奶”等。

环境支持：

很多时候照护者的语言讲解有点像自言自语，但是不要觉得冷场，这时的婴儿正在用无意识关注你的语言和环境中的声音，但这种关注会逐渐发展为有意识关注，请耐心等待，坚持互动。

3.2 能在环境中识别熟悉人的语音

指导建议：

(1) 有固定的照护者，并且每天有丰富的语言交流行为，将一日生活的各个环节都用语言讲解给婴儿，例如，“妈妈在给××穿衣服呢，你觉得这件衣服好看吗？”“爸爸的肚子吃饱了，快来拍拍爸爸的肚皮。”“你的小摇铃在哪里呢，看到了吗？”

(2) 让婴儿倾听各种自然音并进行解释，例如，进入厨房时，让婴儿聆听切菜的节奏音；去公园时，让婴儿听听鸟叫声；走在街头，让婴儿听听汽车鸣笛声。在这个过程中，给婴儿做些解释，例如：“听，是小狗在叫呢”，让婴儿安静聆听一会，再继续解释：“小狗叫，小狗叫，汪汪汪，小狗在叫呢。”

(3) 每天都给婴儿讲故事，故事不要太长，每周更换一个新故事。

(4) 每天给婴儿念唱童谣，家长可以拍手念唱，也可以拿着沙锤轻摇节奏念唱。

环境支持：

创设丰富的语言交流环境，让婴儿每天都有听到语言交流的机会。

【理解环境语音】

4. 理解环境中熟悉的语音含义

4.1 对简单的指挥做出反应

指导建议：

(1) 移动或者上下来回摆动各种颜色鲜艳的玩具或者物品，并以拟人的声音去模拟物品说话，如“我是小蘑菇，××，你好啊，我们一起挥挥手”，然后握住婴儿的手来回挥动。

(2) 在进行一些生活动作时都加上语言表达，对正在进行的动作和行为做出解释，“啊呜啊呜吃奶哦”，“握握手”，“爸爸来举高高”等。

环境支持：

(1) 经常逗引婴儿，可以是摇抱、高举、亲亲，同时多播放柔和的音乐，在音乐的伴奏下和婴儿互动。

(2) 增添部分颜色单一、可以发出声响的玩具。

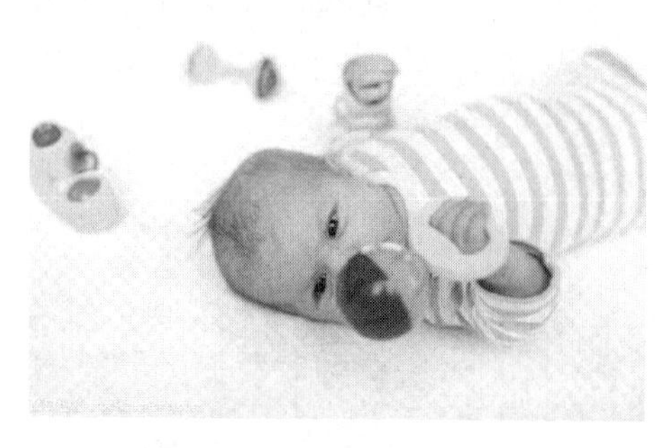

4.2 对重复的单词和短语做出反应

指导建议:

(1) 玩游戏时使用固定语言,比如玩躲猫猫,"妈妈在哪里? 妈妈在这里。"

(2) 给婴儿播放或者念唱有节奏的儿歌,也可以是家人念唱,手握婴儿的双手,在听儿歌的同时有节奏地拍手拍腿。

环境支持:

家庭成员语言交流丰富,并让婴儿加入交谈中,每天都有一个大家一起逗引婴儿的小聚会。

4.3 对熟悉的人名做出反应

指导建议:

(1) 婴儿在大约6个月时,开始将单词与人和物体联系起来。通过交谈和提问来强化他们所知道的单词,如"这是外婆","这是小熊","这是勺子"等等。

(2) 在家多呼喊婴儿的名字,让他熟悉名字的发音。

(3) 遇到物品时,指引婴儿触摸感知物品并重复念出物体的名称。

(4) 经常在家里向婴儿提问家庭成员和他喜爱的安抚玩具的去向,比如"妈妈在哪里? 爸爸在哪里? 外婆在哪里?"等引导婴儿指出或找到。

环境支持:

家庭成员都有固定的称呼或者名字,给他心爱的玩具也取个好听的名字。

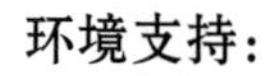

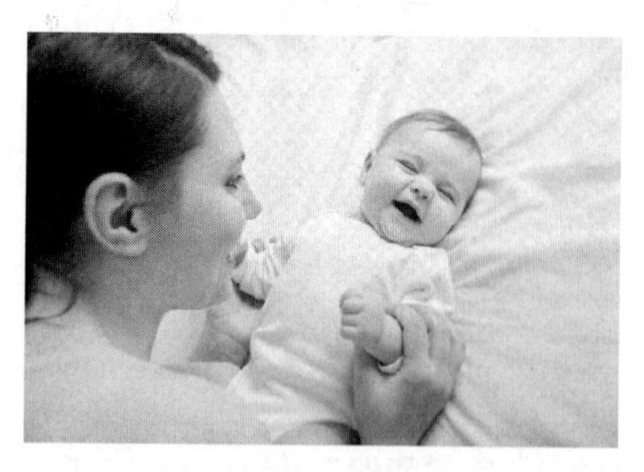

【偏爱特定歌曲】

5. 偏爱一些特定的歌曲或旋律

5.1 听到歌曲和旋律,没有任何特别的反应

指导建议:

(1) 在每天相对固定的时间段,给婴儿播放音乐,带领婴儿一起打节拍或摇晃四肢。

(2) 父母每天给婴儿清唱儿童歌曲,可以在

喝奶时、入睡时、刚醒来时等亲子独处时。

(3) 婴儿睡醒后，播放节奏明快、活泼有趣的儿童音乐，调动婴儿愉悦的情绪。

(4) 让婴儿在吃好、喝好、睡好的状态下欣赏照护者有节奏地击打自制的乐器或是与婴儿玩适合其年龄段的发声玩具。

环境支持：

(1) 利用家中容易取得的容器作为自制乐器，例如用勺子击奏不同的碗，用筷子敲打不同的玻璃杯。

(2) 注意音乐要选择柔和舒缓的旋律，以及富有童趣的儿童歌曲，如《红蜻蜓》《鲁冰花》《摇篮曲》《雪绒花》等。

(3) 有规律的、舒缓的音乐，能够唤起新生婴儿对母亲心跳的甜蜜回忆；睡前倾听旋律优美、曲调柔和的摇篮曲等乐曲，可以让烦躁不安的婴儿静下心来，安静入睡。

5.2　听到歌曲和旋律表现愉快，偶尔会有脚部和手部的摇动

指导建议：

(1) 在婴儿两餐之间或婴儿心情好的时候，播放具有舞蹈感的中速三拍子音乐，抱着婴儿或转圈或滑步，让婴儿体验被抱着随节奏摇摆的乐趣。

(2) 记录婴儿感兴趣的音乐，可以每天反复唱给婴儿听。

(3) 可以继续在每天相对固定的时间段，给婴儿播放音乐，带领婴儿一起打节拍或摇晃四肢。

(4) 家长唱歌时，可以带着婴儿配合音乐一起跳舞，并与婴儿进行目光交流。

环境支持：

家庭中可以适当增强音乐氛围，增加家庭成员的歌唱兴趣。

5.3　听到熟悉的歌曲，四肢放松或手舞足蹈，或能平静入睡

指导建议：

(1) 这说明婴儿已经喜欢有音乐的陪伴，应形成每天相对固定的音乐播放时间和播放内容。

(2) 每天给婴儿清唱歌曲，形成亲子独处时，爸爸妈妈唱歌给婴儿听的习惯。

(3) 当婴儿听到音乐进行愉快的动作表达时，家长可以握住婴儿的四肢反复多次帮助婴儿进行动作表达。

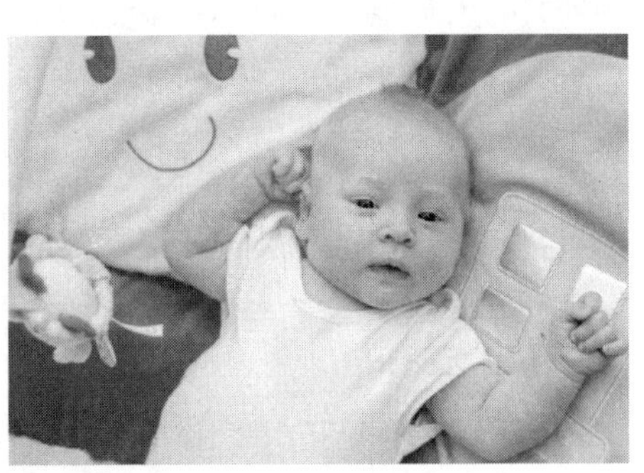

环境支持:

(1) 提供安全舒适的环境,接受每个孩子对音乐独有的表达方式。

(2) 父母清唱不仅是增进亲子感情的良好方式,由于父母清唱的节奏和歌词都相对成品音乐简单清晰得多,更有助于婴儿对歌曲和歌词内容的识别与感知,也是婴儿学习语言的最佳输入材料。

【偏爱特定童谣】

6. 偏爱一些特定节奏感强的童谣

6.1 听到童谣,反应不明显

指导建议:

(1) 在初次听到童谣的时候,婴儿反应可能不太明显,家长可以给婴儿配上肢体动作,比如拍手、拍腿、摇铃鼓等,让婴儿以自己的身体运动参与到听童谣中来。

(2) 给婴儿念伴随生活活动的音乐、童谣,例如,哄婴儿睡觉时,为婴儿洗澡或者换衣服时,选择《摇篮曲》等童谣作为背景音乐。

(3) 鼓励婴儿听到童谣后的动作表现,并给予拥抱、亲吻和夸赞等。

(4) 可以添加一部分节奏乐器配合童谣进行念唱,如铃鼓、沙锤、串铃等。

环境支持:

(1) 购买一些童谣书籍,或者下载一些童谣音频。

(2) 每天定时播放。

6.2 听到童谣表现愉快,并伴有手脚摇动

指导建议:

(1) 引导婴儿听儿歌配上肢体动作,例如让婴儿坐在家长腿上,家长用双手分别拉住婴儿的手臂,一边前后摇动身体,一边念唱:"小老鼠,上灯台,偷吃油,下不来,喵喵喵,猫来了,叽里咕噜滚下来。"在念到最后一个字时,家长扶住婴儿背部,将婴儿的身体向后倾斜。注意保护好婴儿,可根据婴儿情绪多次反复进行游戏。

(2) 伴随着童谣的节奏,轻拍婴儿,或点压、拍、按摩婴儿的肌肤,或帮助婴儿活动四肢。

环境支持:

(1) 家长可以学习一些儿歌,并尝试学习用部分肢体动作表现儿歌。

(2) 选择内容简单、朗朗上口、富有童趣的儿歌。

6.3　一听到童谣就可以手舞足蹈并牙牙学语

指导建议：

(1) 抱着婴儿站在镜子前，边唱说有节奏的童谣，如“摇啊摇，摇啊摇，摇到外婆桥……”，边随音乐节拍轻晃婴儿的身体，让婴儿聆听童谣，观察镜中婴儿的晃动，感受自己的晃动节奏。

(2) 用同样的节奏、不一样的声音强弱来念童谣，第一遍可以是正常的声音，第二遍轻一点，第三遍更轻一些，并且一句比一句轻，给婴儿一种一会有一会没有的期待感，好像捉迷藏一样。

(3) 记录婴儿喜欢的童谣，并多次反复地在生活中念唱和播放。

(4) 多进行童谣动作游戏。

(5) 邀请同龄婴儿一起参与念唱童谣游戏。

环境支持：

(1) 可购置一些童谣书籍，家中创设愉快轻松的童谣念唱氛围。

(2) 1个月左右的婴儿初次听到朗朗上口的童谣，多半会有反应不明显的现象，此时的婴儿对于节律的感知处于人生的萌芽阶段，他们需要时间来区分童谣与日常语言的区别，但是在不久之后，他们就会体现出对童谣的偏好。

第三节　0—6个月婴儿语言交流发展与指导

对于0—6个月婴儿的语言容易让家长产生这种感觉：“我家宝宝只会发出类似‘哦啊’‘啊啊’‘哇啊’的简单语音，有时很难理解。”所以家长大都会以“婴儿不会说话”作为他们对0—6个月婴儿的语言发展水平的结论。其实在出生的第一年间，婴儿运动、认识和社会交往能力飞速发展，为口头语言的产生和发展奠定了良好的基础。能够用语言去交流思想、表达信息是人类社会独有的高级技能。在婴儿真正通过母语进行口头交流之前，会经过一个前语言发展时期。在这个时期里，前语言的发展如果伴有高质量的环境支持与科学抚养，将为婴儿今后的语言获得创造良好的条件。给予婴儿丰富的语言环境刺激能明显增加婴儿大脑语言区域的皮层神经元的数量和联结，促进0—6个月婴儿的前语言发展。相反，若婴儿长期处于相对匮乏的语言和听力输入环境，其神经元发展的速度和联结会相对滞后，影响婴儿早期语言的获得，由此带来的损失在婴儿未来的成长之中将会难以弥补。

一、0—6个月婴儿语言交流发展特点

表5-2 0—6个月婴儿语言交流发展特点

咿呀学语	1. 以“啊啊”出声的方式做声音的互动
婴儿发展阶段	1.1 “啊啊”不规律做声 1.2 以“啊啊”发声作为互动交流 1.3 在特定情况下，使用不同的“啊啊”声，并有相对固定的表达发音
非语言交流	2. 使用动作或者手势进行非语言交流
婴儿发展阶段	2.1 以面部表情、手势或者改变语调回应家长，进行互动 2.2 用声音配合动作回应家长，进行互动
用声音或动作吸引家长	3. 用声音和动作吸引家长，获得帮助
婴儿发展阶段	3.1 用声音和动作一起抗议别人的动作或拒绝东西 3.2 用特定的声音指向需要的人或者物品 3.3 对于简单的需求会用声音表达
发类似语音	4. 使用特定的近似单字
婴儿发展阶段	4.1 发出非特定字音，不具备任何指代意义 4.2 在同一情景下，经常发出一两个特定字音，但家长仍无法辨别含义 4.3 使用特定字音，指代明确，家长能理解
发出笑声	5. 发出“咯咯咯”的大笑声
婴儿发展阶段	5.1 微笑，但不伴有笑声 5.2 大笑，伴有“咯咯咯”的笑声 5.3 听到家长咯咯咯笑，能回应咯咯咯笑，并乐意多次欢笑互动

二、0—6个月婴儿语言交流发展指导

【咿呀学语】

1. 以“啊啊”出声的方式做声音的互动

1.1 “啊啊”不规律做声

指导建议：

（1）面对面与婴儿做张口、伸舌、咂舌等活动嘴巴的游戏。

（2）婴儿哭时，家长发声应和，问问婴儿究

竟是谁在哭；家长讲话时，鼓励婴儿张口回应，“宝宝也是想和妈妈说话，啊啊啊，是吗?”“宝宝也是高兴地在说哦哦哦，爸爸回来了。”家长与婴儿应和，鼓励婴儿持续发声互动。

环境支持：

创设家庭成员积极语言交流的氛围，说话时尽可能地保持语速适中，发音准确，面带表情。

1.2　以“啊啊”发声作为互动交流

指导建议：

(1) 家长可以用亲切温柔的声音，面对着婴儿，使其能注意到家长的口型，口型夸张地对婴儿发单个“啊、喔、鹅、呜”的音，鼓励婴儿也发声回应。

(2) 带婴儿去户外活动时，让婴儿听到其他小朋友的欢笑声和人们的交谈声，并带着婴儿主动与人们去交流。

(3) 可以给婴儿播放故事，或者听听电视、广播发出的声音等，让他熟悉生活中其他电子产品中的声音。

(4) 每天都有亲子共读的时间，给婴儿讲小故事，念唱儿歌。

环境支持：

鼓励婴儿作为家庭交流的参与者，关注婴儿交流的环境，尽可能地让婴儿参与自己喜欢的环境。

1.3　在特定情况下，使用不同的“啊啊”声，并有相对固定的表达发音

指导建议：

(1) 经常与婴儿交谈，对婴儿发出的声音要给予不同的反应，如温柔亲切的询问、疑惑不解的提问、简短有力的指令及欢乐轻松的呼喊等，鼓励婴儿听辨不同语音，并以不同方式回应。

(2) 用温柔的声音和婴儿说话，并逗引婴儿发出单音，如“a、o、u”等，成人一旦发现婴儿发音，应立即给予回应，通过模仿并延长婴儿的发音，来强化婴儿正在形成的语音，刺激婴儿不断模仿语音。

(3) 每天有相对固定播放音乐和童谣的生活环节。

(4) 多呼喊婴儿的乳名。

(5) 每当给婴儿喂奶、换尿布时，要坚持和婴儿对话交流。当爸爸上班外出时，可以对婴儿讲："宝宝，爸爸要去上班了，让爸爸再来抱抱，我们晚上见。"下班回家时可以说："宝宝，今天过得开心吗？爸爸回来了"等。

环境支持：

鼓励婴儿作为家庭交流的参与者，关注婴儿交流的环境，尽可能地让婴儿参与自己喜欢的环境。

【非语言交流】

2. 使用动作或者手势进行非语言交流

2.1 以面部表情、手势或者改变语调回应家长，进行互动

指导建议：

(1) 在婴儿产生动作回应后用语言询问婴儿的需求，"你是要让爸爸抱抱吗?""你是要出去逛逛吗?""你是觉得妈妈的歌唱得好听吗?"

(2) 鼓励婴儿用肢体动作回应，家长支撑婴儿的身体重复婴儿的肢体动作，并给予亲吻、拥抱、夸赞等回应。

(3) 家长可以经常和婴儿面对面玩"对视"游戏，并用和蔼可亲的表情和温暖亲切的声音与婴儿说话。

(4) 与婴儿玩"变脸"游戏，如睁眼、闭眼、张大嘴巴、撅起嘴巴、高兴、生气、哭泣等，并伴以相应的声音吸引婴儿注意，帮助婴儿感知人的声音、声调与说话的嘴型、表情的同步关系。

环境支持：

为婴儿创设轻松愉快的生活环境，有固定的照护者，及时满足生活中的生理需求。

2.2 用声音配合动作回应家长，进行互动

指导建议：

(1) 持续与婴儿进行亲子交流，家长可以展开话题，用夸张的语音和语调吸引婴儿的注意，并猜测婴儿的回答内容。

(2) 与婴儿一起牙牙学语，以相同的声音回应婴儿，让其感觉到自己声音的传递性。

环境支持：

家庭氛围轻松愉快，家人之间和谐交流。

【用声音或动作吸引家长】

3. 用声音和动作吸引家长，获得帮助

3.1　用声音和动作一起抗议别人的动作或拒绝东西

指导建议：

（1）当理解婴儿的用意后，立即解除他的不满状态。

（2）用语言反问他："你是在告诉妈妈你想睡觉了吗？""你不想待在家里，想出去溜达溜达了吗？"并做出语言上的回答。

环境支持：

时刻关注婴儿的行为和情绪变化，熟悉他的生活习惯，尊重他习惯的独特性。

3.2　用特定的声音指向需要的人或者物品

指导建议：

（1）遇到婴儿感兴趣的物品时，引导其用多种感官去感知探索，并配合语言说明他的发现，"你摸到了什么？是毛绒绒的感觉，是吗？""这个口咬胶小鸭子，味道好吗？"

（2）在家多多呼喊婴儿的名字，让他熟悉名字的发音。

（3）遇到物品时，指引婴儿触摸玩玩，感知物品的特性，并重复念出物体的名称。

环境支持：

为婴儿购置一些可以手捏发声的小型玩具，如橡皮狗、发条小象等。准备一些安全卫生的口咬胶，做好消毒工作，鼓励婴儿用嘴去探索感知。

3.3　对于简单的需求会用声音表达

指导建议：

（1）建立亲密的照护与被照护关系，熟悉婴儿的生活习惯。

（2）为部分婴儿独有的生活习惯命名，例如洗澡澡、喝奶奶、溜达溜达等。然后将名字和动作配合在一起，每天重复多次表达，让婴儿记住这种表达方式。

环境支持：

时刻关注婴儿的行为和情绪变化，熟悉他的生活习惯，尊重他习惯的独特性。

【发类似语音】

4. 使用特定的近似单字

4.1 发出非特定字音，不具备任何指代意义

指导建议：

（1）家长应充分利用日常护理环节，轮流和婴儿进行面对面交流，例如，婴儿睡醒后，成人面对微笑对婴儿说："宝宝，早上好，你睡着了么？"吃奶时间到了，"宝宝，肚子饿了吧，我们准备来吃奶了。"

（2）把各种发声体玩具摆放在婴儿的视线范围内摆弄发声，动作缓慢，声音清晰，并模拟玩具的发声，等婴儿注意以后再慢慢移开，让他追着声音寻找声音的来源。

环境支持：

（1）成人与婴儿讲话时，说出的词和语调要和肢体动作及面部表情相一致，便于婴儿理解和记忆。

（2）游戏时可以播放舒缓音乐，但音量不宜过大。

（3）发声玩具声音柔和，不宜使用声音刺耳的玩具，打击乐器中串铃、铃鼓、沙锤、木鱼都是很不错的材料。

4.2 在同一情景下，经常发出一两个特定字音，但家长仍无法辨别含义

指导建议：

（1）记录下婴儿发出声音的环境或者伴随行为，判断婴儿的语言含义。

（2）重复使用这种环境，让婴儿再次发声，熟悉自己的语言发声，家长也模仿婴儿的发声，并给予语言回应和鼓励夸赞。

环境支持：

（1）做个有心的家长，用视频或者文字记录下婴儿的语言发展历程，特别是较为突出的表现。

（2）家庭环境安全舒适，家庭成员关系和谐。

4.3 使用特定字音，指代明确，家长能理解

指导建议：

（1）积极与婴儿用新技能对话，调整语音的准确性。

（2）家庭中的一日生活环节都以相同的词语命名，比如"吃饭饭、睡觉觉、逛街街、接

爸爸”等，每天都重复使用，让婴儿熟悉每个生活环节都有对应的表达。

（3）抱着婴儿多认识各种生活中的物体，包括蔬菜、玩具、水果等，让婴儿熟悉它们的名称，尝试识别和听辨名称。

（4）当婴儿发出咿呀声，照护者即刻放下手中的事，面带微笑靠近婴儿，先呼唤婴儿的名字，再不停重复婴儿发出的声音，长此以往，不断重复。

环境支持：

准确命名事物和人，都是婴儿获得大量词汇积累的基础。扩大生活活动范围，多与婴儿交流生活中的物品和环境。

【发出笑声】

5．发出“咯咯咯”的大笑声

5.1　微笑，但不伴有笑声

指导建议：

（1）多与婴儿进行面对面的语言沟通，语言柔和，面部微笑。

（2）挠挠婴儿的肚皮或者手心，逗引婴儿发出声音。

（3）用各种玩具逗引婴儿发出微笑，比如用毛绒玩具去触摸他的手臂和脚丫，用手帕轻抚脸颊。

环境支持：

创设轻松欢乐的家庭氛围，购置一部分婴儿感兴趣的发声玩具。

5.2　大笑，伴有“咯咯咯”的笑声

指导建议：

（1）玩躲猫猫游戏，在游戏中不断轻声呼唤婴儿的名字，并用温柔愉快的语调问婴儿：“宝宝，妈妈在哪呀？呀——找到啦，宝宝真棒！”

（2）利用起伏较强的动作游戏逗引婴儿，比如举高高、揉面团（揉搓婴儿身体）、挠手心等。

（3）当婴儿因为某一行为产生大笑时，多重复几次，让婴儿充分享受快乐。

环境支持：

注意大幅度逗引婴儿不宜时间过长，一两分钟即可，中间需要休息，避免婴儿因大笑而造成呼吸窘迫。

5.3　听到家长咯咯咯笑，能回应咯咯咯笑，并乐意多次欢笑互动

指导建议：

（1）经常与婴儿玩“变脸”游戏，如睁眼、闭眼、张大嘴巴、撅起嘴巴、高兴、生气、哭泣等，一边做出不同的表情一边逗引婴儿笑出声来。

（2）将婴儿横放在大浴巾上，照护者各自抓住浴巾的两个角，轮流拉高或放低，让婴儿在浴巾里滚来滚去，滚过来与妈妈对视并碰头，滚过去与爸爸对视并碰头，引发婴儿发出笑声。

（3）与婴儿玩“抚摸”“举高”游戏，引逗婴儿发笑。

（4）与婴儿面对面咯咯笑，在逗引婴儿大笑的同时，家长也回应大笑。

（5）当婴儿因为某一行为产生大笑时，多重复此行为，让婴儿充分享受快乐，自由绽放笑声。

环境支持：

（1）创设轻松欢乐的家庭氛围，家庭成员积极表达自己的快乐情绪，并邀请婴儿参加。

（2）1个月左右的婴儿经常以微笑进行积极情绪的表达，他们发出声的微笑技能在2个月后会飞速发展，耐心等待这一发展水平的到来，不要有过多的焦虑与担忧。

第四节　0—6个月婴儿早期阅读发展与指导

儿童学习语言和早期读写的方式很多，例如牙牙学语、交谈、倾听、使用手语、摆姿势、唱歌、重复节奏、听故事、看书、乱写乱画、与家长和其他孩子互动等。为了给后期的阅读打好基础，婴儿应该多参加训练倾听理解和辨别声音能力的活动。儿童通过多种活动和互动发展对图画和书本的认识。对于婴儿来说，在早期发展读写能力时，将他们放置在有图画书的环境中是重要的第一步。早期阅读的成功与婴儿通过听故事并做出反应、开始参与故事互动活动密切相关。

一、0—6个月婴儿早期阅读发展特点

表5-3　0—6个月婴儿早期阅读发展特点

对图片感兴趣	1. 对图书或卡片感兴趣，关注其中内容
婴儿发展阶段	1.1　对图书和卡片上的物品感兴趣，会趴在书上短时间关注观看 1.2　摇动、吮吸、咬或者操作卡片或布书

续　表

听故事	2. 短时间听故事
婴儿发展阶段	2.1　听到故事时，没有特别关注 2.2　听到故事时，表现愉快，手脚挥动
涂鸦	3. 用手去进行无目的涂鸦
婴儿发展阶段	3.1　展示对印刷字体的兴趣 3.2　愿意观看家长用笔或者颜料进行书画 3.3　对于可以留有痕迹的笔或者颜料感兴趣，主动去够取

二、0—6个月婴儿早期阅读发展指导

【对图片感兴趣】

1. 对图书或卡片感兴趣，关注其中内容

1.1　对图书和卡片上的物品感兴趣，会趴在书上短时间关注观看

指导建议：

(1) 婴儿的阅读从阅读人脸开始。因此，可以与婴儿玩“摸脸”游戏。与婴儿面对面坐好，边告诉婴儿自己的五官，边拉着婴儿的小手抚摸相应的位置，帮助婴儿增强阅读人脸的能力。这个游戏也可以成人抱着婴儿站在镜子前完成。

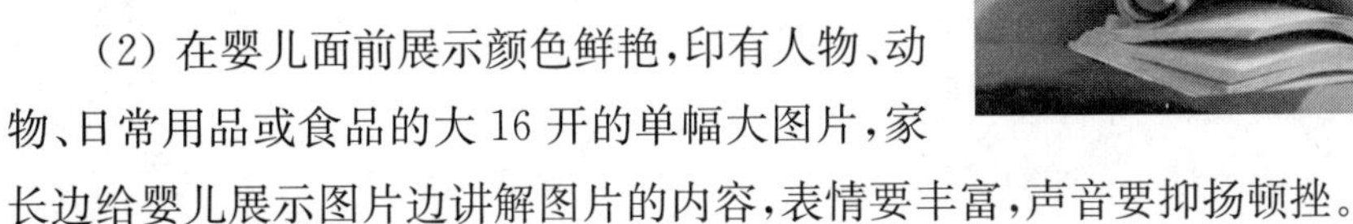

(2) 在婴儿面前展示颜色鲜艳，印有人物、动物、日常用品或食品的大16开的单幅大图片，家长边给婴儿展示图片边讲解图片的内容，表情要丰富，声音要抑扬顿挫。

(3) 将婴儿搂抱在怀里，进行亲子阅读，并用手指着图片进行语言的解说。

(4) 鼓励婴儿在阅读时用肢体动作表达对图片的兴趣，比如手指指书、自己翻书关书。

(5) 鼓励婴儿观看家庭成员的照片和自己的照片，家长进行语言解说。

环境支持：

(1) 创设随处都可以看到书籍的环境，也可以带婴儿到图书馆、书店里逛逛，观看其他人看书。

(2) 准备适应婴儿阅读的卡片、布书、洞洞书和触摸书等书籍。

1.2　摇动、吮吸、咬或者操作卡片或布书

指导建议：

(1) 在满足卫生需求的前提下，让婴儿自由与书进行游戏，让婴儿把书当成玩具。

(2) 用语言解说婴儿的动作，如“你一直咬着长颈鹿，是非常喜欢它吧！”“书本翻页发出的声音真好听，对吗？”

环境支持：

（1）提供各种纸板和布书让婴儿摆弄和阅读。

（2）选择颜色鲜艳、图片内容简单、结实的书。

（3）在家庭的墙面上展示各种有趣的图片。

【听故事】

2. 短时间听故事

2.1 听到故事时，没有特别关注

指导建议：

（1）耐心读图画书给婴儿听。

（2）把婴儿抱在家长大腿上翻书页。

（3）给婴儿读故事时拥抱婴儿，让他感到安全、温暖，帮助他将绘本中的美好与照护者联系在一起。

（4）每天都有相对固定的亲子阅读时间。

环境支持：

创设随处都可以看到书籍的环境，也可以带婴儿到图书馆、书店里逛逛，观看其他人看书。

2.2 听到故事时，表现愉快，手脚挥动

指导建议：

（1）重复婴儿感兴趣的书籍和某一页内容，反复进行交流，并对婴儿的互动表示赞叹。

（2）询问他们听到了什么，对书里的什么图片感兴趣，并向婴儿描述图片内容，如“宝宝喜欢小兔兔，小兔兔最可爱，对吗？”

（3）每天都有相对固定的亲子阅读时间。

环境支持：

选择图书时要选有大块图案设计或有曲线图的绘本，不能是空白、单色或没有明暗图像的，如《小蓝和小黄》。

【涂鸦】

3. 用手去进行无目的涂鸦

3.1 展示对印刷字体的兴趣

指导建议：

（1）把婴儿怀抱于腿上，为婴儿提供各种色彩鲜艳的布、

报纸，或者广告页面，让婴儿去观看和感知。手指着里面的文字内容，念给婴儿听，并扩充内容，做出解释。对于婴儿感兴趣的内容，可以重点讲解。

（2）在户外活动时，指引婴儿观察各类广告牌和商店门牌，念出文字内容，并扩充解释。

环境支持：

（1）多带婴儿感知生活中的文字，特别是夜晚建筑物灯饰上的内容。

（2）家中可以张贴一些文字内容，比如对联、福字窗花等。

3.2　愿意观看家长用笔或者颜料进行书画

指导建议：

（1）家中成员在进行书写时，另一人抱着孩子去观看，配合语言："爸爸写大字，一笔又一画，娃娃来画画，一笔点点画。"

（2）让婴儿尝试在面粉、小米或者面团中去自由探索。

环境支持：

注意使用笔的安全性，推荐使用蜡笔或者毛笔，不宜使用水性笔和铅笔，防止婴儿戳伤身体。

3.3　对于可以留有痕迹的笔或者颜料感兴趣，主动去够取

指导建议：

（1）尝试让婴儿自己用手蘸果汁、奶液在纸上进行自由涂鸦，感受留有痕迹的快乐。

（2）帮助婴儿手握蜡笔，在纸上涂鸦。

（3）带婴儿观看小朋友们作画，并欣赏作品的内容。

环境支持：

注意使用笔的安全性，推荐使用蜡笔或者毛笔，不宜使用水性笔和铅笔，以防婴儿戳伤身体。

第五节　0—6个月婴儿倾听理解与语言交流案例与分析

一、家庭中0—6个月婴儿倾听理解与语言交流活动案例

和宝宝说悄悄话

活动目标：通过听大人说话，感受语音，进行亲子情感交流。

家长指导目标：初步了解婴儿语言发展的相关知识，掌握发展新生儿语言的方法。

适用年龄：0—6个月。

活动准备：安静的环境。

活动方法：

1. 宝宝睡醒时，用柔和、亲切的语音、语调和宝宝讲悄悄话，如"宝贝，你醒啦，哦，醒啦，睡得舒服吗？和妈妈说说话吧……"

2. 玩躲猫猫游戏，在游戏中不断轻声呼唤婴儿的名字，并用温柔愉快的语调问婴儿："宝宝，妈妈在哪呀？呀——找到啦，宝宝真棒！"

【案例分析】

婴儿在0—6个月语言表达非常有限，更多的是倾听来自环境的声音，接受各种语言刺激，为之后的语言表达积累经验。因此，这种与宝宝说悄悄话或玩躲猫猫的游戏应经常进行，每天2—3次，每次2—3分钟。家长说话要反复说，语言可重复，语句要简单。平时宝宝喝奶、沐浴、洗脸时，家长可边做动作边配合相应的语言，例如"宝宝要洗脸啦，擦擦额头、脸蛋、鼻子、嘴巴、脖子……"要注意，虽然婴儿这个时候还不会发音，也听不懂，但成人要从这个阶段开始为其创造一个良好的语言环境。孩子的语言发展是先听懂，后会说，所以说话时要配合相应的动作。

咿咿呀

活动目标：感知语音，模仿发出"咿咿呀"的语音。

家长指导目标：了解婴儿发音的顺序，初步掌握引导婴儿发音的方法。

适用年龄：0—6个月。

活动准备：在宝宝精神状态好的时候，家长与宝宝面对面，视线相对。

活动方法：

1. 轻唤宝宝名字，引起宝宝注意。

2. 自编简单的小曲调，反复唱给宝宝听，注意变换曲调。

3. 放慢速度，逗引宝宝学着发出"咿咿呀"的声音。

4. 附和着宝宝的"曲调"，与宝宝一起"唱歌"，并不时鼓励宝宝："咿咿呀，小宝宝会唱歌。咿咿呀，小宝宝唱歌真好听。"

【案例分析】

家长要注意逗引宝宝模仿发出"咿咿呀"的声音，在宝宝发出语音时，家长要给予宝宝积极的回应和鼓励。4—6个月的宝宝会自己发出一些声音，家长听到宝宝发音时要积极回应，模仿宝宝发出的声音，与他进行互动。家长应循序渐进引导宝宝发音，根据宝宝发音的顺序，注意延伸、拓展活动，引导宝宝发出更多的语音。

呼唤宝宝名字

活动目标：发展感知能力，听到自己的名字有反应。

家长指导目标：了解婴儿学习听自己名字的过程，并掌握训练的方法。

适用年龄：4—6个月。

活动准备：会听、会寻找声源。

活动方法：

1. 从4个月开始，家长时常变换声调叫宝宝的名字，从宝宝的左边、右边、后面叫宝宝的名字，观察宝宝的反应。

2. 一段时间后，家长用手帕遮住自己的脸，然后突然探出头来叫宝宝的名字。反复玩耍，直到宝宝5—6个月时，家长可以做移开手帕的动作，激发宝宝模仿家长的动作来抓掉手帕，找到手帕后面的家长后，家长呼唤宝宝的名字。

【案例分析】

平时，家长应结合具体的生活情境经常叫宝宝的名字，一般到6个月，家长一叫名字，宝宝就会回头了。宝宝听到声音会用视线搜寻，说明其已有一定的视听协调能力，一般4个月左右就会表现出来；此后，宝宝听到自己的名字会回头看，说明其视听协调能力进一步发展，也说明他对语言有一定的认识。当宝宝学会听自己的名字后，家长可以带领宝宝听歌做动作，例如，宝宝与家长面对面，坐在家长的大腿上，家长唱“摇啊摇，摇到外婆桥”时，带着宝宝一起左右摇晃身体，做摇摆状。通过慢慢地学习，以后宝宝听到儿歌时，对不同的句子会自己主动做出不同的动作。

二、托育机构中0—6个月婴儿倾听理解与语言交流活动案例

表5-4　活动案例《骑马唱歌》

活动内容：骑马唱歌 场地：室内活动室（地垫）	适合月龄：4—6个月 人数：8人（宝宝4人，成人4人）	
	家长学习目标	宝宝发展目标
活动目标	1. 满足宝宝对骑马唱歌的浓厚兴趣，体验与宝宝在互动交流中的亲子关系和愉悦情绪。 2. 学会创设良好的语言氛围，掌握在生活中促进婴儿语言发展的方法。 3. 了解婴儿在4—6个月语言发展的特点。	1. 通过在游戏中做相应的动作，发展婴儿的韵律感。 2. 在与家长的互动中，聆听家长的声音，加强对家长的信任，促进依恋关系的形成。 3. 在游戏中体验多样化的情绪。
活动准备	1. 经验准备：教师熟练掌握儿歌《骑马唱歌》。 2. 材料准备：1—4个凳子、《骑马唱歌》音乐和视频、不同材质的小球。 3. 环境准备：铺好地垫的空场地、轻松的音乐环境、一些玩具。	

续 表

	环节步骤	教师指导语	家长指导语
活动过程	打招呼。教师与家长和宝宝们围成圆席地而坐，家长将宝宝抱在自己的腿上，教师做自我介绍，和家长宝宝互动。	教师开场：各位家长，宝宝们好，我是×××老师，让我们一起先来做个自我介绍，相互认识一下吧！（播放音乐）老师跟着音乐围圈和宝宝们互动打招呼：我是×××老师，你叫什么名字呀？和宝宝轻轻握握手，家长带着宝宝互动。	提示语：各位家长可以抱起宝宝，代替宝宝向其他家长和老师做介绍，做完介绍后，可以用自己的手和宝宝互动，比如摇一摇宝宝的小胳膊，跟着音乐一起哼唱，和宝宝进行互动，增强宝宝的参与感。
	热身环节。教师播放音乐，讲解和示范给婴儿进行抚触按摩的步骤，家长们将宝宝放在地毯上，与宝宝面对面，一边仔细观察老师的步骤，一边与宝宝进行眼神和情感互动，安抚宝宝的情绪。	1. 小结：哇！老师今天又认识了好多新朋友，大家相互点点头，我们就是好朋友啦。下面让我们一起来活动活动我们的身体吧！ 2. 播放音乐：各位家长，接下来我们就要给宝宝做抚触按摩了，请大家将宝宝轻轻地放在地毯上，跟着音乐和我的节奏，来与宝宝进行互动。大家不用刻意地去数节拍，放慢节奏来做就可以了。注意一边做动作，一边把你的动作用语言表达出来，让宝宝们都能听见你们的声音。	提示语：摸摸宝宝的小脸时，可以说"摸摸宝宝的小脸，宝宝的小脸圆嘟嘟，真可爱"。家长们在给宝宝做抚触时，要注意多观察宝宝的情绪变化，动作要尽量轻柔，声音也要尽量柔和，平抚宝宝不安的情绪，减少哭闹，让宝宝熟悉教室环境的同时提升家长们和宝宝们亲子之间的信任度，宝宝也能感受到妈妈的爱护和关怀。
	玩一玩。教师播放音乐和视频，介绍"骑马唱歌"的游戏玩法。请家长先观察教师的示范，记住动作和歌词，然后家长跟着音乐和视频引导婴儿跟着一起做。	1. 过渡环节：我们的家长们都做得很棒，宝宝们都通过抚触操，感受到了大家满满的爱，我们的宝宝身体也会越来越棒的。 2. 引发兴趣：播放音乐，唱儿歌。"骑大马，上高山，跨过河，咯噔咯噔，跨过河。"家长们把宝宝轻轻从地毯上抱起来，放在膝盖上，面向前方，一边做一边与宝宝交流，安抚宝宝的情绪。注意双手扶稳宝宝，一边唱儿歌，一边用腿按节拍上下抖动。	提示语：家长们可以先带宝宝尝试几次，让宝宝在听到"咯噔咯噔"时，身体便能做好相应准备，在听到"跨过河"的指令时，能配合妈妈完成动作。家长们保持耐心，多尝试几遍就好。
	摸一摸。家长引导宝宝来触摸感知不同材质的小球，让宝宝摸一摸，感受不同材质的不同触感。	引发兴趣：宝宝们骑马骑得都很开心，下面我们一起来玩一个摸小球的游戏。 播放音乐，家长们可以在盒子里面拿取不同材质的小球给宝宝们感受不同材质带来的不同触感。	提示语：触觉是这个阶段宝宝认识和了解世界最重要的方式，通过触摸不同材质的小球，让宝宝感受不同的触感，可以刺激婴儿的触觉神经。在进行游戏的时候，可以先把小球放靠近宝宝的手背，让宝宝感受一下不同的触感，然后把小球放在宝宝手中，让宝宝试着去握一下，进行触觉体验。

续 表

	再见环节。家长抱着宝宝，一起唱《good bye song 》，与其他家长和宝宝告别。	好了，今天我们的活动就到这里。今天我们让宝宝体验了骑马和摸球游戏，最后让我们唱一首《goodbye song》相互告别吧。	家长可以抱起宝宝，一边唱歌一边跳舞或者滑步，让宝宝跟着感受音乐的律动和温馨的气氛。
家庭活动延伸	由于宝宝月龄段太小，此时语言处于积累阶段，在家中父母要给宝宝创设一个良好的语言环境，帮助宝宝感受语言刺激，积累语言经验。 例如，家长在给宝宝洗澡穿衣服时，可以反复哼唱一首与动作相关的童谣，这样可以帮助宝宝理解家长的动作，也可以帮助宝宝预见接下来的旋律，有助于调节宝宝日常生活的规律。例如，换尿布歌："小腿儿，踢一踢；小肚子，挺一挺；小屁股，翘一翘；换一块，香布布。"		

本章回顾

本章的主要内容是 0—6 个月婴儿倾听理解和语言表达的特点与指导。0—3 岁是婴儿语言发展的关键时期。其中 0—1 岁是婴儿语言形成的准备阶段，语言教育与指导应从 0 岁开始抓起，为之后的语言表达奠定良好的基础。婴儿的前言语阶段，是语言发展过程中的语音核心敏感期。

这一时期的语言发展特点可以分为简单音节阶段(0—3 个月)、连续音节阶段(4—8 个月)、学话萌芽阶段(9—12 个月)。前语言阶段主要是语音发展阶段，感知语音的能力是儿童获得语言的基础，所以这一时期语言教育的重点在语音训练方面。

0—6 个月婴儿语言发展指导要点，一是要营造语音感知环境，引导婴儿发音；二要创造机会多和婴儿说话；三要鼓励儿童感知物体并使其听到语音与物体结合的说明。

思考与练习

1. 成人为婴幼儿播放歌谣或儿歌，每次播放的时间不宜太长，最多不越过(　　)，避免引起婴幼儿听觉疲劳。

A. 10 分钟　　B. 20 分钟　　C. 30 分钟　　D. 40 分钟

2. 每个婴幼儿开口说话的时间不同，最早会说的词也不同，发音的清晰度不同，家长(　　)。

A. 要密切关注，随时警惕　　B. 要经常与同龄孩子比

C. 不要过分着急，更不要与他人相比　　D. 要带到医院检查

3. 1岁前加强听力和发音能力的训练，因为1岁以前是(　　)发育的关键期。

A. 视觉神经　　B. 听觉神经

C. 嗅觉神经　　D. 味觉神经

职业证书实训

参考答案

育婴师考试模拟题：设计一个6个月宝宝语言训练的亲子游戏。

(1) 本题分值：20分

(2) 考核时间：10 min

(3) 考核形式：笔试

(4) 具体考核要求：A宝宝，女，2016年4月23日出生，顺产。2016年10月23日，宝宝6个月，会主动对人笑，逗引时会回声应答，会尖叫，会用哭声要人或要东西。分析宝宝语言发展的现有水平，根据该宝宝语言能力的现有水平，设计一个听说训练的亲子游戏。

推荐阅读

评分标准

1. 祝泽舟，乔芳玲.0—3岁婴幼儿语言发展与教育[M].上海：复旦大学出版社，2011.

2. 方凤.0—6个月婴幼儿语言发展[M].北京：东方出版社，2014.

3. 张明红.婴幼儿语言发展与教育[M].上海：上海科技教育出版社，2017.

第六章
0—6 个月婴儿认知探索与生活常识

学习目标

1. 对0—6个月婴儿认知发展感兴趣，乐意参与指导这一时期婴儿的认知探索活动。

2. 掌握0—6个月婴儿感官与思维品质的发展规律。

3. 能根据0—6个月婴儿认知发展规律和个体差异，针对性地设计并组织家庭和托育机构的认知探索活动。

思维导图

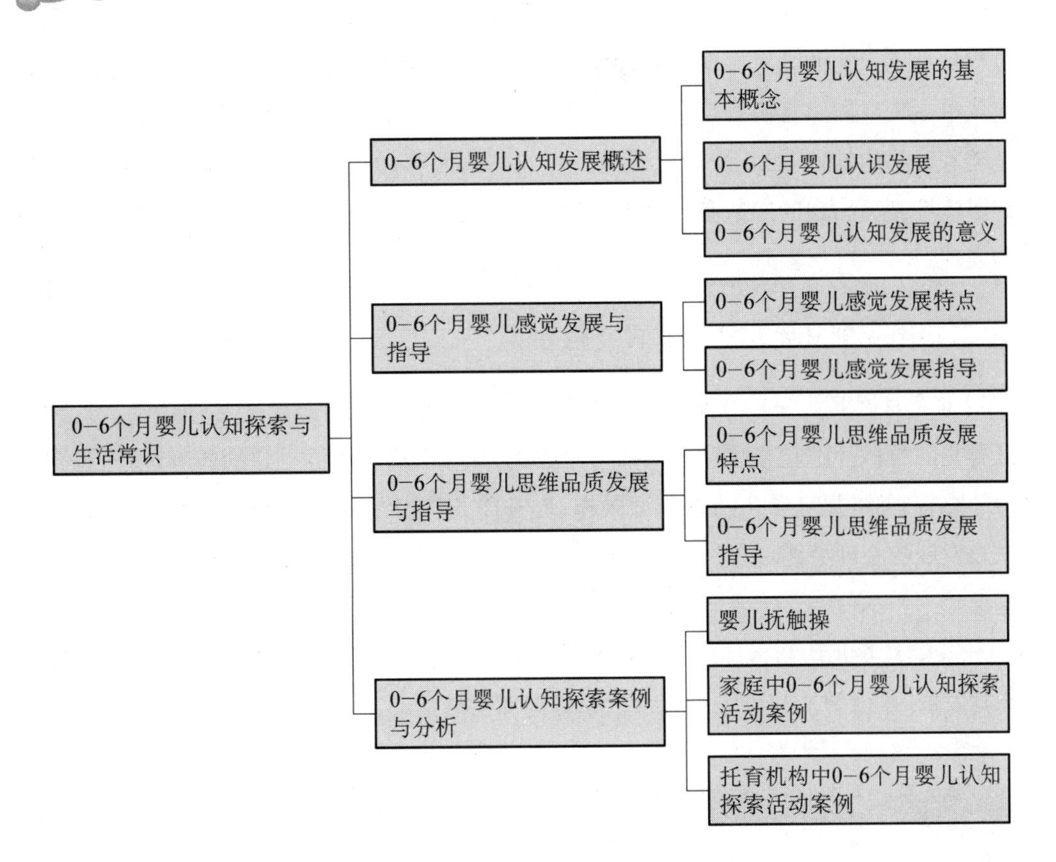

第一节 0—6个月婴儿认知发展概述

一、0—6个月婴儿认知发展的基本概念

（一）0—6个月婴儿认知与认知发展

0—6个月婴儿认知是指婴儿出生头六个月获得认识信息加工的心理过程。这种信息加工是依靠感觉、知觉、记忆、思维等心理过程综合发展起来的。感知觉是个体心理发展中发生最早、成熟最快的心理过程，为其他高级心理活动的产生和发展奠定了基础。[①]前六个月中婴儿通过视觉、听觉、触觉、嗅觉接受来自外界的光、形、色、声、味、温度等多感官的刺激，并传输到大脑，让他们识别记忆味道的不同、声音的差异、色彩的绚烂，甚至疼痛的不悦，这些都会发展成婴儿早期对世界的独特理解和认识。

0—6个月婴儿认知发展是指婴儿在出生头六个月中认知发展的变化过程。这种变化过程是从感知觉的无意性向有意性发展，整体感知与部分感知从分离向统一发展，感官反应从单一反应向感官协同反应发展。婴儿在刚出生时，对妈妈的脸庞并没有多少偏好，但是随着时间的推移，婴儿开始更乐意关注妈妈的面容，并在妈妈微笑时同样回应微笑，这种回应性微笑出现的次数和准确性也随着月龄的增加而不断提高，这就是婴儿认知发展的表现。

（二）0—6个月婴儿认知教育与指导

0—6个月婴儿认知教育是指以促进婴儿认知发展为目的教育指导性活动。这种活动以婴儿的“自发性”和“随意性”认知学习方式为基础，通过创设一定的教育环境，强化环境中的感官刺激，提高婴儿的感知觉兴趣，提升婴儿神经细胞树突和轴突的联结，挖掘婴儿认知发展的心理潜能，促进婴儿认知能力的发展，为接下来的身心各方面的发展奠定良好基础。

0—6个月婴儿认知指导的主要场所是家庭内部，所以这里的指导主要是指针对婴儿感知觉发展、生活智能和思维而设计的家庭内部指导活动。

---

① 陈雅芳.0—3岁儿童心理发展与潜能开发[M].上海:复旦大学出版社,2014.

二、0—6 个月婴儿认知发展

(一) 婴儿感觉的发展

感觉是指个体对于直接作用于感觉器官的实物的个别属性的反映，感觉主要包括视觉、听觉、触觉、味觉、嗅觉等。

1. 视觉

视觉是婴儿获得外界信息的主要来源，婴儿在母体内部就有了视觉敏感度，从出生那刻起就开始关注世界。新生儿由于晶状体不能变形，难以对视觉对象进行有效的聚焦，所以视力不佳，出生 3 周的婴儿只能看清 20 厘米之内的物体，也就是说此时的婴儿是高度近视的，约 6 个月时视力会有明显的改善，能接近成人一半水平。另外，新生儿的视觉调节能力也较差，刚出生时眼睛是不能停留在任何物体上的，视觉的焦点也很难随着物体的远近而变化，这也就是很多家长反应的为什么自己的孩子不能和自己进行目光交流的原因。对于颜色视觉，新生儿只能辨别红和灰，婴儿发展到 3 个月左右时才具有红、绿、蓝三色视觉。但是这项发展非常迅速，当到达 4 个月时，婴儿对于光谱中的颜色辨认就可以接近成人水平了。

刚出生，视线模糊

出生 1 个月，看到 20 厘米左右的物体

出生 2 个月，视觉越来越集中

出生 3 个月，视角可以达到 180 度

出生4个月,约看到75厘米左右的物体

出生5个月,可以判断前后

出生6个月,双眼可以聚焦

2. 听觉

听觉是除视觉之外,婴儿获得外界信息的第二重要来源。5—6个月的胎儿就能透过母腹听到外界的声音以及母亲体内器官发出的声音,并对这些声音进行记忆,使得婴儿在出生后对于母亲的心跳和胎儿期听到的声音刺激反应更为敏感。心理学专家布雷伯格认为,由于0—6个月婴儿的耳蜗构造与成人存在差异,使得他们对高频声波的敏感度高于成人,对低频声波的敏感度低于成人,因此成人不能听到的尖细声音和高音哨声,婴儿却能够听到。对于声音的定位,6个月前的婴儿听到声音时会将头转向声源,但是由于双耳间距小,还不能准确辨别声源方向。研究表明,6个月前的婴儿对于正前方声源辨别的准确性要高于左右两侧声源。

新生儿的听力知觉

长期以来,人们认为新生儿不可能将脸转向所听到的声音的方向。但是,大量研究在对婴儿进行了严格的转头动作实验后,认为新生儿确实能够系统地将头偏向声源一侧(Clifton等,1981)。目前,随声音转头的现象已成为评估新生儿神经行为的标准之一。

婴儿期研究利用这个现象来证实早期发展过程中的听力知觉(Clarkson 和 Clifton，1991)。转头动作证实，婴儿确实能够察觉到实验人员所发出的特殊声响。它也表明了婴儿能够从空间上感知声响的位置，这证明了他们已能将声源与自身身体的空间位置联系起来。确切地说，婴儿具有本体感觉能力，即通过与肌肉和关节相连的感受器收集到的有关肌肉压力和力矩变化的即时信息进行感知。

资料来源：Philippe Rochat.婴儿世界[M].上海：华东师范大学出版社，2005.

3. 触觉

触觉是最先发育起来的感觉系统，当视觉和听觉系统刚开始发育的时候，触觉系统就开始帮助胎儿发挥作用了。通过多普勒影像学信息，可以看到胎儿可以抓握自己的脸庞和脐带，这就是早期的触觉发展。而婴儿出生后的无条件反射——吸吮反射、防御反射、抓握反射等都是触觉的发展。其中口腔触觉对婴儿获取信息尤为重要，也是婴儿感知世界的独特方式。1个月左右的婴儿就能感知软硬不同的奶嘴，3个月可以辨别不同款式奶嘴的差异，他们喜欢用嘴去啃咬物品进行探索，口腔触觉让他们获得对外界事物的认识。手的触觉反应在6个月前的婴儿集中反应在手掌感知，如抓握反射，而指腹的触觉感知则不是这个时期的主要任务，它需要建立在神经系统发育的基础上，因此这个时期婴儿指腹感知能力很弱，远远低于口腔感知能力。5个月以前婴儿的视觉不能引导手的动作，也就是在够取物品时，婴儿的视觉并没有注视或者配合，表现出手眼不协调。但是到了5个月后，婴儿的手部触觉和视觉就能协调发展，这是婴儿认知发展过程的里程碑，也就是从这个时候起手的探索才真正开启。

婴儿跨通道知觉实验

一项关于1个月大小的婴儿能将信息从触觉转移到视觉的研究，证实了婴儿早期就具备有组织的跨通道知觉能力。在这个著名的实验中(Meltzoff 和 Borton，1979)，研究人员给婴儿90秒钟时间让他们用嘴感觉和探究塞在他们嘴里的一个非营养性的安抚奶嘴。其中一些婴儿得到的是一个小球状安抚奶嘴，而另外一些婴儿得到的是一个上面有许多圆形凸起的小球状安抚奶嘴。这样，一部分婴儿感觉到的安抚奶嘴是圆而光滑的，而另一部分婴儿感觉到的是圆而粗糙的。经过一段时间的嘴部感觉后，研究人员将安抚奶嘴拿走，然后让婴儿面对两张并排投影的屏幕上的幻灯片，分别是光滑安抚奶嘴和粗糙安抚奶嘴的二维图片。通过记录婴儿注视这两种幻灯片的时间，研究人员发现婴儿注视与几分钟前他们吸吮过的安抚奶嘴相同的奶嘴幻灯片的时间要长得多。请注意，在进行视觉偏好实验之前，婴儿没有看过安抚奶嘴。

资料来源：Philippe Rochat.婴儿世界[M].上海：华东师范大学出版社，2005.

4. 味觉

当给3个月婴儿母乳和奶粉时，他们能很准确地辨别差异，并表现出对母乳的接受和对奶粉的抵制，这说明婴儿是可以辨别味道和记忆味道的。0—6个月婴儿对于味道十分敏感，他们能通过辨别味道达到自我保护，因为不知味的物品有时暗藏危险，这是人类进化过程中适应环境的一种体现。

5. 嗅觉

新生儿对于物品产生的气味有明显的反应，比如妈妈的体味，是他们识别妈妈的一种常用方法。而对于令人愉快的气味，他们也会表现出面部放松，嘴角后缩，仿佛在微笑，并做出吸吮的动作，不愉快的味道婴儿也会扭头回避。他们把嗅觉作为自我防护的又一重要方式。

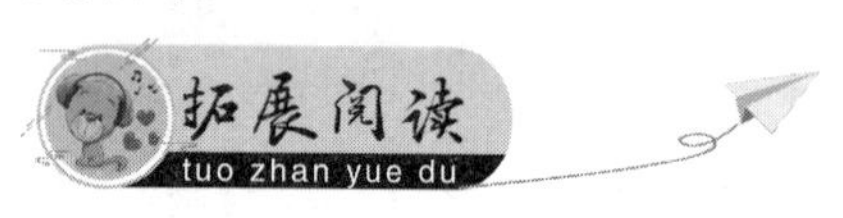

新生儿嗅觉实验

在嗅觉上，当浸有不同气味的棉球凑近新生儿的鼻孔时，新生儿会做出明显不同的反应(Soussignan等，1997)。出生不到48小时的新生儿闻酸味(醋酸)和甜味(茴芹)时的心跳、呼吸和身体运动反应完全不同。闻到苦味(奎宁硫酸盐)、酸味(柠檬酸)或甜味(蔗糖)时，他们会做出各不相同的面部表情。闻到甜味，新生儿会笑、吸吮和舔嘴唇；闻到酸味时，他们会噘嘴唇、皱鼻头、眨眼；闻到苦味时，他们会嘴角向下，上嘴唇翘起，显得很不开心，一些婴儿甚至还会吐口水。因为，婴儿似乎从一出生就能区分不同的气味，并对它们做出各不相同的特定反应。

(二) 婴儿知觉的发展

婴儿知觉是婴儿对于直接作用于自己感官的个别属性转化为整体经验的过程，是婴儿个体选择、组织并解释感觉信息的过程。以知觉为对象，将婴儿知觉划分为空间知觉、时间知觉和运动知觉。

1. 空间知觉

6个月前婴儿的空间知觉主要依靠多种感官参与以及思维配合完成，这就是说空间知觉的发展在0—6个月期间具有很强的隐蔽性，但是它的确是在飞速发展的。出生不久的婴儿就能对事物的轮廓特别是妈妈的脸形有偏好，说明他们已经可以知觉到形状了，对圆形表现出特有偏好。随着婴儿从仰卧到抬头趴卧，他们的视角发生了巨大的变化，逐渐能感知物体的大小，到了6个月能坐起的时候，就已经表现出对物体大小知觉的稳定性了。吉布森和沃克在1960年设计的视崖实验，就已经说明婴儿在5—6个月时就具备深度视觉了，他们能初步判断物体之间的距离。

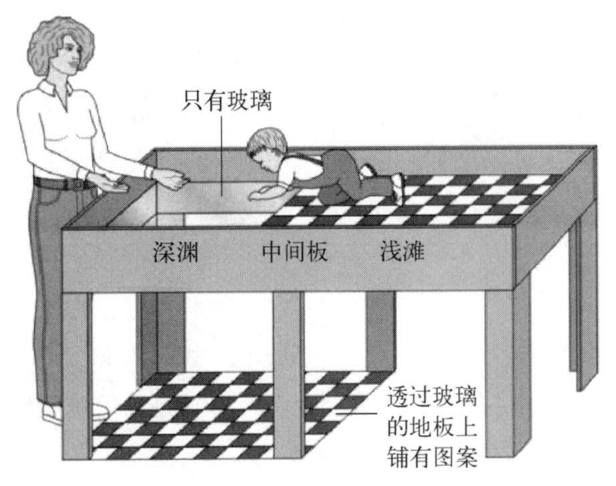

视崖实验

2. 时间知觉

0—6个月婴儿大部分时间处于睡眠状态，他们对于时间的知觉还处于混沌状态，所以很多家长反应这个时期的孩子有些黑白颠倒。的确，这个时期的婴儿对于时间的知觉往往是与自己的身体需求联系在一起，比如困了就是该睡了，饿了就要喝奶，他们对时间的感知仅仅是依靠生理需求成为条件发射。但是到了3个月之后，婴儿的觉醒状态增多，他们有更多的时间来感受时间的延续性。

3. 运动知觉

用一根长布条连接4个月大的婴儿脚与头顶的铃铛，婴儿一开始无意识地蹬腿，头上的铃铛会响起，但是通过多次尝试后，婴儿发现自己控制两腿可以让铃铛响起，他们已经开始形成了对运动的知觉，只是由于婴儿自主活动性弱，活动范围小，他们的运动知觉还处于萌芽状态。

(三) 婴儿注意的发展

0—6个月婴儿注意是指这个时期内婴儿注意的定向和指向能力。注意指向包括婴儿对外界刺激物的自主捕捉、选取或者忽略不顾；注意定向是注意过程的全神贯注。

3个月前的婴儿由于长时间处于睡眠状态，大部分觉醒状态时只能零散短暂地接受外界信息，大多数时间均为无意注意，能引起婴儿信息捕捉行为的主要有不同亮度的光线、某种响度的声音以及某种形状的轮廓。他们对有亮度差异的光线，比如夜间的黑暗和白天的自然光会有感知；能引起听觉注意的包括母亲的声音，大小适中、颜色鲜艳的玩具，节奏鲜明的音乐，马路上汽车的鸣笛声等。这一时期他们通过追视、听觉追踪、辨别、寻找刺激物的信息搜寻能力还是很弱或者持续很短暂。

随着婴儿月龄的增加，神经系统迅速成熟，婴儿的睡眠时间缩短，睡眠和醒觉状态表现规律，感知觉能力不断完善，记忆和学习能力基本形成，他们搜索外界信息的活动明显增多。这就是为什么从3个月开始婴儿会有更多的社会性微笑和交流，家长也发现自己的孩子对于自己表情动作有更多的回应了。但是这一时期的注意还是以无意注意为主，有意注意也产生于无意注意。例如，婴儿在四处环视的过程中无意发现妈妈的脸，这时他会将自己的目光停留在妈妈的脸上，有时还会表现出回应性微笑。

（四）婴儿记忆的发展

0—6个月婴儿记忆是指婴儿对过去经验的识记、保持和恢复的过程。记忆不是单独存在的心理活动，它必须建立在知觉的基础上，需要与想象、思维联结，对知觉到的物品进行心理加工，比如新生儿对妈妈声音的积极反应就来自曾经在母体中对妈妈声音的记忆，这种记忆的建立需要在听觉系统的建立与发展、大脑对听到声音信息加工的基础上才能实现。

6个月以前的婴儿记忆是十分有限的，他们在记忆保持的时间和识记的内容上都不强，但却是随月龄逐渐增长的，特别是随着婴儿身体机能的成熟，他们对自己感兴趣的事物会记得更加清晰，但依旧与成人有很大差异。到了6个月时，婴儿在视觉、触觉、听觉上的记忆会有极大的飞跃，甚至包括对情绪的记忆出现了愉快，也逐渐开始产生惧怕，带有一定的情感喜好了。

由于这一时期的记忆都是以无意记忆为主，他们在提取信息时，大脑可以搜索到的有关信息极为有限，他们很难对事物的整体内容进行记忆。比如婴儿无意中发现一个小球弹起，但是没有注意到这个球之前是爸爸投向地面的，所以他们不能理解这个小球的运动是投球后的反应。

三、0—6个月婴儿认知发展的意义

（一）促进高级心理活动的产生

0—6个月婴儿的认知发展都是在神经系统发育初期形成的，由于这个时期的神经系统发育是人类一生中最快的，因此，基本都集中在生命的前三个月。人类对信息加工的准确和利用都是建立在信息输入的基础上，0—6个月是婴儿信息输入的关键时期，这个时候大量丰富良好的刺激输入，会给大脑神经元带来更多的增长空间，同时又能促使神经元树突和轴突之间形成更多的联结，奠定日后其他心理因素形成的基础，特别是个体认知能力的发展，开拓更广阔的脑容量。

（二）为认知发展教育提供依据

0—6个月婴儿的认知发展是婴儿个体发展的重要方面，指导婴儿认知发展必须尊重

婴儿认知发展的规律，评估婴儿现有发展水平，关注婴儿认知发展的可能性。这不仅需要针对不同月龄的婴儿采用不同的指导方法和指导内容进行教育，还要考虑到婴儿的个体差异，体现教育的适应性原则。无论是家长还是早教工作者，只有全面掌握婴儿认知发展的基本规律和特点，才能真正促进婴儿认知发展。

第二节　0—6个月婴儿感觉发展与指导

4个月大的悠悠安静地躺在床上吃手指，就在这时厨房里传来了“哗哗”的流水声，他停了一下，然后继续安然自得地吃。突然，又传来炸油锅的“噼里啪啦”声，他又一次停了下来。现在，他有些不那么专注了，他的眼睛环顾四周，像是在寻找着什么，当一个熟悉的脸庞出现在他面前时，他的小眼睛紧紧地看着她，这个人就是妈妈。妈妈也感觉到现在的悠悠比一个月前有了更多的互动，她觉得悠悠对自己有更多的期待，喜欢看着自己的笑脸。

诚然，婴儿在接受外界丰富刺激传输大脑后，会形成自己对世界的独特理解和认识，同时也促进神经元细胞的数量和联结的爆发式增长，为婴儿认知能力的发展奠定了重要的生理基础。认知的发展，又反过来作用其他心理特征的发展，如婴儿情绪情感的不同体验以及运动能力的发展。它们相互支持，相互促进，共同发展。

一、0—6个月婴儿感觉发展特点

触觉是感知觉中发展最早的，胎儿的触觉早在母体中就已经先视觉和触觉发育并发挥了作用；随后，视觉在依靠穿过母体微弱光线的刺激下，通过视神经细胞的增长也发展起来；听觉在母体器官的自发运动声中发展起来。新生儿的感知觉表现还是相对初步的，但是随着外界各种刺激的不断出现，他们对这些刺激的反应越来越明显，越来越感兴趣，表现也越发自然。表6-1呈现的是0—6个月婴儿感觉发展的基本特点。

表6-1　0—6个月婴儿感觉发展特点

视觉	1. 视觉调焦能力逐渐增强，视物距离和范围扩大
婴儿发展阶段	1.1　新生儿视觉集中时间在5秒左右，只能反映距离眼睛20厘米左右的物体 1.2　2个月婴儿的最佳注视距离是15—25厘米，太远或太近，易视线模糊 1.3　3个月后的婴儿视觉集中时间延长，可达7—10分钟，远端物体注视距离可以增加至4—7米，可以按照物体的不同距离来调节视焦距

续 表

婴儿发展阶段	2. 色觉迅速发展
	2.1 新生儿色觉感知能力较弱,能感知黑、白、灰、红色 2.2 2个月婴儿能辨别红、橙等暖色,无法辨别蓝色 2.3 3个月婴儿逐渐辨别红、绿、蓝三色,并逐渐接近成人水平
	3. 追视能力不断加强
	3.1 新生儿双眼协调比较困难,易出现暂时性斜视 3.2 满月后不仅能注视静止的物体,还能追随缓慢移动的物体,有时会出现追视跳动,偏好移动的物体 3.3 3个月后婴儿能追视物体做圆周运动,乐意主动搜寻物体
听觉	4. 听觉敏锐,对声音的定向能力逐渐增强
婴儿发展阶段	4.1 新生儿能感受声音的强弱、音调的高低,偏好高频音乐,声音定位能力较差 4.2 声音的定向能力提高,能无意识寻找声源,但定位依旧不是很准确
	5. 声音辨别能力逐渐增强,产生声音偏好
	5.1 对照护者声音较敏感,特别是妈妈的声音,能辨别照护者声音 5.2 逐渐关注生活环境中的声音,对噪声较为敏感,易表现烦躁皱眉,甚至哭闹 5.3 逐渐具备区分语言和非语言的能力,能初步辨别音高、语气、语调,并能感受语言中明显的情绪情感的差别
触觉	6. 手眼协调触摸摆弄物品
婴儿发展阶段	6.1 物体碰到婴儿掌心,立刻将手指收起,抓紧物体,形成抓握反射 6.2 抓握物体时与眼睛配合,看着物体进行抓握 6.3 逐渐触摸和摆弄物品,能持续一段时间
	7. 口腔触觉敏感度提高,能辨别吮吸物差异
	7.1 不能用口腔辨别乳头和奶嘴的差异 7.2 逐渐能辨别奶嘴的软硬和形状差异 7.3 喜欢将物品放入嘴里,来回吮吸
嗅觉	8. 嗅觉敏感,能逐渐分辨不同气味
婴儿发展阶段	8.1 新生儿在出生一周左右能使用嗅觉准确辨别妈妈的气味 8.2 2—3个月婴儿嗅到刺激性气味时,逐渐学会回避,如转头 8.3 4—5个月婴儿能够准确区分不同的气味,出现气味喜好,能主动回避难闻气味
味觉	9. 味觉灵敏,并形成味觉记忆
婴儿发展阶段	9.1 婴儿的味觉较成年人敏感,能精细辨别食物的滋味,偏好甜味 9.2 5—6个月婴儿味觉功能逐渐完善,味蕾形成,能品尝出食物的细微变化,并留下记忆

二、0—6个月婴儿感觉发展指导

【视觉】

1. 视觉调焦能力逐渐增强，视物距离和范围扩大

1.1　新生儿视觉集中时间在5秒左右，只能反映距离眼睛20厘米左右的物体

指导建议：

(1) 在新生儿苏醒时，家长的面部距婴儿15—20厘米处，露出微笑表情，呼喊婴儿乳名，与婴儿互动交流。

(2) 将条纹、波浪等黑白卡片放置距婴儿20厘米左右，与婴儿互动交流卡片内容，每张卡片停留几分钟，每隔3—4天更换另一张卡片。

环境支持：

婴儿的房间光线柔和，避免婴儿直视光源，房中悬挂一些色彩柔和的悬吊玩具，同时经常更换品种和位置，悬挂高度为距婴儿眼睛20—35厘米为宜。

1.2　2个月婴儿的最佳注视距离时15—25厘米，太远或太近，易视线模糊

指导建议：

(1) 家长将婴儿托颈竖抱，让婴儿头趴在家长肩上，环视家中各类物品或者图片，比如风景画、水果等，并与婴儿互动交流物品为何物，配合语言指导："红红的苹果，圆溜溜，宝宝宝宝，来瞧瞧。"

(2) 取家中成员照片，为婴儿讲解照片内容，可来回移动照片，改变其到婴儿眼睛的距离，配合语言指导："宝宝来看看照片里都有谁呀，这个是妈妈，妈妈正向宝宝微笑呢！"

环境支持：

可在家中墙面挂上不同的图片或家人生活照，尽可能选择颜色鲜艳、对比度明显的图片。建议每隔一个月更换一次。

1.3 3个月后的婴儿视觉集中时间延长，可达7—10分钟，远端物体注视距离可以增加至4—7米，可以按照物体的不同距离来调节视焦距

指导建议：

（1）抱婴儿到户外走走，与婴儿交流讲解路上遇到的物品和人，特别是不远处的小朋友。

（2）寻找一些可以移动的玩具，如玩具汽车或者摇摆驴，逐渐调节距婴儿眼睛的距离，鼓励婴儿关注玩具。

环境支持：

充分利用周围的生活环境，白天和夜晚都可以抱婴儿到安全舒适的户外去活动，扩大视觉信息的类型和范围，感受不同光线刺激。

2. 色觉迅速发展

2.1 新生儿色觉感知能力较弱，能感知黑、白、灰、红色

指导建议：

将人脸图案、棋盘图案、几何图案的黑、白、红三色卡片放置距婴儿眼睛20厘米左右，鼓励婴儿观看。

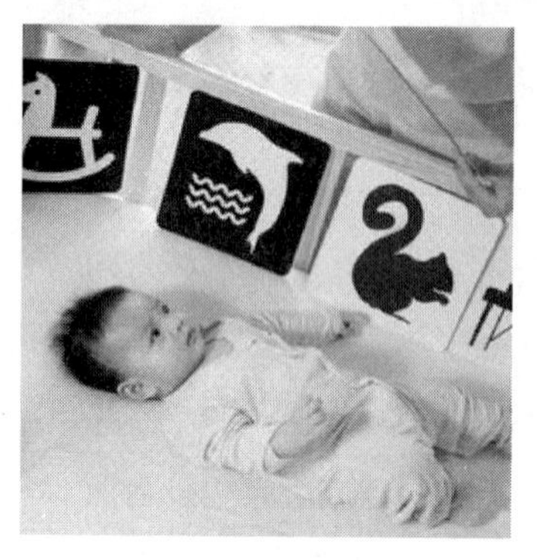

环境支持：

准备黑、白、灰、红四色卡片，条纹状衣服，色彩丰富的家中装饰品，如床单、窗帘、靠枕等。

2.2 2个月婴儿能辨别红、橙等暖色，无法辨别蓝色

指导建议：

（1）使用水果、生活用品卡片，特别选择红、橙色为主色调的卡片与婴儿进行互动，自主调节卡片距离，鼓励婴儿追视，并关注婴儿停留的时长，每隔2分钟更换一张，每次2—3张即可。

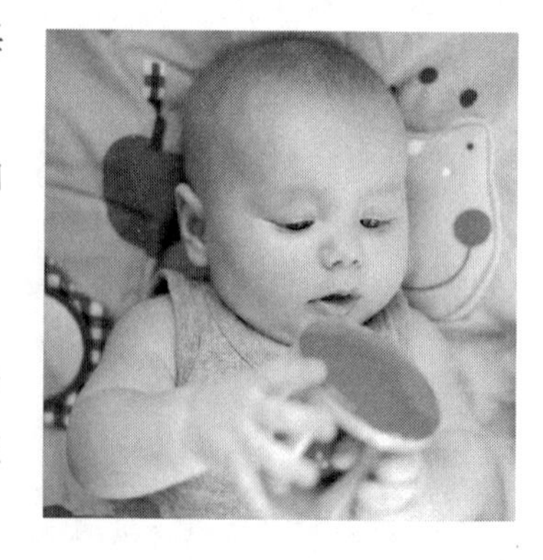

（2）鼓励婴儿抓握颜色丰富的生活物品或玩具，例如勺子、小碗、玩偶等。

环境支持：

添置颜色简单且具备单一色块的生活用品、玩具、卡片等，以及一部分可以自由移动的玩具，如皮球、旋转床铃等。

2.3 3个月婴儿逐渐辨别红、绿、蓝三色，并逐渐接近成人水平

指导建议：

(1) 在婴儿苏醒时，给婴儿玩促进视觉发育的玩具，如卡通画册、色彩鲜艳的脸谱、塑料包边的镜子等。通过变化物体的距离和提供多样的颜色，来锻炼婴儿的色觉感知能力。

(2) 带婴儿去户外观看房屋街道等生活环境，以及大街上移动的汽车，婴儿表现出感兴趣时可以停留较长时间，并配合语言解说环境。

环境支持：

充分利用周围的生活环境，如公园、街道、建筑内部设施等。在不同时间段，抱婴儿到安全舒适的户外去活动，扩大视觉信息的类型和范围，感受不同光线刺激。

3. 追视能力不断加强

3.1 新生儿双眼协调比较困难，易出现暂时性斜视

指导建议：

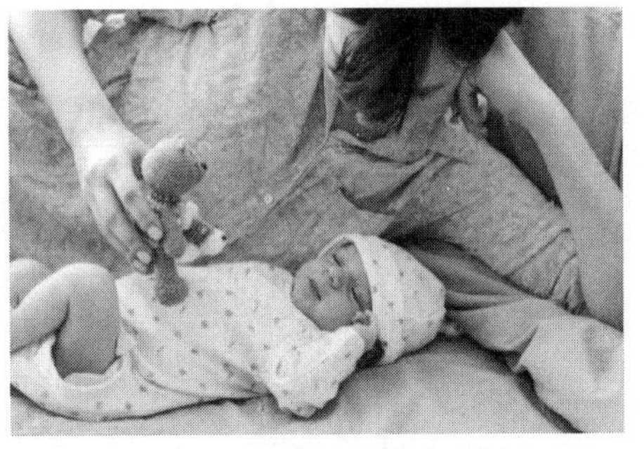

(1) 拿一个玩具(比如红球或摇铃)放在距离婴儿眼睛20厘米左右的正前方，向不同方向缓慢移动红球，让婴儿跟随玩具缓慢移动视线。每次更换2—3个不同玩具。追视玩具的时间不宜过长，可控制在每次1—2分钟、每天2—3次，否则会引起婴儿视觉疲劳。

(2) 婴儿躺卧时，在婴儿床上方或者婴儿车上放20厘米处悬挂悬吊玩具，转动速度以慢速为宜。

环境支持：

家庭中增添一部分颜色鲜艳，造型富有童趣，上面呈圆鼓状，下面有便于抓握的手柄摇铃、橡胶发声玩偶，通过摇动或者挤压发出明显的声音。

3.2 满月后不仅能注视静止的物体，还能追随缓慢移动的物体，有时会出现追视跳动，偏好移动的物体

指导建议：

(1) 婴儿乐于关注家长的面部，在家中多与婴儿面对面交流，任何话题都可以。家长表情相对夸张，引起婴儿注意，待婴儿注视家长面部表情后，有意识地移动头部，让婴儿自然移动视线。

（2）利用环境中移动的物体，锻炼婴儿的视觉灵活性，例如，抱着婴儿观看鱼缸里游动的鱼、家中晾晒的衣服，追逐晃动的影子或者飞舞的蝴蝶等，坐在汽车里观看窗外移动的景物等。

环境支持：

扩大婴儿生活的范围，多带婴儿出去走走。

3.3　3个月后婴儿能追视物体做圆周运动，乐意主动搜寻物体

指导建议：

（1）家长扶住婴儿颈部，与婴儿进行面对面亲子交流，家长的头部可以左右上下环形摇动，让婴儿练习左右、仰脸向上和环形追视。

（2）拿着玩具在婴儿眼前水平垂直移动或前后、绕圈摇动，一会儿拉近距离，一会儿拉远距离，鼓励婴儿用视觉追踪移动的物体，配合语言："宝宝看看这是什么？红红的小球，小球来找宝宝玩了，小球又飞走了。"

环境支持：

增添一部分可以自主移动的电动玩具，比如蹦蹦蛙、摇摆鸭子、电动玩具狗等。

【听觉】

4. 听觉敏锐，对声音的定向能力逐渐增强

4.1　新生儿能感受声音的强弱、音调的高低，偏好高频音乐，声音定位能力较差

指导建议：

（1）婴儿苏醒时，播放一些节奏明快的儿童歌曲给他听，妈妈也可以抱起婴儿哼唱歌曲。单曲循环多次播放，每次2—3首，每天播放半小时左右。

（2）选择一些自带声响的玩具，比如音乐盒、摇铃、拨浪鼓等，在婴儿周围发出声响。

（3）让婴儿聆听生活环境中的声响，比如厨房放水、炒菜的声音，洗衣机转动的声音，电视机里的声音。

环境支持：

选择的发音玩具声音一定要柔和、动听，不宜有刺耳声响。扩大生活环境，让婴儿有机会能接触更多类型的声音信号刺激。

4.2 声音的定向能力提高,能无意识寻找声源,但定位依旧不是很准确

指导建议:

(1) 选择带声响的玩具戴在婴儿手腕上或者鼓励婴儿抓握自发摇动,配合语言:“小铃摇一摇,妈妈点点头,小铃挥一挥,爸爸点点头,小铃转一转,奶奶点点头,小铃碰一碰,爷爷点点头。”

(2) 婴儿仰卧,照护者将装有各种豆子的塑料瓶置于婴儿眼睛20厘米之内,左右上下摇晃,发出“沙沙”声,鼓励婴儿用手够取,协助婴儿握住塑料瓶一起摇晃。

(3) 播放音乐,用沙锤轻碰婴儿脚丫、手掌等身体部位,并念唱:“锤沙锤拍拍,宝宝的脚丫在哪里,宝宝的脚丫在这里(同时轻碰)。”可更换儿歌中的身体部位。

环境支持:

不必因为担心“吓着”婴儿而将房间弄得静悄悄的,甚至走路都小心翼翼。实际上,给婴儿一个自然的有声环境,对听力等感官的发育是非常有利的,如开关门声、走路声、水声、洗刷声、扫地声、说话声以及室外的各种汽车鸣笛声、风雨声、人声等,这些来自自然环境的声音是十分有益的刺激,只需要避免一些太过嘈杂的声音,如电器噪声、施工噪音以及容易惊醒婴儿睡梦的门铃、电话铃声。

选择新鲜干燥的豆类,装入通透干净的塑料密封瓶内。注意一定是密封且不易打开的,防止婴儿误食豆类造成气道异物阻塞。

5. 声音辨别能力逐渐增强,产生声音偏好

5.1 对照护者声音较敏感,特别是妈妈的声音,能辨别照护者声音

指导建议:

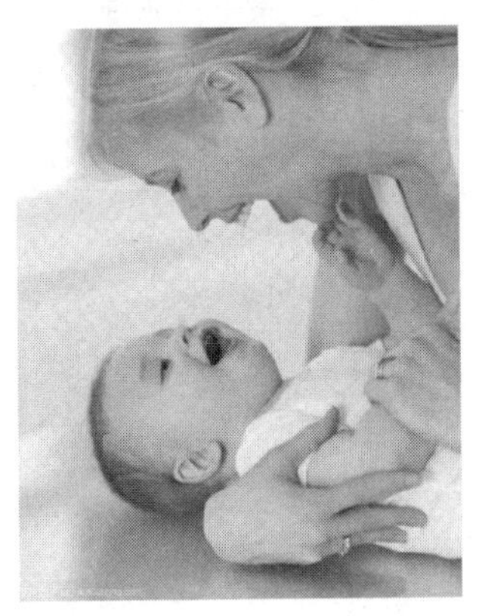

(1) 妈妈经常与婴儿进行语言交流互动,话题不限,可以聊聊妈妈的心情、妈妈正在做什么、妈妈最喜欢什么等,也可以给婴儿多唱唱歌,注意交流时尽可能面对面。

(2) 家中照护者应该经常温和地对婴儿说活,声音不要太大,说话时抑扬顿挫,表情丰富,使婴儿调动所有感官帮助理解和倾听。

环境支持:

创造丰富的语言交流环境,家中成员多多进行交流,并让婴儿参与倾听。

5.2　逐渐关注生活环境中的声音，对噪声较为敏感，易表现烦躁皱眉，甚至哭闹

指导建议：

（1）带婴儿到户外倾听小朋友玩耍的欢笑嬉戏声，并和婴儿交流："看看小哥哥们都在玩什么呢，他们在玩滑滑梯，我们长大了也可以哦！"倾听外界成人的交流，比如市场里的叫卖声、大街上车水马龙的声音等。

（2）抱着婴儿在安全的环境中听居家生活的各种声音，比如水流声、脚步声、切菜声等。

（3）到户外倾听自然环境中的各种声音，比如鸟鸣声、雨滴声、风声、蛙鸣声等。

环境支持：

扩大婴儿的生活环境，多接触声音丰富的环境。

5.3　逐渐具备区分语言和非语言的能力，能初步辨别音高、语气、语调，并能感受语言中明显的情绪情感的差别

指导建议：

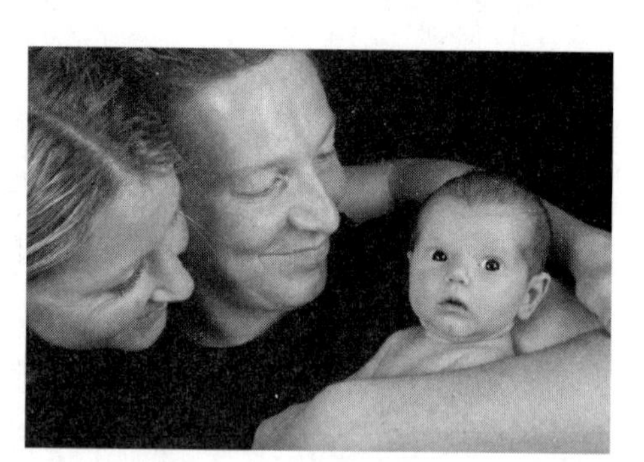

（1）播放儿童故事，每天播放半小时左右，每次2—3个故事轮回播放，一周更换一次。

（2）鼓励婴儿参加家庭活动，比如全家吃饭或聚会时，鼓励参与交流。

（3）播放不同小动物的叫声，家长同时模仿叫声。每次1—3种，每隔一周更换一次。

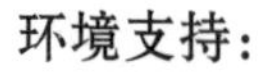

环境支持：

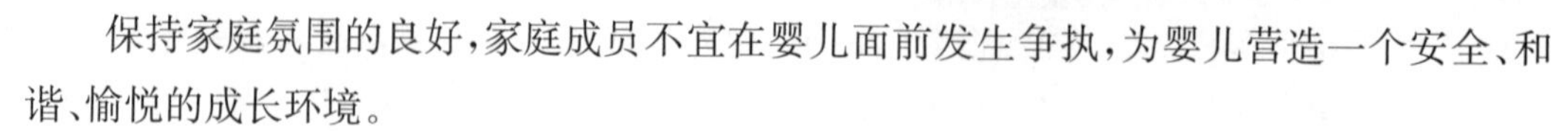

保持家庭氛围的良好，家庭成员不宜在婴儿面前发生争执，为婴儿营造一个安全、和谐、愉悦的成长环境。

【触觉】

6. 手眼协调触摸摆弄物品

6.1　物体碰到婴儿掌心，立刻将手指收起，抓紧物体，形成抓握反射

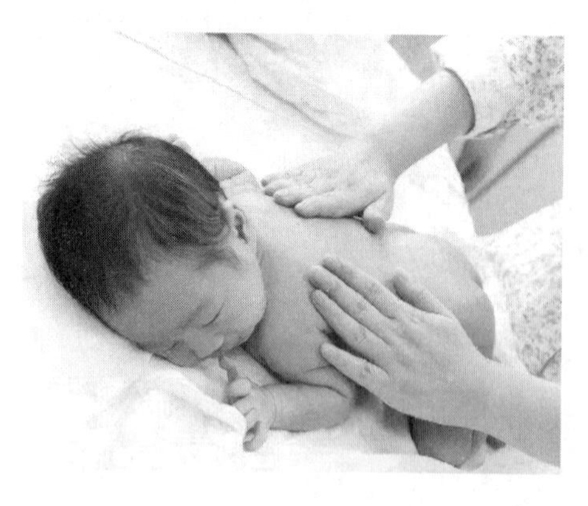

指导建议：

（1）可以在喂奶、洗澡、换尿布时，轻轻地抚摸婴儿的手、脚、耳朵、脸、腹部、背部等皮肤，或者将婴儿舒适地抱在胸前轻拍身体，同时哼唱歌曲，让婴儿充分体验抚摸带来的愉悦和放松。

（2）沐浴后对婴儿的皮肤进行有次序的、有手法技巧的科学抚触。大量温和的良好刺激通过皮肤感受器传输到中枢神经系统，可产生积极的生理效应。

环境支持：

（1）创设安心、舒适、温暖、平静的家庭氛围。

（2）给婴儿抚触前，需要将门窗关闭，避免室内对流风，室温保持在 26—28 ℃，播放轻柔的音乐。

6.2　抓握物体时与眼睛配合，看着物体进行抓握

指导建议：

（1）婴儿仰卧，将橙子皮削成螺旋状，照护者手拿一端，另一端自然下垂吸引婴儿的注意。然后将外形完好的柑橘或者剥好的橘瓣递到婴儿手中，帮助婴儿抓握或触摸感知。

（2）婴儿仰卧，照护者在婴儿眼前摇晃毛巾，鼓励婴儿伸手够取，宜用干湿不同的毛巾，帮助婴儿抓握或触摸。

环境支持：

准备一部分利于触觉感知的玩具，如不同材质的绒毛玩具、安全软胶积木、橡胶球、布娃娃、丝织品小玩具等，或者一些生活中的食物，比如核桃，注意选择时外壳粗糙程度各异、造型圆润、大小适中，方便婴儿单手抓握和双手同时抓握。比如水果中的香蕉、荔枝、苹果等，注意水果去柄，使用前务必清洁干净，保持外观干燥无损。色彩鲜艳、形态各异的物品都能给婴儿带来层次丰富的多样化刺激。

6.3　逐渐触摸和摆弄物品，能持续一段时间

指导建议：

递给婴儿一部分可以自由摆动的玩具材料，让婴儿独立感知，不要过多干预。时间在 5—10 分钟为宜。

环境支持：

创设独立自由的探索环境，确保婴儿玩耍、休息的环境中没有细小、危险的物品。一定要有照护者在旁边随时观察，避免安全事故。选择可以安全自由探索的玩具，比如布书、布积木、硅胶玩具等。

7. 口腔触觉敏感度提高，能辨别吮吸物差异

7.1　不能用口腔辨别乳头和奶嘴的差异

指导建议：

（1）在婴儿出生前准备好适合的奶嘴，软硬适中，方便吸吮，避免呛奶。

（2）妈妈在孕期注意乳房养护，避免如乳头凹陷等问题的出现。

环境支持：

当选择好了合适的奶嘴时请不要随意更换其他样式，让婴儿逐渐适应奶嘴的触感。

妈妈的乳房和乳头也要保持清洁干燥，避免滋生细菌。

7.2 逐渐能辨别奶嘴的软硬和形状差异

指导建议：

2个月左右的婴儿如果需要补充配方奶混合喂养时，一定要尝试缓慢让婴儿适应。若婴儿表现出抵触状态，拒绝不熟悉的奶嘴，是婴儿的一种自我保护，请耐心帮助婴儿逐渐适应并接受，一般需要一周左右的时间。

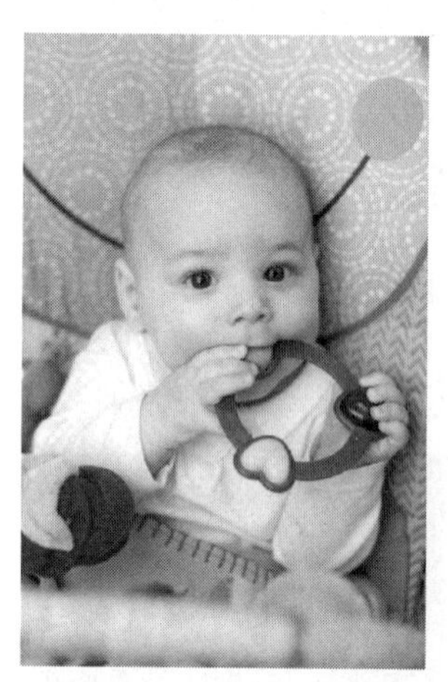

环境支持：

注意人工喂养奶嘴需要定期更换，每天务必高温消毒，如遇到破损请及时更换。

7.3 喜欢将物品放入嘴里，来回吮吸

指导建议：

(1) 为婴儿提供一些安全可靠的口咬胶，供婴儿吸吮啃咬。

(2) 为人工喂养的婴儿提供安抚奶嘴，每天使用时间不宜过长，切勿含睡。

环境支持：

选择口咬胶时，注意材料一定要安全可靠、造型丰富、易抓握，能提供不同的口唇感知体验。每日需高温蒸煮消毒。

【嗅觉】

8. 嗅觉敏感，能逐渐分辨不同气味

8.1 新生儿在出生一周左右能使用嗅觉准确辨别妈妈的气味

指导建议：

(1) 母婴同房。

(2) 母亲多与婴儿进行亲密的接触和互动，拥抱时让婴儿面部贴在妈妈怀里。

(3) 婴儿身旁可以放置母亲的睡衣、枕头等带有母亲味道的物品，让婴儿感到熟悉、安全。

环境支持：

保持家庭环境中空气流通，室内空气清新，减少油烟、二手烟等不良气体刺激。

8.2 2—3个月婴儿嗅到刺激性气味时，逐渐学会回避，如转头

指导建议：

带婴儿到户外感受自然环境的纯净空气，感受泥土、树木等大自然的气息，有利于婴儿发挥嗅觉本能，保持其敏感性。

环境支持：

注意保持室内空气的清新，不要使用香水、空气清新剂等有特殊气味的物品，破坏婴儿的嗅觉平衡。

8.3　4—5 个月婴儿能够准确区分不同的气味，出现气味喜好，能主动回避难闻气味

指导建议：

（1）选择散发自然果香的水果，如苹果、草莓、橘子等，在婴儿鼻子前方 10 厘米处扇闻，配合语言："宝宝，这是什么水果香香甜甜的呢？原来是苹果啊。"切记不可直接接触鼻子近距离闻，婴儿早期容易引发过敏。

（2）避免带婴儿到密闭、空气不流通的场所长时间停留，比如电影院、嘈杂的商场等。

环境支持：

保持婴儿睡眠、玩耍的环境区域空气新鲜，按时开窗通风，没有异味。

【味觉】

9. 味觉灵敏，并形成味觉记忆

9.1　婴儿的味觉较成年人敏感，能精细辨别食物的滋味，偏好甜味

指导建议：

（1）母乳是这个时期婴儿最好也是唯一的味觉体验材料，除此之外别无他物。

（2）人工喂养的婴儿注意在两餐奶之间喂白开水。

环境支持：

注意不要使用任何甜味饮品，如葡萄糖水、金银花露、清火宝等。易造成婴儿甜味刺激敏感性减弱，将来养成不良的味觉偏甜习惯。

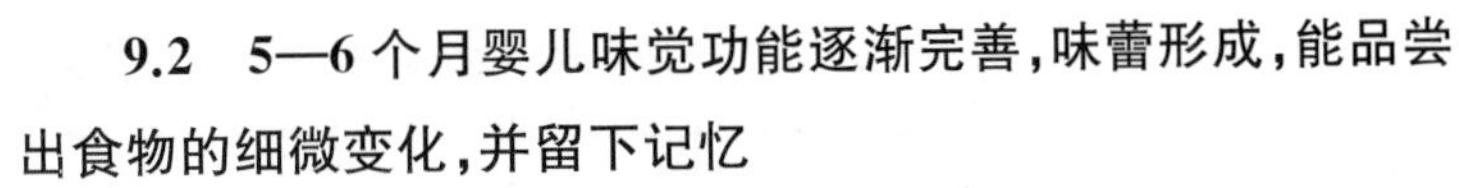

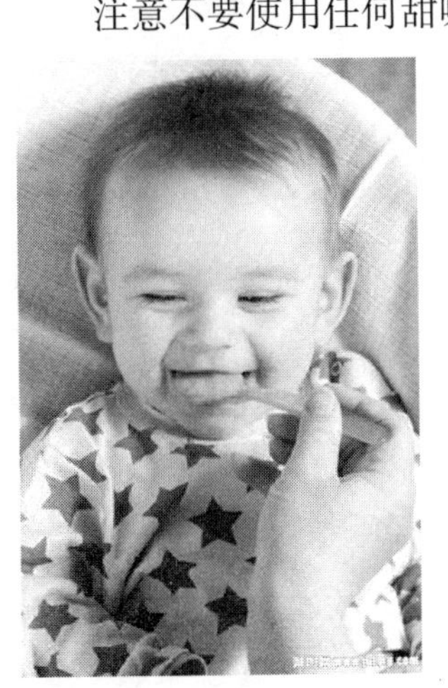

9.2　5—6 个月婴儿味觉功能逐渐完善，味蕾形成，能品尝出食物的细微变化，并留下记忆

指导建议：

5—6 个月适当添加辅食，从米粉低敏食物开始添加，初期每三天增加一种新食物，注意观察婴儿食用后的味觉反应。

环境支持：

注意保证食物的鲜嫩和原汁原味。

第三节 0—6个月婴儿思维品质发展与指导

刚出生的婴儿当他们饿了、尿了、冷了或热了时总会用哭的方式引起照护者的注意，帮助他们解决问题。随着月龄的增加，婴儿再不是被动地接受，他们会主动配合照护者，比如当换尿布时，他们会无意识地抬起腿或臀部；进入陌生的新环境时，他们会表现出情绪低落，警惕地环顾四周，确定面孔陌生后会感到紧张不安，四处寻找自己熟悉的照护者，张开双臂寻求安抚等。这些都是婴儿通过自己的认知对外界事物的反应，表现为婴儿的思维过程。

一、0—6个月婴儿思维品质发展特点

很显然，出生后的这半年时间里，婴儿处理问题的能力大大提升，这是因为婴儿的思维能力在迅速发展，虽然只是初步的思维表现，还具有很大的内隐性，但是他们已经展现出作为人类的独特高级思维。表6-2呈现的是0—6个月婴儿思维品质发展的基本特点。

表6-2 0—6个月婴儿思维品质发展特点

记忆与注意	1. 多为短时记忆，记忆容量有限
婴儿发展阶段	1.1 对熟悉的声音和气味会有反应，但记忆时间极短 1.2 对于之前看过的图形或听到过的歌曲等刺激物，能主动反应，关注时间延长 1.3 认识自己的生活环境和照护者，回到熟悉的环境中情绪能更稳定放松
	2. 以偶然的无意注意为主，注意时间与物体特性有关，共同注意水平低
	2.1 关注照护者的面部表情，或者离自己较近的物体，引发无意注意 2.2 新奇和特别的物体易引起注意，并能延长保持注意和探索行为的时间 2.3 对熟悉的事物注视的时间减少且易发生注意的转移 2.4 6个月之后初步展现共同注意能力，但水平很低，注意的协调与分配相对比较困难
解决问题能力	3. 初步表现出目的性行为
婴儿发展阶段	3.1 以无条件反射适应生活环境 3.2 将个别的行为协调成单一的、整合的活动，逐渐形成条件反射 3.3 在环境中找到兴趣点，试图重复体验

二、0—6个月婴儿思维品质发展指导

【记忆与注意】

1. 多为短时记忆，记忆容量有限

1.1　对熟悉的声音和气味会有反应，但记忆时间极短

指导建议：

(1) 选择轻柔的音乐在相对固定的时间重复播放，每次2—3首单曲循环。

(2) 养成相对固定的一日生活安排，以及生活习惯，如哄睡的方式、换尿布的方式、哺乳的习惯等。

(3) 每天有相对固定的高质量亲子陪伴，如晚间有父母共同陪伴的亲子娱乐时光。

环境支持：

生活居住环境尽量保证安稳、舒适，物品摆放相对固定，每隔一段时间可以更换。

1.2　对于之前看过的图形或听到过的歌曲等刺激物，能主动反应，关注时间延长

指导建议：

(1) 每天提供玩具让婴儿体验玩耍，需保持一定的重复性，不宜频繁更换。当婴儿展现出对某一玩具或材料失去兴趣时，再更换一个，注意观察婴儿对新物品是否感兴趣。

(2) 扩大婴儿的生活范围，每天有固定的户外活动时间和活动轨迹，带着婴儿边走边看，边走边听，并为婴儿介绍生活环境中的物品。

环境支持：

(1) 为婴儿提供丰富多样的视觉、听觉、触觉感知玩具或者材料。

(2) 婴儿作息安排应该稳定、合理，并逐渐形成常规，不要随意变动。

(3) 生活用品或者生活细节注意保持相对固定。

1.3　认识自己的生活环境和照护者，回到熟悉的环境中情绪能更稳定放松

指导建议：

(1) 有相对稳定的生活照护者，参与婴儿日常大部分活动，最好由一位主要负责，建议不要轻易更换。

(2) 家庭生活环境稳定,家庭氛围和谐。

环境支持:

在婴儿作息时间内尽可能扩大生活的范围,接触更为丰富的外界环境,自然环境、社会生活环境、家庭环境都是可以的。

2. 以偶然的无意注意为主,注意时间与物体特性有关,共同注意水平低

2.1 关注照护者的面部表情,或者离自己较近的物体,引发无意注意

指导建议:

(1) 家长与婴儿面对面交流的时候,让婴儿抚摸家长的脸庞,然后告诉婴儿摸到的部位的名称,例如,“这是爸爸的鼻子,下面有小胡子扎扎哦,嘴巴可以张开和宝宝说话。”对于月龄小的婴儿,如果婴儿注视时间过短,不要介意,这属于正常情况,继续和婴儿进行触摸式交流。

(2) 经常使用一些发声玩具逗引婴儿,引起婴儿关注,当婴儿熟悉某种玩具声响时,可以再尝试拉远距离,或放在婴儿看不见的地方,发出声响,抱起婴儿去寻找玩具。

环境支持:

(1) 家庭环境和谐,家庭成员乐于交流沟通。

(2) 玩具的数量不要过多,每天有计划地投放玩具,不要每天更换新玩具。

2.2 新奇和特别的物体易引起注意,并能延长保持注意和探索行为的时间

指导建议:

(1) 合理的作息时间,能保证婴儿有充分的休息和睡眠时间,是婴儿保持精力充沛、注意集中的前提条件。

(2) 让婴儿有充足的时间自己探索玩具或者感兴趣的事物,可以陪伴婴儿一起摆弄,并用语言配合指导动作,例如,“我们让小手摇起来,听听它会发出什么声音。”

环境支持:

提供安全可靠的婴儿玩具或材料,注意环境的安全性,排除危险因素。成人需要一直陪伴看护。

2.3 对熟悉的事物注视的时间减少且易发生注意的转移

指导建议:

(1) 可以根据婴儿的喜好投放玩具,注意每次投放玩具的数量不宜过多,2—3 个为宜,否则容易造成婴儿注意分散。

(2) 家长抱着婴儿一起观看镜子中的自己和他人,家长使用丰富夸张的表情逗引婴儿,特别是哈哈大笑等喜悦的表情,鼓励婴儿持续关注。

(3) 抱婴儿到户外观看哥哥姐姐游戏,并和婴儿交流他们玩的是什么,观察婴儿的注意和动作表现。

环境支持：

在居住环境稳定的情况下，适当扩大婴儿的活动空间，特别是空气清新、绿树成荫的自然环境。特别拥挤或者嘈杂的环境都不宜让婴儿久待。

2.4　6个月之后初步展现共同注意能力，但水平很低，注意的协调与分配相对比较困难

指导建议：

(1) 每天有相对固定的时间与婴儿互动，注意目光注视和交流，父母可以分享生活中发生的任何事情，向婴儿展现出自己的心情，表情自然，语言清晰。

(2) 在日常生活中呼喊婴儿的乳名，当婴儿听到乳名时，辅助婴儿用动作去回应，给予婴儿亲吻或高举作为鼓励。

(3) 玩适宜的亲子三人游戏，妈妈逗引婴儿，爸爸抱着婴儿帮助回应，例如妈妈拿着小球向婴儿挥手，爸爸抱住婴儿前去够取小球，并配合语言："我们去妈妈手上拿小球咯。"

环境支持：

(1) 营造人际交流丰富的生活氛围，家人乐于沟通交流，交流方式丰富多样。

(2) 每天都安排相对固定的户外活动。

共同注意

共同注意是指在三方的互动中，一个人和他人建立眼神接触，跟随或指示他人注意同一个物体或事件，两个人指向同一物体和事件的共享注意的过程。共同注意在婴儿的发展中变得复杂，分化为两种形式——主动性共同注意(initiating joint attention，IJA) 和应答性共同注意(responding joint attention，RJA)。主动性共同注意是指婴儿主动使用眼神接触(eye contact) 、眼神变换(alternate) 、手指指示(point) 和展示(show) 去引发他人对物体或事件的注意。其中眼神接触、眼神变换属于低水平的主动性共同注意(Low-IJA)，手指指示和展示属于高水平的主动性共同注意(Hi-IJA)。应答性共同注意是指婴儿追随他人眼神和手指指示的技能，追随近距离的手指指示(follows point) 是低水平的应答性共同注意，追随远距离的眼神(followsline of regard) 是高水平的应答性共同注意。

资料来源：马亚妮，上官芳芳，王争艳. 婴儿共同注意与社会能力发展的关系[J]. 首都师范大学学报，2012(12).

【问题解决能力】

3. 初步表现出目的性行为

3.1 以无条件反射适应生活环境

指导建议:

先天行为不需要额外的干预,尽可能满足婴儿基本生活需求并给与情感支持,逐渐形成适合婴儿的生活习惯。

环境支持:

保持新生儿生活环境的相对稳定,包括居住环境、照护者、一日生活安排的稳定与舒适。

3.2 将个别的行为协调成单一的、整合的活动,逐渐形成条件反射

指导建议:

为婴儿建立适合自身的生活习惯,如给婴儿喂奶时,婴儿边吸吮边手抓握妈妈的衣服;哄睡时怀抱婴儿并哼唱同一首歌曲,形成入睡习惯;沐浴之后给婴儿进行全身抚触等。促进婴儿将不同的行为联系起来形成条件反射。

环境支持:

婴儿作息安排应该稳定、合理,并逐渐形成常规,不要随意变动。生活用品或者生活细节注意保持相对固定。

3.3 在环境中找到兴趣点,试图重复体验

指导建议:

观察婴儿的兴趣喜好,当他看到部分人、物、动作时会微笑或者大笑,尽可能重复展现,例如,婴儿听到摇响拨浪鼓就会发出笑声时,就持续地重复摇晃拨浪鼓,让婴儿喜欢上这个行为,并鼓励婴儿尝试自主摇晃,感知自主操作动作的愉快。

环境支持:

营造丰富、安全的环境,支持并鼓励婴儿的探索行为。提供安全、可以自主操作的玩具或材料,如手摇铃、橡皮鸭、毛绒玩具、口咬胶等。

第四节 0—6个月婴儿认知探索案例与分析

根据0—6个月婴儿认知发展的规律和特点,创设适宜的环境,设计适合专业教师和家庭开展的婴儿运动发展指导活动,促进这一时期婴儿认知探索能力的发展。

一、婴儿抚触操

婴儿抚触是抚触者用双手对婴儿的皮肤进行有次序的、有手法技巧的科学抚摸，大量温和的良好刺激通过皮肤感受器传输到中枢神经系统，以产生积极的生理效应。婴儿抚触可以增强婴儿睡眠深度，保持呼吸顺畅，增强肌肉柔软度和协调性，促进食物的消化、吸收和排泄，安定情绪，减少焦虑，促进婴儿机体的健康成长。

在进行抚触操之前，需要做好以下准备工作：

(1) 抚触前首先将门窗关闭，让室温保持在26—28℃，播放轻柔的音乐。

(2) 整理好操作台，准备抚触油、护臀霜、浴巾、尿不湿、换洗衣物、包被等。

(3) 去除手上的各类饰品，以防划伤宝宝肌肤，用七步洗手法洗净双手，并揉搓保持温暖。

(4) 在准备抚触前先观察婴儿的情绪状态，宝宝最好是1小时前刚喝完奶，现在情绪稳定，没有任何烦躁和不安的表现。

(5) 抚触时间以5—15分钟为宜，随时观察婴儿情绪，注意调整时间长短。

第一节　面部抚触

两拇指指腹从眉间滑向两侧至发际；两拇指从下颌中央向两侧向上滑动至耳垂，划出一个微笑状；两手从前额发际抚向枕后，两中指停于两耳后，轻轻按压。

第二节　胸部抚触

两手掌放分别放在婴儿两侧肋下缘，向对侧外上方滑动至婴儿肩部，两手交替进行。在胸部划一个大的交叉。注意避开婴儿乳头。

第三节　腹部抚触

双手依次从婴儿的右下腹部按顺时针方向画半圆按摩婴儿腹部，在左下腹部结束。注意避开婴儿脐部和膀胱。

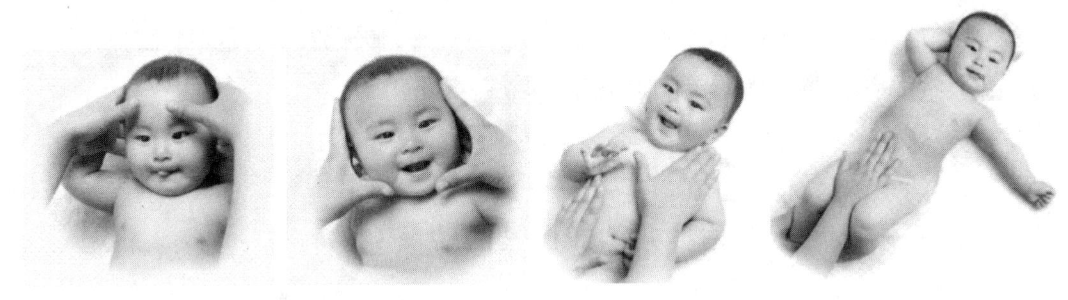

第四节　手臂抚触

双手握住婴儿一侧上臂，交替从上臂向腕部滑行并轻轻挤捏，双手夹住婴儿上臂从上到下轻轻搓滚。两拇指指腹自婴儿掌心向指端按摩，提拉每个手指。换另一侧手臂。

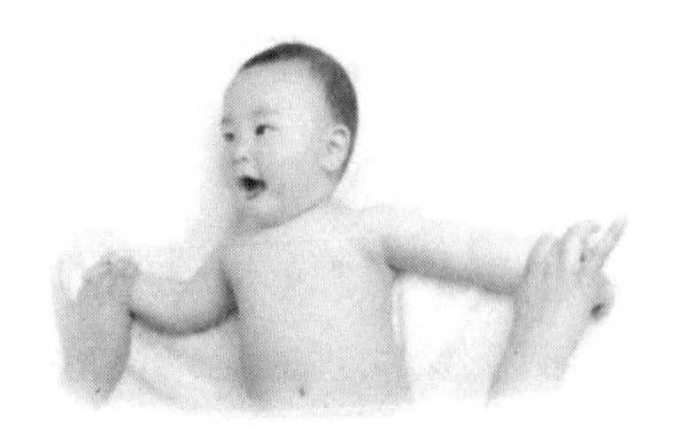
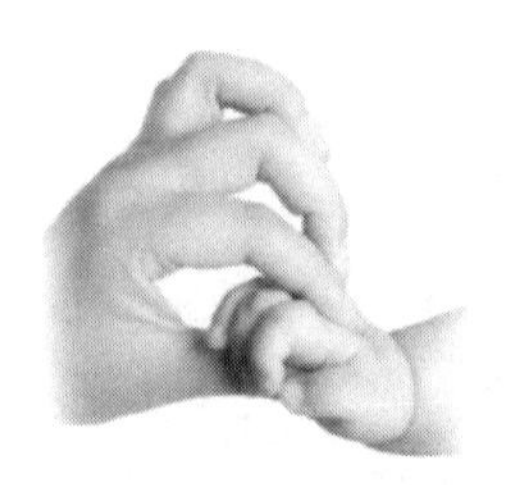
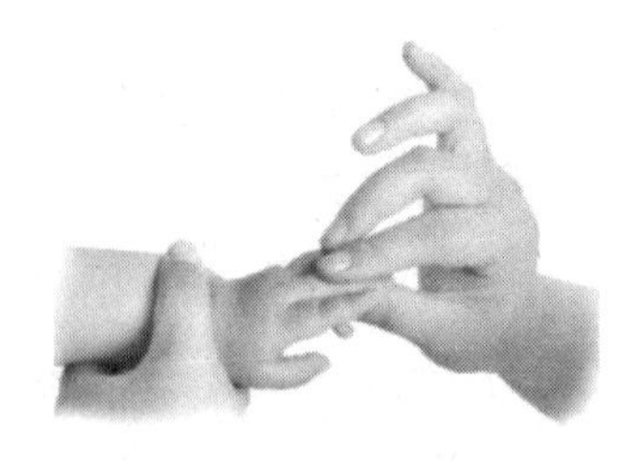

第五节　背部抚触

将婴儿俯卧，头偏向一侧，双手平放婴儿背部，从颈部沿脊柱向下按摩4次。

双手大鱼际从颈部向下，在脊柱两边往外推压。

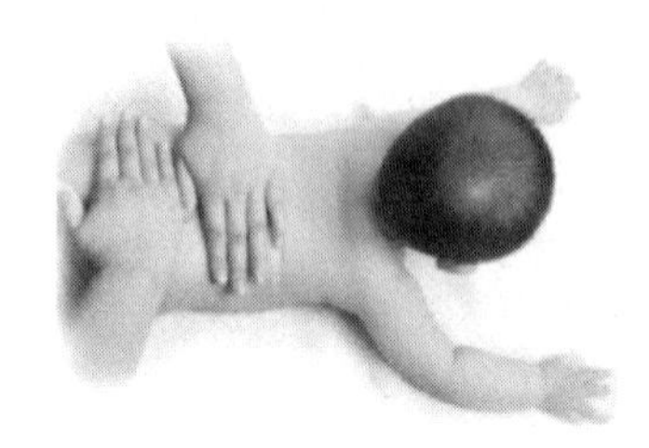
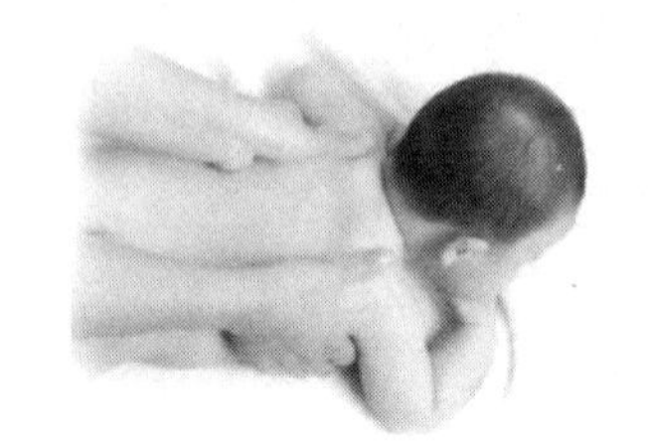
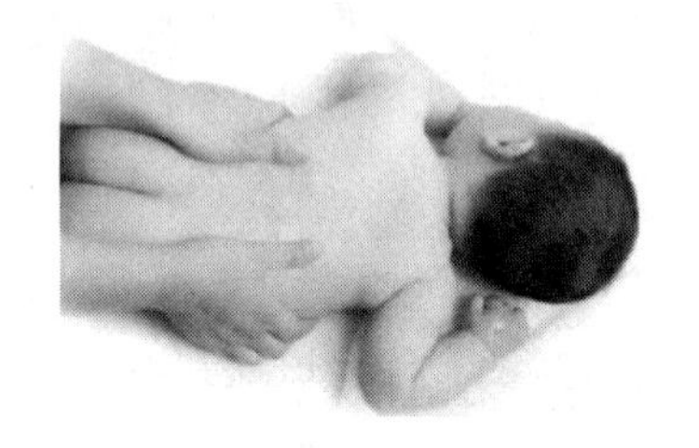

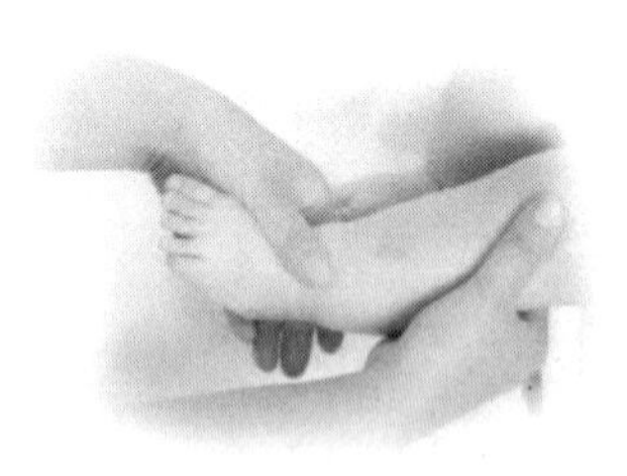
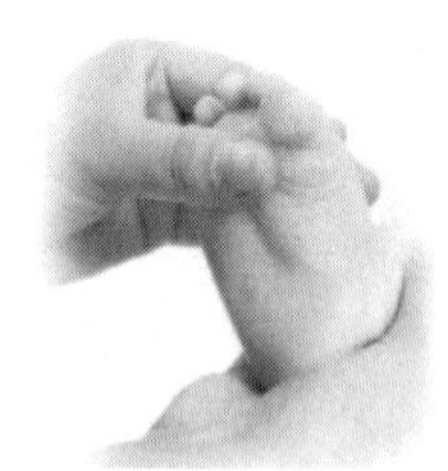

第六节　腿部抚触

双手握住婴儿一侧大腿，交替从大腿向膝部、小腿、踝部滑行并轻轻挤捏，双手夹住婴儿大腿从上到下轻轻搓滚。两拇指指腹自足跟向趾端按摩，提拉每个脚趾。换另一侧下肢。

附抚触儿歌：

1. 头面部抚触：小脸蛋，真好看，妈妈摸摸真好看。
2. 胸部抚触：摸摸胸口，真勇敢，宝宝长大最能干！
3. 腹部抚触：小肚皮，软绵绵，宝宝笑得甜又甜。
4. 上肢抚触：伸伸小胳膊，宝宝灵巧又活泼。动一动，握一握，宝宝小手真灵活。
5. 下肢抚触：捏捏小脚丫，宝宝会跑又会跳，爸爸妈妈乐淘淘。
6. 背部抚触：妈妈给你揉揉背，宝宝做啥都不累。

二、家庭中0—6个月婴儿认知探索活动案例

宝宝来瞧瞧

活动目标：引起婴儿注意，锻炼婴儿追视能力，发展注意力的持久性。

适用年龄：0—3个月。

活动准备：黑、白、灰三色几何图形卡片。

与婴儿一起玩：

1. 宝宝仰视平躺在地垫上，家长可以与婴儿同侧躺下。

2. 家长拿出黑、白、灰三色卡片在距离宝宝20—25厘米处移动卡片，“宝宝宝宝来瞧瞧”，当婴儿注意力跟上之后，可以以画圆方式移动卡片，注意速度较慢，尽可能与婴儿视线同步。

活动时长：可重复数次，观察婴儿表现，当兴趣减弱时，可以更换另一张或休息。

【案例分析】

黑、白、灰三色卡片是0—3个月婴儿视觉练习中使用最多的材料，由于这一时期的婴儿对这类卡片有视觉偏好，最易引起婴儿的注意，能作为视觉刺激的良好材料，家长们可以在家里准备一些。卡片玩法多样，易学易会，活动也不受场地、时间等因素限制，随时随地都可以进行，还可以根据婴儿实际情况拓展诸多玩法。

铃鼓拍拍拍

活动目标：引起婴儿注意，锻炼婴儿追视能力，发展注意力的持久性。

适用年龄：0—3个月。

活动准备：小铃鼓一枚。

与婴儿一起玩：

1. 家长靠在沙发靠垫上，拱起膝盖，让宝宝斜躺在家长大腿上，注意一只手扶稳婴儿头部。

2. 家长拿出小铃鼓在空中摇晃，吸引婴儿的注意。之后有节拍地落在婴儿的腿部、手臂、屁股等部位，并配合语言：“宝宝的手臂在哪里？宝宝的手臂在这里。宝宝的腿腿在哪里？宝宝的腿腿在这里。宝宝的屁股在哪里？宝宝的屁股在这里。”

活动时长：对于婴儿特别感兴趣的部位可以多次重复。

【案例分析】

利用摇铃拍打身体的不同部位不仅可以让婴儿接收到听觉刺激，还能形成触觉感知，以及产生初步的自我意识，对于婴儿感知觉发展是非常有益的。游戏形式简单，家长易学易会，婴儿参与性强，表现积极。在家庭中可以更换不同照护者进行此项游戏，还可以听辨不同家人的音色差异，提高听力的辨别性。

小车“滴滴叭叭”

活动目标：引起婴儿注意，增强婴儿触觉感知能力，听辨“滴滴，叭叭”。

适用年龄：0—6个月。

活动准备：手掌大小的小汽车一辆。

与婴儿一起玩：

1. 婴儿仰卧，家长将小汽车放在婴儿的身体上来回行驶，从左手臂行驶，绕过头再行驶到右手臂,从胸前开往右腿,再从左腿开回来。

2. 每走完一段后,家长口中念唱:“小汽车开过来了,滴滴叭叭。”

3. 关注婴儿对汽车轮划过四肢不同部位的表现,如果有特别喜欢的部位,可以来回多次行驶。

4. 可以更换其他玩具,在婴儿四肢来回滚动,体会不同物品的触感刺激。

活动时长:根据婴儿兴趣调整游戏时长,每次2—5分钟即可。

【案例分析】

小汽车的车轮在婴儿身体上运动,能形成独特的触感刺激和有利的视觉刺激,配合拟声词念唱,使得婴儿的整体感知觉都参与体验。而随着婴儿关注感知运动的小车,又能将注意有效调动,开启思维,形成对外界事物的认识。游戏形式简单,家长易学易会,婴儿参与性强,表现积极,不同年龄段的婴儿均适合。

三、托育机构中0—6个月婴儿认知探索活动案例

表6-3 活动案例《鱼儿的欢乐世界》

活动内容:鱼儿的欢乐世界 场地:室内活动室(地垫)	适合月龄:1—3个月 人数:12人(宝宝6人,成人6人)	
	家长学习目标	宝宝发展目标
活动目标	1. 满足宝宝对抬头自主伸手够物的浓厚兴趣,体验与宝宝互动交流的亲子乐趣。 2. 学会运用生活中多种材料创设宝宝抬头的环境,训练宝宝抬头的方法。 3. 知道1—3个月的宝宝运动发育特点、认知能力的三个不同发展阶段的代表性行为。 (1) 1月龄左右代表性行为:俯卧、握拳、蹬腿、挥手臂、听到声音有反应,感官敏锐,但视力比较模糊。视觉上,对黑白图片感兴趣;听觉上,能找到面前的声音来源;触觉上,宝宝的小手总是握紧拳头,不能支配自己的小手。 (2) 2月龄左右代表性行为:开始学习抬头,发现自己的手,偶尔会露出笑容,也会有各种情绪反应。视觉上,喜欢看运动的物体和熟悉的人脸,开始注视物体,跟踪物体;听觉上,对大人说话能够做出反应,发出“啊、哦”的声音;触觉上,摇铃等可以在手中停留片刻。 (3) 3月龄左右代表性行为:俯卧可以撑起上身,头可以抬45度,开始将所看到的和做联系在一起。视觉、听觉上,能跟随物体移动头部,会开始寻找声源,能笑出声,逗引时有反应;触觉上,双手可握在一起,摇铃可在手中停留半分钟。	1. 喜欢和家长一起做游戏,对亲子抬头互动游戏感兴趣,愿意通过材料教具积极互动交流。 2. 能通过生活中的材料,有意识地对铃铛球进行抓握,并且感知材质的不同。 3. 通过视野追踪、触觉感知、主动运动的游戏,尝试在家长的帮助与鼓励下,初步构建对物体整体运动变化的感知以及能精准抓握物品、抬头坚持1—2分钟。

续　表

<table>
<tr><td>活动准备</td><td colspan="3">4. 经验准备：(1) 儿歌《小鱼游游》《hello song》；(2) 家长已掌握被动操的操作手法；(3) 宝宝在家长的帮助下，尝试过抬头练习。
5. 材料准备：仿真娃娃一个、手铃(8个)、黑白卡片(若干)、多种材质的铃铛球。
6. 环境准备：铺好地垫的空场地、轻松的音乐环境、一些玩具。
</td></tr>
<tr><td rowspan="3">活动过程</td><td>环节步骤</td><td>教师指导语</td><td>教师提示语</td></tr>
<tr><td>打招呼——《小鱼游游》。教师与家长和宝宝们围成圆圈，席地而坐，教师做自我介绍，带动家长和宝宝自我介绍。</td><td>教师开始自我介绍：各位家长，宝宝们好，我是××老师，欢迎你们来到××老师的课堂。让我们一起带着宝宝去鱼儿的欢乐世界游戏吧！(播放音乐《小鱼游游》)
老师跟着音乐围圈和宝宝们互动打招呼：我是小金鱼，你叫什么名字呀？和宝宝轻轻握握手，家长带着宝宝互动。</td><td>各位家长可以用自己的手和宝宝互动，比如在宝宝的胳膊上点点点，跟着音乐一起哼唱和宝宝进行互动，来增强宝宝的听觉刺激及触觉刺激，带动宝宝感受友好的集体氛围，增进亲子之间的情感。</td></tr>
<tr><td>热身环节——《动动我的小身体》。播放轻音乐《安妮的仙境》，进行抚触操，老师在前面进行要点讲解并示范，家长们和宝宝互动，安抚情绪，给宝宝做抚触操。</td><td>小结：哇！老师在鱼儿的世界认识了好多新朋友呀，都记住了你们的名字哦，让我们一起来活动活动我们的身体吧，这样才有力气去寻找食物哦！
播放音乐：各位家长，现在就开始给我们的宝宝进行抚触练习，不用刻意地去数节拍，可以跟我们宝宝互动交流一下来安抚宝宝情绪哦。比如我面前的这个宝宝，我们可以通过念唱儿歌的方式：(1) 头面部抚触时：小脸蛋，真好看，妈妈摸摸真好看。(2) 胸部抚触时：摸摸胸口，真勇敢，宝宝长大最能干！</td><td>家长们在给宝宝做抚触时，要注意多观察宝宝的情绪变化，做的时候动作要轻柔一点，这样可以平抚宝宝不安的情绪，减少哭闹，让宝宝熟悉教室环境的同时提升家长和宝宝之间的信任度，宝宝也能感受到妈妈的爱护和关怀。</td></tr>
</table>

续 表

活动过程	视野追踪——《小鱼游游乐》。让宝宝平躺，家长们拿黑白卡片，在距离宝宝20—25厘米处进行物体运动，逗引宝宝。	过渡环节：我们的家长们都很棒，这个画面好温馨呀！给我们宝宝正确地做了抚触操，我们的宝宝身体也会越来越棒的。 引发兴趣：（出示黑白卡片）宝宝们，快看这是什么？还记得吗？这个呀，是会移动、游来游去的小鱼哦。 示范表演：现在，请家长们让我们的宝宝平躺在地毯上，用身边的黑白卡片在距离宝宝20—25厘米处进行卡片移动，和宝宝互动。（教师示范一遍）宝宝，你看小鱼游到左边啦，呜呜呜——小鱼又慢慢地游到右边来啦。	宝宝早期感知觉发展迅速，视觉调节能力逐渐增强，宝宝会随着卡片的移动而移动，我们家长在移动卡片时要慢，可以用夸张的口型来跟宝宝交流，当第一页卡片结束后，继续换另外一页和宝宝用同样的方式进行互动。
	触觉感知——《不一样的鱼泡泡》。将宝宝抱着，家长们从盒子里拿出铃铛球，让宝宝摸一摸、抓一抓，或者用铃铛球在宝宝身上轻轻触碰。	引发兴趣：呀！宝宝们是不是看见了游来游去的小鱼呀，你们看看这些是什么？它还会发出声音哦，我们一起摸一摸、看一看吧！ （播放音乐《鱼儿水中游》）家长们可以在盒子里面拿取不同材质的铃铛球给宝宝们感受一下。	触觉是我们宝宝认识世界的主要手段，让宝宝触摸感受铃铛球的不同材质，这种刺激对宝宝大脑发育有促进作用。在进行的时候，可以将这些铃铛球放在宝宝手中，让宝宝握一下，进行触觉体验，或者放在宝宝的其他部位让宝宝感知。
	主动运动——《鱼儿寻宝藏》。让宝宝俯卧趴在垫子上，将两只胳膊分别放在头两侧，家长拿玩具逗引他，使其抬头。	鼓励表现：哇，我们的宝宝是不是感受到了不同的鱼泡泡呀，这会儿呀好多宝藏等着你们去发现，准备好了吗？ （播放轻音乐《安妮的仙境》）请家长们带着我们的宝宝一起去寻找宝藏吧，宝宝俯卧趴在垫子上，将两只胳膊分别放在头两侧，家长拿玩具逗引他，使其抬头，用摇铃逗引宝宝主动抬头。	这个游戏，要在给宝宝喂奶前半小时到1小时进行，不能在吃奶后进行，而且要注意宝宝的口鼻，以免影响宝宝呼吸，多注意观察宝宝的情绪状态，练习时间在1—2分钟。
	再见环节——《hello song》。家长抱着宝宝，一起唱《hello song》和宝宝互动。	时间过得真快呀，又到了我们说再见的时候了，今天我们带着宝宝一起去看了鱼儿的世界，感受了不一样的泡泡，度过了快乐的时光。让我们最后一起唱首《hello song》吧！（家长们可以带着宝宝自由走动，和其他宝宝互动，教师也跟所有宝宝互动一下）	最后的环节，同样可以边唱歌边和宝宝互动，让宝宝感受欢乐、温馨的气氛。

续 表

家庭活动延伸	由于宝宝月龄段太小，大多数家长不知道怎样正确引导宝宝做抬头练习，或者由于宝宝肌肉力量、协调性、抓握力量不够而与同年龄段宝宝有差异，家长过于担心，我们可以通过这样的游戏方式来帮助宝宝。 (1) 飞行游戏。妈妈仰面躺下，把双脚蜷缩起来，让孩子趴在妈妈的小腿和膝盖上，保持平衡，把宝宝的双手向两边打开，这将会让他把头抬起来。这时候爸爸也可以在一旁帮助妈妈完成。 (2) 趴趴乐。妈妈坐在床边，或者沙发上(一定是个安全的地方)，让宝宝趴在妈妈的大腿上，双手放在大腿上，这时妈妈可以拿摇铃或者其他玩具在前面吸引宝宝注意力。 (3) 开车车。宝宝平躺，妈妈拿着一根比较细短的杆子，引导宝宝用双手握住杆子，握住之后可以带着宝宝左右上下晃动、转圈圈。

【案例分析】

这一案例是0—6个月婴幼儿认知探索中最常见的代表类型，从抚触按摩运动游戏开始热身预备，创设自然舒适的氛围，让婴儿适应环境后，再进入重点认知探索活动。黑、白、灰三色卡片是这一时期婴儿认识探索的主要材料，也是家长进行家庭教育的好帮手，所以学习使用该材料，掌握该材料在婴儿指导过程中的操作技巧，是这节活动家长的重点任务。早教教师通过现场示范和讲解，提示要点，可以使家长直观地学习和应用，提高家庭育儿的技能水平。

本章回顾

作为婴儿开启认知探索世界的最初阶段，婴儿的认知发展和行为表现都具有初浅性、内隐性，对于这部分内容的学习就显得颇有难度。因此本章内容的学习一定要建立在观察婴儿早期行为发展的基础上，将各个感知觉发展的规律一一对照，细致感知婴儿认知的发展，以及对应的指导策略，这些策略有的是具体的、可以操作的，有的则是原则性的指导，需要学习者慢慢消化与吸收。书中婴儿的发展阶段是一个普遍性规律，但有些婴儿并没有完全按照发展阶段一一提升，而是呈现跳跃式发展，成人不必过于纠结。对于指导建议，可以根据章节中提出的内容以实际情况为基准进行调整。

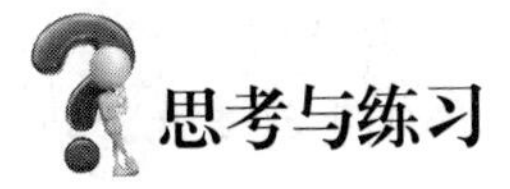

思考与练习

一、选择题

1. 婴儿对熟悉的事物注视的时间减少且易发生注意的转移是发生在以下哪个阶段之

后？（　　）

A. 关注照料者的面部表情，或者离自己较近的物体，引发无意注意。

B. 新奇和特别的物体易引起注意，并能延长保持注意和探索行为的时间。

C. 6个月之后初步展现共同注意能力，但水平很低，注意的协调与分配相对比较困难。

D. 能主动搜索感兴趣的事物，并能持续地保持对事物探索的注意。

2. 新生儿在出生多久后能分辨出妈妈的气味？（　　）

A. 一出生　　B. 出生一周左右　　C. 2—3个月　　D. 4—5个月

3. 3个月婴儿可以逐渐辨别的颜色有（　　）。

A. 红、黄、绿　　B. 红、绿、白　　C. 红、绿、蓝　　D. 绿、黄、蓝

4. （多选题）适合婴幼儿视觉感知的材料有（　　）。

A. 识字卡片　　B. 水果卡片

C. 几何图形卡片　　D. 黑白灰三色卡片

二、简答题

1. 简述0—6个月婴儿认知教育的含义。

2. 简述0—6个月婴儿认知教育指导的含义。

3. 简述婴儿视觉调节能力和视物范围的发展阶段。

参考答案

职业证书实训

育婴师考试模拟题：设计0—6个月婴儿玩"寻找声源"的游戏。

（1）本题分值：10分

（2）考核时间：10 min

（3）考核形式：实操

（4）具体考核要求：学习听声音寻找声源。

评分标准

推荐阅读

1. [美]莉萨·戴利，米丽亚姆·别洛戈洛夫斯基.开放性材料与婴幼儿创造性游戏[M].南京：南京师范大学出版社，2018.

2. [美]琼·G·巴伯.宝宝迈向STEAM 0—3岁儿童的科学、技术、工程和数学活动[M].南京：南京师范大学出版社，2018.

第七章
0—6 个月婴儿艺术体验与创造表现

学习目标

1. 对 0—6 个月婴儿视听艺术发展感兴趣，乐意参与指导这一时期婴儿的艺术体验与创造表达活动。

2. 掌握 0—6 个月婴儿视觉与听觉艺术的发展规律。

3. 能根据 0—6 个月婴儿视听艺术发展规律和个体差异，针对性地设计并组织家庭和托育机构的视听体验活动。

思维导图

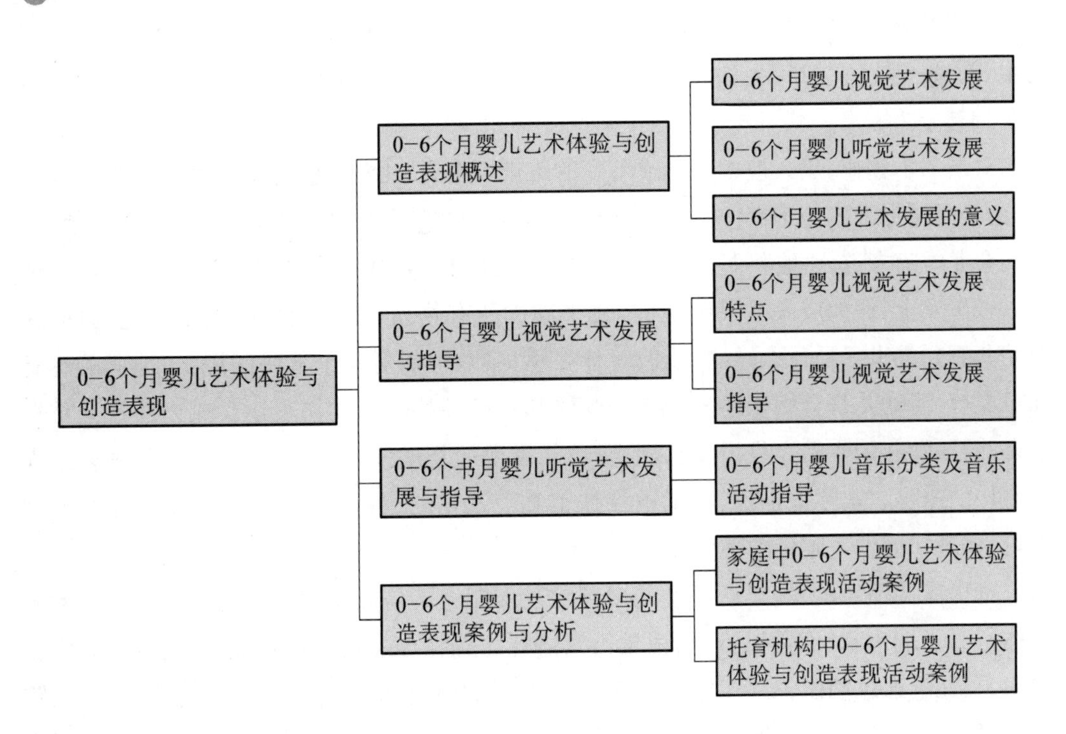

妈妈把4个月大的叮咚放进洗澡盆里，他立马就被吐着泡泡唱着歌的小螃蟹所吸引。他左右摇晃着小手，眼睛盯着软密的泡泡发出咯咯笑声。就在这时，妈妈突然关掉音乐，叮咚摇动脑袋，眼珠左右转动四处张望，表情明显有些着急，看来叮咚是发现音乐没了。他不开心地在洗澡盆里蹬着小脚，妈妈立马明白叮咚的意图，一边洗着小肚肚一边哼唱着熟悉的洗澡歌。听到音乐的叮咚立马舒张眉头，全身放松，继续享受着洗澡和音乐带来的快乐。本章将在婴儿视听艺术发展规律的基础上提出科学而有效的教育指导建议，促进0—6个婴儿视听艺术发展。

第一节　0—6个月婴儿艺术体验与创造表现概述

毕加索说："每一个孩子都是艺术家。"孩子们天生喜欢涂涂抹抹、写写画画、唱唱跳跳。他们生来就能将自己的感情或意识融入世间万物中去：一捧沙子、一只蚂蚁、一段音乐、一个故事……他们可以通过那些成人看起来微不足道的事物，轻易地创造一个"世界"！他们单纯、富有想象力，没有受到太多思想的束缚。他们可以借一只早上在花园中看到的甲壳虫，高兴地向妈妈讲述一只虫子的童话；他们可以在伸手接住一片落叶的时候，惊叹地向其他小朋友描述一片落叶的舞蹈；他们笔下的图画永远是他们心中对世界的遐想：也许太阳会是蓝色的，也许人可以在天空自由地飞翔，也许地球是生长在一棵巨大的树上的一颗果实……这些对于婴幼儿来说，就是最初的艺术体验和创造。

对于艺术创作，成人被太多一成不变的陈规旧俗、技法和价值标准等因素所限制和制约，通常只用标准的艺术创作工具和材料来创作；而婴幼儿不像成人，他们没有这些禁锢，他们会非常有创造性地将各种艺术创作材料、玩具、日用品等结合起来，用于艺术创作——事实上，假如成人不限制他们，几乎周围所有物品，婴幼儿都可能用于艺术创作。婴幼儿看到的世界是什么样的，他们对什么感兴趣，他们对某个事件的记忆，他们的感受和想象等，婴幼儿都会用多种艺术创作媒体和自己独特的方式去表达。成人往往只重视结果，看婴幼儿的作品完成了没有，但婴幼儿重视的是过程，他们非常享受用各种艺术媒质创作的过程。实际上，成人眼里被涂抹得乱七八糟的、称不上"作品"的婴幼儿艺术创作，正体现了婴幼儿眼里的整个世界。

这里需要注意的是，早期婴幼儿出现的艺术能力不是以非常明显的音乐或者美术的具体行为表现出来，而是以听觉、视觉的具体行为等综合感受形式表现出来。例如，听觉方面，婴儿会通过动作、发声模仿来表现他对音乐的感受，而不是通过唱一首完整的歌、跳一支舞、演奏某种乐器来展示自己的音乐能力；视觉方面也一样，婴儿会通过手臂大肌肉

和精细小肌肉的共同运动在纸上涂涂画画，此时他对涂涂画画的动作更感兴趣，而不是为了画出一幅作品；另外，婴儿对颜色的敏感通常来自天生视觉的敏锐和内心的好奇，并不会将颜色作为艺术的组成元素去关心。由此可见，0—6个月婴儿的艺术体验与其认知能力（主要是视觉、听觉）的发展密不可分，故将从视觉艺术、听觉艺术两个方面列出婴幼儿艺术体验和创造性发展的指标。

一、0—6个月婴儿视觉艺术发展

（一）色彩感知

刚出生的婴儿虽然置身于多彩的世界，但毫不被色彩所吸引，而是对光源产生兴趣，热衷于追逐各式各样的光源，接受光的刺激。如：自然而然地把头扭向光源，用眼睛直视灯泡或者窗户等，这并不代表婴儿在关注灯和窗户这两个物体，而是因为未满月的婴儿视力模糊，只能看清眼前20—30厘米的物体，而明显的“光”更能吸引他们的视线。所以，妈妈们要经常更换婴儿睡觉的方向，以免因长期把头转向固定的方向，而把脑袋睡“扁”了。随着视力的发展，婴儿逐渐表现出感知色彩的行为，很快就会关注有色彩的物品。但每个婴儿的发展都存在个体差异性，家长们要及时关注他们感知各种色彩的敏感期，有效地加以引导和启发。

婴儿刚来到这个世界，最早看见的、看得最多的是妈妈的乳房，是趋向于深浅分明的黑白两色。有科学家实验发现：0—1个月的婴儿关注黑白相间的地方比关注有色彩的物品更为持久。有研究认为，儿童从睁眼到看清世界所有色彩需6年时间，要经过4个时期，即黑白期、色彩期、立体期和空间期。

0—4个月是视觉发育的黑白期，眼里只有黑白两色。如：满月后的婴儿，眼睛有了聚焦能力，能追随活动的物体180度转动，但无论是什么颜色的物体在婴儿眼前晃动，婴儿的反应都是一样的，不会因为色彩鲜艳而表现得更兴奋。

4—12个月，是儿童色彩视觉的发展期。4—6个月婴儿的视力标准约为0.04，能固定视物，看距离自己约75厘米的物体，开始对图片感兴趣，如墙上贴的彩色挂图、小张卡片等。6个月左右的婴儿开始会伸手摆弄家长领子、扣子、眼睛、鼻子或者鼻梁上的眼镜等物，对“亮晶晶”的东西和色彩鲜艳的花朵会定格关注，喜欢看穿着比较鲜艳的小伙伴，甚至转头去追看……这些现象说明婴儿已经出现了粗浅的色彩感知和识别的行为。如：6个月的婴儿对黄色和黑色特别敏感，如果拿黑色、墨绿色、赭色等暗色系的物品给他，他会表现得很烦躁，而给他穿戴黄色的衣服和饰品，就显得很开心、很兴奋。

（二）图形感知

0—6 个月的婴儿对图形的感知能力建立在其视觉发展的基础上。过去认为婴儿在 2 周左右才能看见东西，现在大量的研究证明，视觉最初发生的时间应当在胎儿中晚期，4—5 个月的胎儿已有了视觉反应能力以及相应的生理基础。当用强光照孕妇腹部时，会发现胎儿有闭眼反应，且胎动明显增强。34 周的早产儿已经具备了基本的视觉能力。新生儿已经能看见明暗及颜色，而且视觉已相当敏锐，出生几天的新生儿能注视或跟踪移动的物体或光点。眼电图表明出生一个月的婴儿目光能追随物体，这说明此阶段婴儿两眼的肌肉已能协调地运动并追随物体。1 个月内的新生儿还不能对不同距离的物体调节视焦距，它似乎有一个固定的焦点，动力视网膜镜显示最优焦距为 19 厘米。一般认为 2 个月以前的婴儿开始按物体的不同距离调节视焦距，4 个月已能对近的和远的目标聚焦，眼的视焦距调节能力已和成人差不多。

新生儿对复杂图形的觉察和辨认的视觉能力约为正常成人的 1/30，在以后的半年中，这种能力有很大提高。婴儿视觉功能的特点是：看到运动的物体能明确地做出反应，如闪烁的光、活动的球及活动的人脸等。出生一个月的婴儿喜欢注视对比鲜明的轮廓部分，如白背景下的黑边线，研究表明，婴儿对黑色线条附近对比最强烈的地方注视时间更长。婴儿容易注视图形复杂的区域、曲线和同心圆式的图案。

二、0—6 个月婴儿听觉艺术发展

（一）音高感知

刚出生的婴儿就能感知音高的差异，他们在通过多次的高音刺激后，会熟悉记忆这种高音，一旦发生变化，他们能察觉出来变化。此外，婴儿对高频声音的反应较成人更为敏感，但是对于低频声音的反应就不如成人。5 个月后的婴儿音高感知能力提升，①研究根据十二平均律，以单音 1 为根音，向上分别一个纯 5 度和减 5 度，婴儿能够感知到两个冠音的差异。说明 5 个月婴儿是在原形感知基础上进行了分类，已经具有了知觉分类的能力，能够知觉音程的较小变化。

（二）节奏感知

2 个月大的婴儿已经可以适应 2/4 拍和 3/4 拍的节奏刺激，但更偏好 3/4 拍，能辨别一段音乐在改变节奏后的差异。随着婴儿进入 3—5 个月，对于节奏的感知也在提高，他

① 蒋振声.婴幼儿早期音乐启蒙教育[M].上海：复旦大学出版社，2013.

们对音乐节奏的反应主要建立在模块匹配的基础上，根据节奏的整体轮廓进行识别和判断变化，但是还没有对节奏的局部信息概念化。

(三) 音乐情绪的感知

音乐是情感的载体，婴儿在进入3个月后就能初步感知音乐的情绪，特别是节奏明快欢乐的，5个月时他们能被更多情感不同的音乐所吸引，同时也会表现出一定的情绪倾向，也就是我们的婴儿开始被音乐所感染。但是这个时候的音乐情感还需要依靠动作语言的配合感知，比如听到摇篮曲时有平复心绪的作用，还需要配合照护者的怀抱和抚摸等动作；洗澡时播放活泼欢乐的音乐，婴儿在水中会手舞足蹈，溅起水花，妈妈轻拍婴儿的腿部也溅起水花，婴儿这时会情绪更加激动地重复动作。

三、0—6个月婴儿艺术发展的意义

(一) 艺术体验能促进婴儿的脑部发育

脑科学的最新研究表现，婴儿在体验感知艺术时，需要从视觉和听觉进行大量的信息接收、分辨、整合和加工，这些刺激通过编码传送给大脑，能进一步刺激脑部感官功能细胞和情感体验细胞的发育。由于这两部分功能细胞分布区域不同，一个在左半球，另一个在右半球。艺术对空间和声音的体验能有效地促进大脑左右半球的联系，特别是作为主管空间形象、记忆、直觉、情感、视知觉、节奏的右半球的深层次的细胞的激活，这就意味着艺术体验能在一定程度上挖掘大脑的潜能，开拓大脑的新功能。

(二) 艺术体验能满足婴儿的情感需求，促进社会性发展

艺术透过最柔和的光色与音符给婴儿带来丰富的情感体验，这些体验会让他们感到更多的温暖和愉快。他们从最开始无条件反射，然后经历环境中潜移默化的条件反射，产生了某些视觉与听觉的感知觉偏好，比如红色会让他们感到更愉快，妈妈哼唱的音乐能让婴儿更放松舒适，呵护、温暖、关爱、快乐、兴奋，这些积极的艺术体验无疑都会让婴儿在未来成长中，携带着更多的早期情感能量，这些能量将伴其一生。

(三) 艺术体验促进婴儿早期认知能力的发展

艺术的体验过程其实就是认知探索的过程，只不过它的探索更趋向本能，它需要依靠视觉、听觉、触觉等多种感知觉通道收集的信息，通过记忆、思维加工编码来获得。因此艺术体验让探索的内容更多样，让探索的感知更敏锐，让探索的收获更多元。为婴儿日后语言、数理逻辑、空间智能等的发展都奠定了良好的机体基础。

第二节 0—6个月婴儿视觉艺术发展与指导

视觉艺术是指视觉方面的艺术创作，婴幼儿艺术创作主要包括画作和美工作品。你可能认为婴幼儿的乱涂乱抹根本算不上什么作品。实际上，成人眼里被涂抹得乱七八糟的、称不上“作品”的婴幼儿艺术创作，正体现了婴幼儿眼里的整个世界。0—6个月婴儿视觉艺术的发展与其视觉发展密切相关，主要体现在对色彩和图形的感知两个方面。照护者应结合婴儿视觉发展的特点，使用适合的玩具和材料，开展针对婴儿颜色视觉和图形视觉的游戏，既能发展婴儿的视力，又能帮助婴儿进行艺术体验，促进婴儿艺术创造性的发展，开发智力潜力，让大脑发育更完善。

一、0—6个月婴儿视觉艺术发展特点

表7-1 0—6个月婴儿视觉艺术发展特点

颜色视觉	1. 色彩感知由单一的黑白灰逐渐发展到能分辨多种颜色
婴儿发展阶段	1.1 感知的颜色为单一的黑白灰 1.2 偏爱彩色，起初喜欢看黄、红等暖色，然后是绿色、橙色、蓝色 1.3 能不断地辨别出颜色，能分辨出红、绿、蓝三种纯正颜色
图形视觉	2. 图形感知由平面、简单到复杂、立体，由人脸扩展到更多图形内容
婴儿发展阶段	2.1 喜欢追随人脸看，喜欢对比鲜明的图案轮廓 2.2 会对变化快的影像感兴趣，开始注视电视中色彩鲜艳、变化快、图像清晰的画面 2.3 喜欢注视图形复杂的区域，视野逐步扩大

二、0—6个月婴儿视觉艺术发展指导

【颜色视觉】

1. 色彩感知由单一的黑白灰逐渐发展到能分辨多种颜色

1.1 感知的颜色为单一的黑白灰

指导建议：

(1) 可以准备几张黑白卡片，每天交替给婴儿看几次，每次不要超过10分钟。

(2) 提供黑白纹路对比明显的玩具，在婴儿眼前晃动，刺激婴儿眼睛对黑白两色的敏感度。

环境支持：

婴儿周围的环境以淡雅、柔和为主，玩具、衣物颜色要丰富，避免单一色系或过于强烈的颜色，给予适当的色彩刺激，为婴儿日后感知色彩做好铺垫。

婴儿床头挂上一些会轻微晃动的彩色玩具，让婴儿睡醒之后，就可以看到多种颜色。晃动玩具让婴儿追着看，提高眼球的灵活性，还应避免婴儿因为长期固定注视一点而造成视力损伤，导致斗鸡眼或目光呆滞等现象。

1.2　偏爱彩色，起初喜欢看黄、红等暖色，然后是绿色、橙色、蓝色

指导建议：

（1）家长要结合语言介绍家中玩具或婴儿正关注的物体的颜色和名称，让婴儿熟悉环境和认识颜色的名称。

（2）可以给婴儿色彩鲜明的玩具、图片，并跟婴儿一起看各种类型的图片，并说出物品颜色，比如“黄色的香蕉”。

（3）将婴儿放置在仰卧位，把一个红色绒球吊在婴儿眼睛正前方20厘米的地方，从左往右缓缓移动红球，让婴儿眼睛能够注视红绒球并对其进行追视。也可以垂直向上移动红球4—8厘米，然后再呈弧形从一侧移动到另一侧。

环境支持：

五彩的玩具是培养婴儿色彩感知的有效工具，家长在选取的时候，应注意色彩搭配的美观，给婴儿良好的美感启蒙。

1.3　能不断地辨别出颜色，能分辨出红、绿、蓝三种纯正颜色

指导建议：

（1）家长可以把红、绿、蓝三种颜色放在一起，帮助婴儿辨别，再把这三种颜色与其他颜色对比，培养婴儿对色彩的欣赏能力。

（2）让婴儿看漂亮的大画报，丰富视觉内容。

（3）购买一些能发出声音的彩色玩具，吸引婴儿关注色彩。玩具颜色最好选红、绿、蓝，因为三原色纯度高，易于婴儿辨认。

环境支持：

（1）婴儿的情绪会受到颜色的影响，一般来说，柔和的浅色会让婴儿舒服放松，明亮的颜色会让婴儿兴奋，而灰暗的颜色会使婴儿安静。家长可据此进行环境布置。

(2) 墙壁上贴三原色的颜色图和低幼认知挂图，常用语言和婴儿交谈。例如，妈妈指着小动物的图片告诉婴儿："这是黄色的小鸭，黄色的小鸭嘎嘎叫；这是绿色的毛毛虫，绿色的毛毛虫爬呀爬……"

【图像视觉】

2. 图形感知由平面、简单到复杂、立体，由人脸扩展到更多图形内容

2.1 喜欢追随人脸看，喜欢对比鲜明的图案轮廓

指导建议：

(1) 母亲应经常和婴儿对视，并对婴儿微笑，逗一逗婴儿，促进亲子感情交流。

(2) 给婴儿看黑白分明的靶心图、条形图，或者拿着红球在婴儿眼前缓慢移动。满月后逐渐给婴儿看更多的图形和物品。

环境支持：

婴儿在2—3个月前都喜欢人脸轮廓，家人应该经常与婴儿进行面对面的互动交流，并对婴儿微笑，这也有助于婴儿的心理和情感发育。

2.2 会对变化快的影像感兴趣，开始注视电视中色彩鲜艳、变化快、图像清晰的画面

指导建议：

(1) 可以用户外多彩的环境物品和各种图画来引起婴儿的视觉兴趣，让婴儿看到多种多样的图形和画面。

(2) 可以用不同颜色的彩纸折数个风车，把婴儿置于仰卧位，家长手持转动的风车在婴儿眼前做左右运动，诱导婴儿用眼睛追视。还可以做高低运动、绕圈运动，引导婴儿做色彩追视。

环境支持：

考虑婴儿眼睛视力的健康发育，不应该让婴儿盯着电视、手机等电子屏幕看。

2.3 喜欢注视图形复杂的区域，视野逐步扩大

指导建议：

(1) 为使婴儿有新鲜感，家长可以不断更换室内的布置，比如改变墙壁的颜色、窗帘的颜色，更换墙壁上的挂图，挪动一下桌、椅、沙发的位置，摆些不同颜色的花等。

(2) 可在光线充足的阳台放置一个分光棱镜，让不同颜色的光折射在地板上，抱着婴儿去看不同颜色的光带，强烈的色彩对比和色彩运动会吸引婴儿的注意，有利于其颜色视觉的发展。

（3）应多换些能引起婴儿注意和兴趣的东西，这样可以提高他的观察能力和好奇心。

环境支持：

在此阶段，婴儿小床周围的一切均已收入眼底，如室内的摆设、家中人物的活动等，这一切变化使婴儿更关注周围的空间布置。家长可以选明快的颜色、多样的图形，但也不宜过于复杂，总之，能让婴儿心情轻松愉快而不烦乱的室内布置就是恰当的。

第三节　0—6个月婴儿听觉艺术发展与指导

从本节开始我们将以音乐作为听觉艺术教育的主要材料，探讨音乐在0—6个月婴儿生活中的教育作用。由于婴儿的听觉艺术发展和认知发展并不是呈线性关系的，它们之间有联系也有区别。另外由于婴儿教养环境的差异，他们对音乐的感知和理解也存在差异，在这里我们不再以婴儿的发展水平的显著特征作为教育指导的基础，而是以音乐在婴儿生活中的作用来进行分类，讲解音乐在不同类型的活动中的指导作用以及指导建议。

一、0—6个月婴儿音乐分类及音乐活动指导

音乐不仅是听觉刺激，它更是融入感情与社会生活的完美载体。将音乐融入0—6个月婴儿的日常生活中，以音乐的方式增进亲子交流，促进婴儿感官和动作的发育，让婴儿在愉悦的音乐氛围中感受生活，也有益于婴儿情感和社会性的发展。

（一）生活类

表7-2　婴儿生活类音乐分类

1	哄睡	歌词通俗易懂，多传达亲子情感。
		节奏以三拍子为宜，曲调优美柔和。
2	拍嗝	节奏明快，能与拍嗝动作合拍，增添一部分的念白，能增添拍嗝的趣味性。
		语言生活形象，建议使用部分拟声词，易于听辨。

续 表

3	穿脱衣服	节奏明快,曲调轻松活泼。
		歌词富有教育性,能辅助婴儿穿脱衣服的操作流程。
4	洗澡	节奏明快,曲调轻松活泼。
		歌词富有教育性,能辅助婴儿洗澡的操作流程。

1. 哄睡

指导要点:

在婴儿有睡意时将婴儿抱入怀中,紧贴胸口,然后根据婴儿个人喜好,用手轻拍或抚摸婴儿头部,亲吻婴儿脸部,边哼唱歌曲边哄睡。

听一听
唱一唱

睡吧睡吧,小宝贝

丁雅桑　词曲

2. 拍嗝

指导要点：

家长先将喂奶巾垫放在肩上，一手托起婴儿的头部，一手托起臀部，顺势帮助婴儿将头侧靠在家长肩上，注意防止口鼻被堵住，保证呼吸顺畅。然后手握空心状，从婴儿背部由下而上地平拍，将吞咽的空气排出。可以边拍嗝边与婴儿互动，念唱拍嗝歌曲进行交流，拍嗝时间为 10—20 分钟。

拍嗝谣

听一听
唱一唱

丁雅桑　词曲

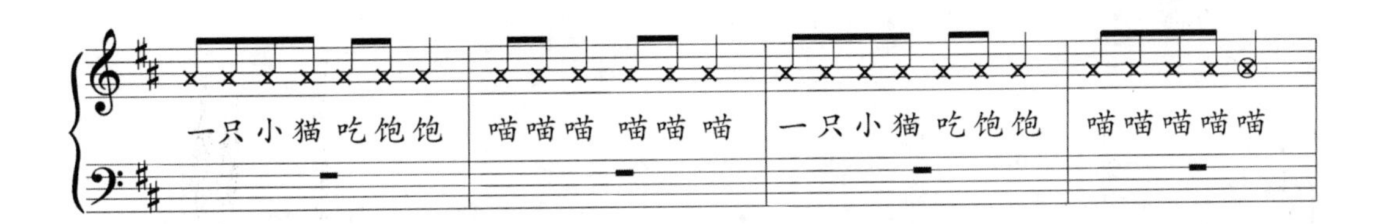

3. 穿脱衣服

指导要点：

边穿衣服边念唱穿衣歌，使动作与歌曲相匹配。动作轻柔，注意与婴儿目光交流。

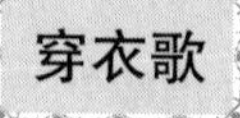

听一听
唱一唱

丁雅桑　词曲

4. 洗澡

指导要点：

边洗澡边念唱歌谣，将歌词里的动作与洗澡的步骤结合起来，用毛巾拍拍婴儿溅起水花，让婴儿体会到洗澡的乐趣。洗澡时间不宜过长，注意婴儿状态表现。

(二) 运动类

表 7-3　婴儿运动类音乐分类

1	伸手够物	歌词通俗易懂，与动作相匹配，辅助运动，如有旋律合适的音乐可以改编歌词内容。
2	蹬腿运动	节奏明快，与蹬腿运动动作相匹配，增强运动的乐趣，歌词容易听辨。
3	坐姿练习	节奏适中，与坐姿练习动作相匹配，增强运动的乐趣，歌词容易听辨。
4	双手协同运动	节奏明快，曲调轻松活泼，与双手协同运动动作相匹配，歌词容易听辨。

1. 伸手够物

指导要点：

与婴儿玩抓握物品练习的时候，用这首歌曲作为动作指导，里面的歌词可以根据玩具材料变换更改。

2. 蹬腿运动

指导要点：

(1) 家长双手分别握住婴儿双腿结合歌曲做蹬腿练习。

(2) 可以使用运动架，家长念唱歌曲，让婴儿自由运动。

(3) 让婴儿穿上袜铃，家长念唱歌曲，婴儿自由蹬腿运动。

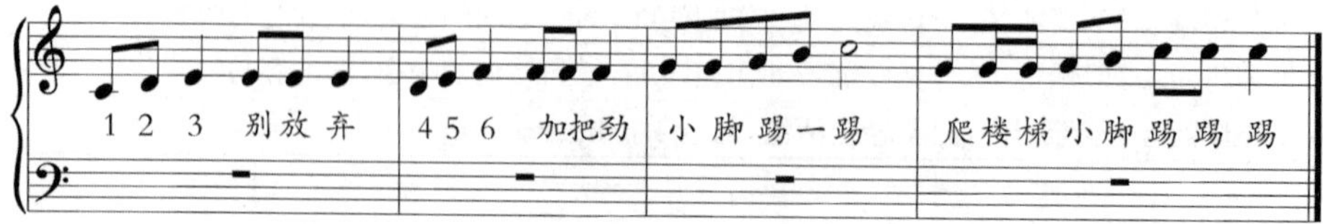

3. 坐姿练习

指导要点：

婴儿仰卧在地垫上，妈妈双手拇指让婴儿双手紧握，向上拉动婴儿的双臂，婴儿的头会自动抬起，并带动上半身慢慢坐起。再手扶婴儿的腋下，让其慢慢躺下，注意婴儿的头部，力度要轻。边念唱儿歌边做动作，可以根据婴儿情况适当重复 3—4 次。

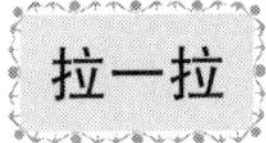

丁雅桑　词曲　　听一听
唱一唱

4. 双手协同运动

指导要点：

将婴儿感兴趣的玩具或者物品放在婴儿手中，比如手摇铃、安抚娃娃、手帕、弹力球等，让其自由抓握摆弄。边唱歌曲边帮助婴儿感知玩具，可以根据玩具材料的不同更换歌词里的内容，与玩具一一对应。

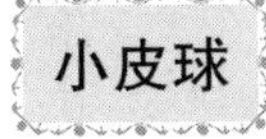

丁雅桑　词曲　　听一听
唱一唱

（三）情感类

婴儿情感类音乐主要是亲子情感互动时的音乐，要求歌词简单易懂，直接传达亲子情感，增进亲子间互动交流。

指导要点：

（1）晨间婴儿将要苏醒时，配合这首歌曲歌词内容亲吻宝宝的身体部位，慢慢唤醒婴儿。

（2）沐浴后，配合这首歌曲歌词内容亲吻宝宝的身体部位，体会亲子之情。

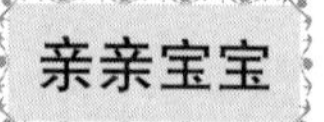

听一听
唱一唱

丁雅桑　词曲

第四节　0—6个月婴儿艺术体验与创造表现案例与分析

根据0—6个月婴儿认知发展的规律和特点，创设适宜的环境，设计适合专业教师和家庭开展的婴儿艺术体验教育的活动，促进这一时期婴儿视听艺术感知能力的发展。

一、家庭中0—6个月婴儿艺术体验与创造表现活动案例

我爱黑白图卡

活动目标：通过视觉刺激卡片促进婴儿视觉的发展。

适合年龄：0—6个月。

活动准备：黑白图卡一套。

活动方法：

1. 拿出图卡置于宝宝面前，在他耳边轻声说："宝宝，看，图片上有什么？"

2. 拿起卡片，在宝宝眼睛正前方约40厘米处停留15秒钟左右，并清晰地说出图片上的内容："宝宝，看，这是××。"

3. 按顺序每天增加一张新的卡片，具体操作方法相同。看完7张简单的图卡后，重复看两周，然后换新的比较复杂的图卡。

【案例分析】

0—3个月的婴儿对黑白两种颜色最敏感，黑白图卡对比强烈、轮廓鲜明、图幅够大，能有效吸引宝宝的注意力。随着宝宝慢慢长大，宝宝注视图片的能力逐渐增强，卡片停留的时间可以逐渐缩短。每天都可以和宝宝进行这个小游戏。宝宝看图片的时候，尽量不要干扰他，且避开宝宝疲倦及饥饿的时间。

大钟摆

活动目标：体验歌曲的二分性节奏律动，增强婴儿听力的敏感性，同时锻炼婴儿的身体平衡感。

适用年龄：4—6个月。

活动准备：婴儿歌曲《大钟摆》。

活动方法：

1. 家长站立，双手扶握婴儿的腋下，边唱歌曲边将婴儿的身体模仿大钟摆左右摆动。当唱到整点报时的时候，就将婴儿高举起来。

2. 可以改变唱歌的速度，让婴儿体验速度的快慢。

滴答滴答，几点了？滴答滴答，1点了。（将婴儿左右摇摆，轻轻将婴儿高举）
滴答滴答，几点了？滴答滴答，2点了。（将婴儿左右摇摆，轻轻将婴儿高举）
滴答滴答，几点了？滴答滴答，3点了。（将婴儿左右摇摆，轻轻将婴儿高举）
活动时长：2分钟一次，可重复2次，观察婴儿表现，兴趣减弱可让婴儿躺下休息。

附曲谱：

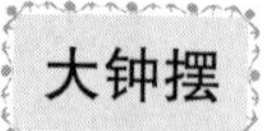

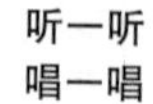

丁雅桑　创作

听一听
唱一唱

【案例分析】

选择节奏性强的音乐，配合拟声模仿性律动，是这个时期婴儿感知音乐的最常用形式，除了听觉感官的刺激，还可以带动多种感官的参与体验，促进婴儿感知觉的整体发展。趣味性强的亲子游戏，又能让婴儿体验浓浓亲子之情，增强亲子间的互动交流。

镜子里的小乖乖

活动目标：体验歌曲的四分性节奏律动，提升面部特征的敏感性，同时锻炼婴儿的抬头趴卧能力。

适用年龄：0—6个月。

活动准备：婴儿歌曲《镜子里有个乖乖》。

活动方法：

1. 家长与婴儿同侧趴卧在床上，对面放置一面镜子，让婴儿观看镜子中的自己和家长。

2. 家长边唱歌曲边配合歌词做出动作，可以改变唱歌的速度，让婴儿体验速度的快慢。

镜子里面有什么，里面有个小乖乖。（婴儿与家长同侧趴卧，与婴儿同面镜子）

乖乖的眼睛在哪里，乖乖的眼睛在这里。（家长伸出右手食指在空中摇摇，指着镜子里的眼睛）

乖乖的鼻子在哪里，乖乖的鼻子在这里。（家长伸出右手食指在空中摇摇，指着镜子里的鼻子）

镜子里面有什么，里面有个好妈妈。妈妈的眼睛在哪里，妈妈的眼睛在这里。（家长伸出右手食指在空中摇摇，指着镜子里妈妈的眼睛）

妈妈的鼻子在哪里，妈妈的鼻子在这里。（家长伸出右手食指在空中摇摇，指着镜子里妈妈的鼻子）

活动时长：观察婴幼儿表现，兴趣减弱可让婴儿仰卧休息。

附歌谱：

听一听
唱一唱

镜子里有个乖乖

丁雅桑　创作

【案例分析】

和家长一起照镜子,手眼一一对应点指五官,让婴儿细致地观察镜中的人物五官与表情,能很好地帮助婴儿进行视觉情绪感知,形成共同关注,分辨细微面部表情,提高婴儿思维能力。家长可以尝试改变音乐的节奏念唱儿歌,随着婴儿对内容的熟悉之后可以更换歌词,比如小脚丫、手臂、肚皮等身体部位。

二、托育机构中0—6个月婴儿艺术体验与创造表现活动案例

表7-4　活动案例《和球球一起躲猫猫》

活动内容:和球球一起躲猫猫 场地:室内活动室(地垫)	适合月龄:4—6个月 人数:12人(宝宝6人,成人6人)	
活动目标	家长学习目标	宝宝发展目标
	1. 享受与婴儿进行亲子共读和游戏的快乐。 2. 了解4—6个月婴儿有关阅读能力发展代表行为。 3. 掌握引导婴儿进行阅读的常用方法,并尝试使用该方法。 (1) 代表行为一:婴儿喜欢看暖色大图,并能指指点点,咿咿呀呀发音。 (2) 代表行为二:婴儿会对声音做出反应,寻找声音来源,并模仿发音,尤其是拟声词。 (3) 代表行为三:通过探索能够掌握一些事物间的联系。	1. 喜欢和家长一起做游戏,愿意和家长一起阅读。 2. 在家长帮助下,能够模仿发音。 3. 在家长引导下,感知自己与物体之间的关系。
活动准备	1. 经验准备:小鸡球球一起玩系列《叽叽叽,是谁呀》故事,小动物叫声;音乐《开始与停止》。 2. 材料准备:响铃,绘本《叽叽叽,是谁呀》,纸杯传声筒,青蛙、小羊、小牛图片,丝巾。 3. 环境准备:软垫。	

续 表

	环节步骤	教师指导语	教师提示语
活动过程	打招呼——响铃碰碰。教师用响铃轻碰婴儿身体的不同部位进行见面问好。	导入：欢迎大家的到来，老师和响铃宝宝都好高兴呀，响铃宝宝兴奋地唱起了歌，各位宝宝、家长，让我们来问问好吧。 见面问好：响铃宝宝会唱歌，来到××的小腿上，叮铃铃叮铃铃，××，××你好啊。	这个月龄段的宝宝，对彩色鲜艳并能发声的物体很感兴趣。平时在家家长也可以和宝宝进行这样的问好游戏。
	亲子阅读——《叽叽叽，是谁呀》。教师示范，指导家长进行亲子共读，教师巡回指导。	过渡语：响铃宝宝和小雨老师、各位宝宝和家长们都打过招呼啦。让我们的响铃宝宝休息一会，我们来认识一位新朋友。叽叽叽，叽叽叽，咦，哪里发出的叫声？尖尖的嘴，还叽叽叽地叫，是谁呀？哇，是我们的小鸡球球呀，他在和他的小伙伴玩躲猫猫，让我们来和球球一起玩吧。 教师进行第一轮讲解绘本，示范改变声音大小进行阅读的方法。	这个月龄段的宝宝，注意事物的时间非常短，语言理解能力还处于起步阶段，并不具备真正意义上的阅读，所以这个时期的亲子共读的主要目的是培养婴儿熟悉书籍，感受阅读的氛围。宝宝这时的主要任务是认识书籍这类玩具，我们不要求宝宝全部理解，但是对于书籍中的图案和语言发音的内容感兴趣，乐意参与玩书游戏。每次阅读目标不宜过多，一次掌握一个知识点，这次课程的目标就是对动物的不同叫声感兴趣，乐意倾听。今天我们尝试用控制音量的大小，来吸引宝宝倾听，提高宝宝的注意力。如果宝宝对哪一个动物特别感兴趣，可以再和宝宝多玩几次，注意与宝宝面对面目光交流，注意发音口型可以更加夸张些。
	传声筒游戏——告诉我你在哪里。教师示范用传声筒模仿小动物的叫声，指导家长与婴儿进行游戏，教师巡回指导。	引导语：可是还有小牛、小羊、小青蛙在其他地方，好远呀，都听不到它们的声音。所以我们需要当当传声筒，听听它们在哪里。 示范演示：呱呱，宝宝听到了吗？听到小青蛙的声音啦，让我们问问，小青蛙在哪里，呱呱呱，你在哪里呀？呱呱呱。	这时的宝宝会咿咿呀呀地说话，当我们的表情和动作都很夸张的时候，宝宝会很兴奋，多次尝试，让宝宝慢慢找到感觉，还可以配合动作和语言一起和宝宝互动。
	音乐游戏——咕咕藏起来。教师播放音乐《开始与停止》。请家长在音乐开始时挥动丝巾，音乐停止的时候，帮助宝宝盖上丝巾，并说“唧唧”。	引导语：哇，在爸爸妈妈和宝宝们的努力下，小动物们都找到啦，下面宝宝们就变成小鸡球球藏起来，让爸爸妈妈找一找吧。音乐开始时挥动丝巾，音乐停止的时候，帮助我们的宝宝盖上丝巾，并说“唧唧”。宝宝听到后也需要用“唧唧”来回答。	这个环节可以给宝宝一次空间的探索。通过音乐和动作建立自己与物体的联系。在活动中要注意宝宝情绪状态。

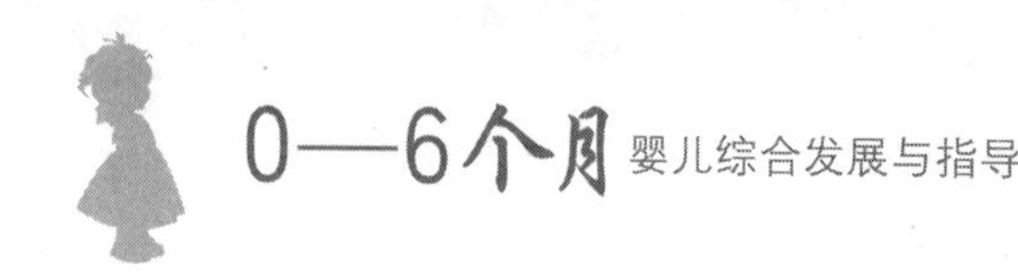

<table>
<tr><td>活动过程</td><td>再见环节——下次再见。</td><td>总结：游戏结束了，时间过得好快呀，我们今天的活动结束啦，我们和爸爸妈妈、小鸡球球，还有小动物们一起玩了躲猫猫，真的好有趣呀，下次球球还会做什么呢？</td><td>和大家说在再见的时候，可以让宝宝坐在家长腿上，并拉着他的手说再见，让宝宝感受欢乐的气氛。</td></tr>
<tr><td>家庭活动延伸</td><td colspan="3">这时的宝宝阅读以游戏为主，阅读不是主要目的，而是培养宝宝阅读的兴趣，愿意去阅读。绘本不要频繁更换，每次都会有新发现。每天坚持5—10分钟的亲子共读时间并可以做以下游戏。
(1) 什么在说话。通过今天的学习，宝宝知道了一些动物叫声，回家可以让宝宝认识嘴巴，嘴巴在说话，发出了叫声。在慢慢过渡，知道关注到物体全身。
(2) 找图片。把动物图片只露出一部分特征让宝宝描述，宝宝找到后，学动物叫并用声音的大小让宝宝感受远近，再让宝宝模仿叫声。
(3) 玩具躲猫猫。找三个动物玩具，用不同的声音区分，和宝宝玩躲猫猫，露出一部分让宝宝找，让宝宝去拿。</td></tr>
</table>

【案例分析】

这一游戏活动抓住了4—6个月婴儿的发展重点，即感知觉体验。事实上，在活动进行的过程中，婴儿获得的发展是综合的，既有听觉感知、触觉感知、视觉跟踪、语言表达，还有运动能力发展。活动不是单纯的训练，而是以小鸡球球的绘本作为课程的情景线索，贯穿课程之中，让婴儿在游戏中获得综合发展。

其次，这一活动能有机融合婴儿情感。在亲子互动游戏的过程中，借助游戏本身具备的挑战性、声音变化等特点，增强了活动的趣味性。而且，活动过程体现了对个体差异的照顾，强调活动中婴儿的情绪情感体验和空间感知。

本章回顾

早期婴幼儿出现的艺术能力不是以非常明显的音乐或者美术的具体行为表现出来，而是以听觉、视觉、动觉的具体行为等综合感受形式表现出来。0—6个月婴儿的艺术体验主要包括视觉艺术、听觉艺术。

视觉艺术发展主要表现为0—6个月婴儿对色彩的感知和对图形的感知。0—4个月是视觉发育的黑白期，此阶段婴儿眼里只有黑白两色。4—6个月婴儿的视力标准约为0.04，能固定视物，看距离自己约75厘米的物体，开始对图片感兴趣，如墙上贴的彩色挂图、小张卡片等。0—6个月的婴儿对图形的感知能力建立在其视觉发展的基础上。新生儿容易集中注视对比鲜明的轮廓部分，如白背景下的黑边线，他对黑线条附近对比最强烈的地方注视时间更长。婴儿容易注视图形复杂的区域、曲线和同心圆式的图案。

0—6个月婴儿听觉艺术发展由于和感知觉中的听觉发展有很多的相识性，本章主要

针对婴儿对不同音乐类型的听力材料的感知体验来讲述。重点把握在生活中渗透音乐，对于不同的情景采用不同的听觉音乐材料，提高婴儿对于音乐音高、音色、节奏和情感感知的敏锐性，为今后的听觉艺术发展奠定良好的生理基础。

思考与练习

简答题：简述0—6个月婴儿色彩知觉和图形知觉的特点。

参考答案

职业证书实训

育婴师考试模拟题：设计一个6个月宝宝视觉发展的亲子游戏。

（1）本题分值：20分

（2）考核时间：10 min

（3）考核形式：笔试

（4）具体考核要求：A宝宝，男，2018年6月20日出生，剖腹产，正常。2018年12月20日，宝宝6个月，眼睛能追踪物体180度，近处玩具可取得，会注意看玩具，但不会寻找失落的玩具。分析宝宝认知发展的现有水平，根据该宝宝认知发展的现有水平，设计一个促进视觉发展的亲子游戏。

评分标准

推荐阅读

1. Philippe Rochat.婴儿世界[M]. 上海：华东师范大学出版社，2005.
2. 蒋振声.婴幼儿早期音乐启蒙教育[M].上海：复旦大学出版社，2013.
3. 李俊平.图解家庭中的感觉统合训练[M]. 北京：朝华出版社，2018.

参考文献

1. 庞丽娟,李辉.婴儿心理学[M].杭州:浙江教育出版社,1993.

2. 莫秀峰,郭敏.学前儿童发展心理学[M].南京:东南大学出版社,2016.

3. 陈帼眉,冯晓霞,庞丽娟.学前儿童发展心理学[M].北京:北京师范大学出版社,1995.

4. 陈雅芳,曹桂莲.0—3岁儿童亲子活动设计与指导[M].上海:复旦大学出版社,2014.

5. 张向葵,刘秀丽.发展心理学[M].长春:东北师范大学出版社,2002.

6. 赵艳阳.发展心理学[M].沈阳:辽宁大学出版社,2008.

7. 陈帼眉.学前心理学[M].北京:人民教育出版社,1989.

8. 王丹,唐敏.婴幼儿心理学[M].重庆:西南师范大学出版社,2016.

9. 王晓梅.0—3岁婴幼儿养育全书[M].北京:中国妇女出版社,2018.

10. 范仲彤.基层婴幼儿健康指南[M].兰州:甘肃科学技术出版社,2017.

11. 欧萍,刘光华.婴幼儿保健[M].上海:上海科技教育出版社,2017.

12. 周忠蜀.婴幼儿疾病照顾[M].上海:中国人口出版社,2015.

13. [美]威廉·西尔斯,玛莎·西尔斯,罗伯特·西尔斯,詹姆斯·西尔斯.西尔斯亲密育儿百科[M].邵艳美,唐婧,译.北京:南海出版社,2009.

14. 陈宝英.新生儿婴儿护理百科全书[M].成都:四川科技出版社,2018.

15. 菲莉帕·凯.DK宝宝健康与疾病百科全书[M].北京:中国大百科全书出版社,2014.

16. [美]斯蒂文·谢尔弗,谢莉·瓦齐里·弗莱.美国儿科学会健康育儿指南[M].北京:北京科学技术出版社,2017.

17. Gray Cook.动作与功能动作训练体系[M].张英波,梁林,赵红波,译.北京:北京体育大学出版社,2011.

18. 董奇,陶沙.动作与心理发展[M].北京:北京师范大学出版社,2004.

19. 文颐.婴儿心理与教育[M].北京:北京师范大学出版社,2013.

20. 唐大章,唐爽.婴儿动作指导活动设计与组织[M].北京:科学出版社,2015.

20. 艾玛·杜德.宝宝第一年——自我认知[M].武汉:海豚出版社,2019.

21. [德] 安娜普金恩.宝宝的第一本游戏书[M].王瑜蔚,译.北京:北京联合出版公司,2016.

22. 伯顿·L 怀特.从出生到 3 岁——婴幼儿能力发展与早期教育权威指南 [M].宋苗,译.北京:北京联合出版公司,2016.

23. 梅根·福尔.DK 宝宝表情的秘密[M].北京:中国大百科全书出版社,2012.

24. 祝泽舟,乔芳玲.0—3 岁婴幼儿语言发展与教育[M].上海:复旦大学出版社,2011.

25. 方凤.0—6 个月婴幼儿语言发展[M].北京:东方出版社,2014.

26. 张明红.婴幼儿语言发展与教育[M].上海:上海科技教育出版社,2017.

27. 陈雅芳.0—3 岁儿童心理发展与潜能开发[M].上海:复旦大学出版社,2014.

28. Philippe Rochat.婴儿世界[M].上海:华东师范大学出版社,2005.

29. 蒋振声.婴幼儿早期音乐启蒙教育[M].上海:复旦大学出版社,2013.

30. 李俊平.图解家庭中的感觉统合训练[M].北京:朝华出版社,2018.

31. 邹国祥,刘卫卫,赵曼曼.以绘本为载体的 0—3 岁婴幼儿亲子活动的设计与组织[M].北京:北京出版社,2019.

32. 张家琼,李丹.0—3 岁婴幼儿家庭教育与指导[M].北京:科学出版社,2015.

33. 赵凤兰.0—3 岁婴幼儿智能开发与训练[M].上海:复旦大学出版社,2011.

34. [美] 温迪·马斯,罗尼·科恩·莱德曼[M].栾晓森,译.北京:北京科学技术出版社,2012.

后　记

随着2019年5月9日国务院办公厅《关于促进3岁以下婴幼儿照护服务发展的指导意见》(以下简称《意见》)文件的出台,业内专家学者均表示,它标志着我国0—3岁婴幼儿早期教育事业发展迎来了历史性的元年。

《意见》不但对0—3婴幼儿照护服务发展提出了总体要求,介绍了照护服务的主要任务,还在此基础上提出了全面的措施保障。其中,在关于队伍建设方面指出:"高等院校和职业院校(含技工院校)要根据需求开设婴幼儿照护相关专业,合理确定招生规模、课程设置和教学内容,将安全照护等知识和能力纳入教学内容,加快培养婴幼儿照护相关专业人才。"《意见》为高等院校和职业院校早期教育专业的人才培养提出了明确要求。

诚然,全国部分院校早期教育专业建设已经初具规模,但是纵观国内,目前还没有出台一套完整的针对0—3岁婴幼儿身心发展基本规律,促进婴幼儿各领域发展的综合性指导教材。为了改变这一局面,湖北幼儿师范高等专科学校作为湖北省早期教育事业发展的牵头单位,结合华中地区早期教育事业发展的实地调研情况,在立足于我国0—3岁婴幼儿发展特征及现阶段社会需求的基础上,深入参考了美国、英国、加拿大、德国等国家和地区的早期儿童发展标准,通过近4年的校本课程的实施与总结,编著了这套《0—3岁婴幼儿综合发展与指导》早期教育专业系列教材。作为这套书中的第一册,也是最具代表性的一册,本书具有以下特点:

(1) 以婴幼儿整体发展观作为本书的理论指导基础,不再将婴儿发展的心理特征单独割裂,而是将婴幼儿的发展横跨五个月龄,纵分六个领域。这六个领域划分不但相对独立,而且又全面概括了婴幼儿发展的各个方面。这样安排既能体现婴幼儿发展的整体性,又能突出每个阶段的相对独立性。同时也符合读者的学习思维,让读者可以根据婴幼儿成长的不同阶段学习针对性的指导,既科学易懂,又方便实操。

(2) 全面介绍了0—6个月婴儿发展的基本规律和预期达到的发展水平,并进行"手把手"的教育指导。本书划分为生长发育与营养护理、动作发展与运动能力、情绪情感与社会适应、倾听理解与语言交流、认知探索与生活常识、艺术体验与创造表现六个领域,每个领域又包含婴儿由初级向高级发展的阶段。每一阶段又对应给出了教育建议,包括指导建议和环境支持,以及相关内容。回答了0—6个月婴儿知道什么,能做到什么,如何分

析评价婴幼儿现有水平，以及为他们的发展提出哪些适宜的科学教育建议等问题。

(3) 本书引用了大量 0—6 个月婴儿发展的活动案例，这些案例既有针对家庭开展的亲子活动，也有针对托育机构开展的专业活动，同时还渗透了育婴员、母婴护理资格证、婴幼儿照护资格证等职业资格证书的考试内容。

基于以上特点，全书指导通俗易懂，操作简单易学，无论是作为职业院校的教材，还是专业托育机构或家庭教育的参考书籍，读者都可以轻松阅读和学习。

本书分为七章，是华中地区 0—3 岁婴幼儿早期教育课题研究的成果。总主编周宗清，执行主编焦敏。为了保证本书内容的整体性和连续性，以及汲取每个编者在不同领域的研究成果与精髓，整本书采用了交叉编著的方式，每章编写人员全部来自湖北幼儿师范高等专科学校。具体分工如下：第一章由周津、乔蓉编写；第二章由乔蓉、孙雅婷编写；第三章由孙雅婷编写；第四章由乔蓉、孙雅婷编写；第五章由周津、孙雅婷编写；第六章由孙雅婷、乔蓉编写；第七章由周津、孙雅婷、乔蓉、丁雅桑编写。这里特别感谢丁雅桑结合多年的早期音乐教育的经验为本册书中的部分音乐进行原创设计，以及夏思雨、王盼两位 2018 级早期教育专业学生对于活动案例的设计与实操的付出。

本书在写作过程中参阅了大量国内外文献，虽努力注明出处，但因资料零散庞杂，难免有所遗漏，在此向所有参考文献的作者致以真挚的感谢。同时，感谢总主编周宗清对于本书从课题研究到成果汇编的引领与支持，感谢副主编焦敏对本书编著过程的悉心指导与帮助，同时感谢编写组和各院校对教材编著提供的人力物力支持。感谢南京大学出版社对早期教育领域研究给予的大力支持，使得本书得以顺利出版。